高等学校计算机应用规划教材

C语言程序设计
习题指导与上机实践
(第2版)

刘韶涛　潘秀霞　应　晖　编著

清华大学出版社
北　京

内 容 简 介

本书是《C 语言程序设计(第 2 版)》(ISBN 978-7-302-54458-6)的配套习题指导与上机实践。与第 1 版相比，本书对各章的基本概念、基本理论、典型应用和重点与难点等内容的描述做了全面的修订和完善，补充了大量的例题及其分析。针对主教材内容的修改变化，本书做了相应内容的修改和补充。同时，也对各章之后的习题和上机实践题做了部分修改完善，给出了全部的参考答案或解答提示。

经过精心分析、筛选、归类和整理，本书重新对原有的全部考试模拟试卷与自测试卷以及对应的解析与参考答案等都做了修改和完善。对每道题的题目表述力求更为规范，考试内容更为科学，分析更为透彻。模拟试卷和自测试卷的考试知识内容和考试难度也更贴近考试实际。在附录中也增加了全国计算机等级考试二级 C 语言的模拟试题及参考答案。希望借助这些努力，能帮助读者顺利通过全国或者福建省计算机应用水平等级二级 C 语言的考试，也更希望能提高读者对 C 程序设计基本概念、基本结构、基本应用的理解和把握。

本书既适合于 C 语言程序设计的初学者使用，也适合于具有一定 C 语言学习基础，想进一步提高 C 语言编程能力的读者使用，尤其是那些准备参加计算机应用水平等级考试(二级 C 语言)的读者，相信本书一定能起到事半功倍的效果。

图书在版编目(CIP)数据

C 语言程序设计习题指导与上机实践 / 刘韶涛，潘秀霞，应晖 编著. —2 版. —北京：清华大学出版社，2020.1 (2024.1 重印)

高等学校计算机应用规划教材

ISBN 978-7-302-54360-2

Ⅰ. ①C… Ⅱ. ①刘… ②潘… ③应… Ⅲ. ①C 语言—程序设计—高等学校—教学参考资料 Ⅳ. ①TP312.8

中国版本图书馆 CIP 数据核字(2019)第 263971 号

责任编辑：王 定
装帧设计：孔祥峰
责任校对：成凤进
责任印制：沈 露

出版发行：清华大学出版社
网 址：https://www.tup.com.cn, https://www.wqxuetang.com
地 址：北京清华大学学研大厦 A 座 邮 编：100084
社 总 机：010-83470000 邮 购：010-62786544
投稿与读者服务：010-62776969, c-service@tup.tsinghua.edu.cn
质 量 反 馈：010-62772015, zhiliang@tup.tsinghua.edu.cn
印 装 者：三河市龙大印装有限公司
经 销：全国新华书店
开 本：203mm×260mm 印 张：19.5 字 数：474 千字
版 次：2015 年 1 月第 1 版 2020 年 1 月第 2 版 印 次：2024 年 1 月第 4 次印刷
定 价：69.80 元

产品编号：079604-02

前 言

目前，国内外C语言程序设计的相关教材较多，但大多数教材着重C语言基本语法规则和基本概念的阐述，学生学完之后并不能真正掌握和灵活使用C语言来解决一些实际应用问题。有很多教材，是为了让学生学完后参加全国或者省计算机等级考试而编写的，其内容完全是为了应对考试，再加上目前计算机等级考试中的C语言程序设计的考试内容、考试方法等都存在很多不完善的地方，考试内容和考试成绩并不能全面反映考生真正运用C语言进行程序设计来解决实际问题的能力和水平。因此，编写高质量的C程序设计教材和对应的学习指导与上机实践教程，培养学生思考问题、分析问题和解决问题的能力和水平，提高其计算机的应用能力水平，对学生来说既是非常必要的，也是非常重要的。

本套教材在第1版的基础上，根据初学者的特点，由浅入深，循序渐进，旨在帮助读者掌握C语言程序设计的基本方法，理解和领会C语言的特点和本质，提高运用C语言解决实际问题的综合能力。同时进一步丰富了一些典型的应用案例和模拟试题分析等，其基本概念和规则的表述更为科学、文字更为精炼通顺、数据更为准确有据。在内容上，增加了C在数据结构等领域中的具体应用和实际的开发范例等。案例程序都给出完整的注释、运行结果和分析说明，所有习题和上机实践题也都增加了参考答案或分析和解答提示等，以利于读者自我解题时进一步参考和对比。对考试模拟试卷的解析，力求更为详尽、准确和重点突出，让读者明白解决问题的思路和方法，起到举一反三的作用，更为方便读者的自我练习、检查和理解、掌握，尽量做到一题多解，着重对读者分析和思考能力的培养和训练。

根据近年来实际教学过程中，读者使用初版教材遇到的各种问题和反馈意见，我们组织编著教师和授课教师总结讨论、分析提炼，经过细心筛选、整理，重新编著了《C语言程序设计(第2版)》和《C语言程序设计习题指导与上机实践(第2版)》，纠正、修改和进一步完善了初版教材的内容，增加了学科发展和知识更新相关的新章节。另外，我们本着“不求全面，但求实用”的理念，尽量让读者都能寻找到各个知识点的方向和途径，指引出什么问题应该从哪些地方寻找答案。不仅仅局限于C语言程序设计知识的描述，也把与程序设计相关的其他知识加以阐述，特别介绍C语言在其他交叉学科和相关领域中的新应用，让读者对C程序设计在整个学科体系、不同的软件开发环境和工程实践背景等中都有一个较清楚的了解和认识。

对于本书的编写，我们所追求的目标是：

(1) 既能作为一本学习C语言程序设计的学习教材，又能作为一本C语言程序设计的实验指导教材，还可作为一本探讨C程序设计学习和实践的艺术书籍。

(2) 突出C语言的应用重点和难点，但不拘于具体语法细节的学习指导，而更注重C语言的应用实践环节的上机实训。紧密联系教学实践，在教材中力求反映出学生学习相关知识的各类疑难问题，从学习的角度对相关知识加以阐述和提炼。

(3) 引导读者养成良好的程序设计风格和程序设计思路，让读者能够理解解决问题的方法，以达到触类旁通的效果。应用举例讲究经典实用而且丰富有趣，注重前后章节例题的连贯、一致和逐步深入。

(4) 主要面向初、中级读者群，又能兼顾高级读者的一些需求。内容在深浅选择上，既适合大多数初学者，又能满足少数高级读者深入学习的需求。先讲解基本知识，再探讨深层次的若干问题，以引起高级读者的兴趣。尽量把教学实践中学生学习中的问题反映到教材编写中，并加以解决，所以不但适用于学生，也对教师有一定的作用。

(5) 进一步完善初版教材中的学习指导内容和上机实践题目的设计，突出重点，加强应用，力求表述更为科学、阐述更加准确。所有例题、习题和上机操作题，都经过调试、运行和分析，以更好地方便读者进行自我测试、自我检查和自我提高。

(6) 增加大量的例题、实验上机题和考试模拟试题等，在附录中增加了全国计算机等级二级 C 语言考试的模拟试题和参考答案等，对各个考点进行详尽的分析、研究和探讨，旨在帮助学生通过学习和练习，真正理解和掌握 C 程序设计的基本概念、基本理论知识和基本实践能力。设置各种不同层次、等级的题目，以适用于不同的读者对象。

(7) 增加 C 语言在其他工程实践项目中的应用，让读者进一步理解 C 语言在各个工程领域中的应用实践情况，激发他们运用 C 语言解决专业问题的兴趣，切实提高他们应用 C 程序设计，解决工程实际问题的能力和水平。

全书由刘韶涛进行全面的修订、补充和完善。此外，华侨大学计算机科学与技术学院的缑锦、田晖、王靖、范慧琳、余坚等同志，对教材和习题指导教材的再版给予了全程的指导和关心，并给出了很多建设性的意见和建议。华侨大学教务处和教材科，也对教材的编写和立项等工作给予了大力支持。在此，对他们表示衷心的感谢！

由于时间仓促，加上编者水平有限，书中难免存在不足之处，恳请广大读者批评指正，联系邮箱是 shaotaol@hqu.edu.cn。

作者寄语

编　者

2019 年 11 月 22 日

目　　录

第1章　程序设计基础

1.1　学习指导

本章主要讲解程序设计的基础知识，首先介绍了计算机系统的组成，详细阐述了计算机的硬件系统和软件系统以及它们之间的关系等；然后介绍了数据在计算机内存中的存储和程序设计语言的基础知识，以及用高级语言编写程序的过程和步骤等；接着阐述了程序设计的基础——算法和数据结构的基础知识；最后，介绍了结构化程序设计的基本概念等。下面围绕本章的几个重要知识点对这些基本概念和基本知识做进一步的分析和讨论，以帮助初学者能对这些基础知识有较好的理解和掌握。

程序概述

1.1.1　计算机中数据的表示

计算机最主要的功能是处理数值、文字、声音、图形和图像等信息。在计算机内部，各种信息都必须经过数字化编码后才能被传送、存储和处理。因此，理解和掌握信息编码的概念与处理技术是至关重要的。所谓编码，就是采用少量的基本符号，选用一定的组合规则，以表示大量复杂多样的信息。基本符号的种类和这些符号的组合规则是一切信息编码的两大要素。例如，用 10 个阿拉伯数码表示数字，用 26 个英文字母表示英文词汇等，都是编码的典型例子。

1. 进位记数制及其转换

在采用进位记数的数字系统中，如果只用 r 个基本符号表示数值，则称其为 r 进制(radix-r number system)，r 称为该数制的基数(radix)。对于不同的进制，它们的共同特点如下：

(1) 每一种数制都有固定的符号集。例如十进制数制的基本符号有 10 个(0, 1, 2, …, 9)。二进制数制的基本符号有 0 和 1 两个。

(2) 每一种数制都用位置表示法。即处于不同位置的数符所代表的值不同，与它所在位置的权值有关。

对任何一种进位记数制表示的数都可以写成按权展开的多项式之和，任意一个 r 进制数 N 可表示为：

$$N_r = \sum_{i=m-1}^{k} D_i \times r^i$$

其中，D_i 为该数制采用的基本数符，r^i 是权，r 是基数。

例如，十进制数 12345.67 可表示为：

$$12345.67=1\times10^4+2\times10^3+3\times10^2+4\times10^1+5\times10^0+6\times10^{-1}+7\times10^{-2}$$

表 1-1 所示是计算机中常用的进位数制的表示。

表 1-1　计算机中常用的进位数制的表示

进位制	二进制	八进制	十进制	十六进制
规则	逢二进一	逢八进一	逢十进一	逢十六进一
基数	r=2	r=8	r=10	r=16
数符	0, 1	0, 1, 2, …, 7	0, 1, 2, …, 9	0, 1, 2, … , 9, A, B, …, F
权	2^i	8^i	10^i	16^i
表示符	B	O	D	H

(1) 二进制数转换成十进制数的方法：将二进制数的每一位乘以它的权，然后相加，即可求得对应的十进制数值。

例如，把二进制数 100110.101 转换成相应的十进制数。

$$(100110.101)_2=1\times2^5+0\times2^4+0\times2^3+1\times2^2+1\times2^1+0\times2^0+1\times2^{-1}+0\times2^{-2}+1\times2^{-3}=38.625$$

(2) 十进制转换成二进制的方法：

① 将整数部分和小数部分分别转换，然后合并。十进制整数转换为二进制整数的方法是“除以 2 取余”；十进制小数转换为二进制小数的方法是“乘以 2 取整”。

② 把一个十进制数写成按二进制数权的大小展开的多项式，按权值从高到低依次取各项的系数就可得到相应的二进制数。

例如，把十进制数 175.71875 转换为相应的二进制数：

$$(175.71875)_{10}=2^7+2^5+2^3+2^2+2^1+2^0+2^{-1}+2^{-3}+2^{-4}+2^{-5}=(10101111.10111)_2$$

(3) 十进制数转换为八进制数的方法：对于十进制整数采用“除以 8 取余”的方法转换为八进制整数；对于十进制小数则采用“乘以 8 取整”的方法转换为八进制小数。

(4) 二进制数转换成八进制的方法：从小数点起，把二进制数每 3 位分成一组，然后写出每一组的等值八进制数，顺序排列起来就得到所要求的八进制数。

(5) 八进制转换成二进制的方法：同理，将一位八进制数用 3 位二进制数表示，就可以直接将八进制数转换成二进制数。

二进制、八进制和十六进制数之间的对应关系如表 1-2 所示。

表 1-2　二进制、八进制和十六进制之间的对应关系

二进制	八进制	二进制	十六进制
000	0	0000	0
001	1	0001	1
010	2	0010	2
011	3	0011	3
100	4	0100	4
101	5	0101	5
110	6	0110	6
111	7	0111	7
		1000	8
		1001	9
		1010	A
		1011	B
		1100	C
		1101	D
		1110	E
		1111	F

例如，把二进制数 10101111.10111 转换为相应的八进制数：

$$(10\ 101\ 111.101\ 11)_2=(257.56)_8$$

(6) 十进制数转换为十六进制数的方法：十进制整数部分“除以十六取余”，十进制数的小数部分“乘以十六取整”，进行转换。

(7) 二进制数转换成十六进制的方法：从小数点起，把二进制数每 4 位分成一组，然后写出每一组的等值十六进制数，顺序排列起来就得到所要求的十六进制数。

例如，把二进制数 10101111.10111 转换为相应的十六进制数：

$$(1010\ 1111.1011\ 1)_2=(AF.B8)_{16}$$

2. 二进制运算规则

加法：二进制加法的进位规则是“逢二进一”。

0+0=0　1+0=1　0+1=1　1+1=0(有进位)

减法：在二进制减法的借位规则是“借一当二”。

0−0=0　1−0=1　1−1=0　0−1=1(有借位)

乘法：二进制乘法规则是

0×0=0　1×0=0　0×1=0　1×1=1

除法：二进制除法是乘法的逆运算，其运算方法与十进制除法是一样的。

3. 机器数和码制

各种数据在计算机中表示的形式称为机器数，其特点是采用二进制计数制，数的符号用 0 和 1 表示，小数点则隐含表示不占位置。机器数对应的实际数值称为数的真值。

机器数有无符号数和带符号数之分。无符号数表示正数，在机器数中没有符号位。对于无符号数，若约定小数点的位置在机器数的最低位之后，则是纯整数；若约定小数点的位置在机器数的最高位之前，则是纯小数。对于带符号数，机器数的最高位是表示正、负的符号位，其余位则表示数值。若约定小数点的位置在机器数的最低数值位之后，则是纯整数；若约定小数点的位置在机器数的最高数值位之前(符号位之后)，则是纯小数。

为了便于运算，带符号的机器数可采用原码、反码和补码等不同的编码方法，机器数的这些编码方法称为码制。

1) 原码表示法

数值 X 的原码记为$[X]_{原}$。设机器字长为 n(即采用 n 个二进制位表示数据)，则最高位是符号位，0 表示正号，1 表示负号；其余 n−1 位表示数值的绝对值。数值 0 的原码表示有两种形式：$[+0]_{原}$=00000000，$[-0]_{原}$=10000000 (设 n=8)。

例如，若机器字长 n 等于 8，则：

$[+1]_{原}$=0000 0001　　$[-1]_{原}$=1000 0001

$[+127]_{原}$=0111 1111　　$[-127]_{原}$=1111 1111

$[+45]_{原}$=0010 1101　　$[-45]_{原}$=1010 1101

$[+0.5]_{原}$=0◇100 0000　　$[-0.5]_{原}$=1◇100 0000(其中◇是小数点的位置)

2) 反码表示法

数值 X 的反码记作$[X]_{反}$。设机器字长为 n，则最高位是符号位，0 表示正号，1 表示负号，正数的反码与原码相同，负数的反码则是其绝对值按位求反。数值 0 的反码表示有两种形式：$[+0]_{反}$=00000000，$[-0]_{反}$=11111111 (设 n=8)。

例如，若机器字长n等于8，则：

$[+1]_{反}$=0000 0001　　$[-1]_{反}$=1111 1110

$[+127]_{反}$=0111 1111　　$[-127]_{反}$=1000 0000

$[+45]_{反}$=0010 1101　　$[-45]_{反}$=1101 0010

$[+0.5]_{反}$=0◇100 0000　　$[-0.5]_{反}$=1◇011 1111(其中◇是小数点的位置)

3) 补码表示法

数值X的补码记作$[X]_{补}$。设机器字长为n，则最高位是符号位，0表示正号，1表示负号，正数的补码与原码相同，负数的补码则是其反码的末尾加1。在补码表示中，0的补码是唯一的：$[+0]_{补}$=00000000，$[-0]_{补}$=00000000 (设n=8)。

例如，若机器字长n等于8，则：

$[+1]_{补}$=0000 0001　　$[-1]_{补}$=11111 1111

$[+127]_{补}$=0111 1111　　$[-127]_{补}$=1000 0001

$[+45]_{补}$=0010 1101　　$[-45]_{补}$=1101 0011

$[+0.5]_{补}$=0◇100 0000　　$[-0.5]_{补}$=1◇100 0000(其中◇是小数点的位置)

4. 定点数和浮点数

1) 定点数

所谓定点数，就是小数点的位置固定不变的数。小数点的位置通常有两种约定方式：定点整数(纯整数，小数点在最低有效数值位之后)和定点小数(纯小数，小数点在最高有效数值位之前)。

设机器字长为n，各种码制表示下的带符号数的范围如表1-3所示。

表1-3　各种码制表示下的带符号数的范围

码制	定点整数	定点小数
原码	$-(2^{n-1}-1)\sim+(2^{n-1}-1)$	$-(1-2^{-(n-1)})\sim+(1-2^{-(n-1)})$
反码	$-(2^{n-1}-1)\sim+(2^{n-1}-1)$	$-(1-2^{-(n-1)})\sim+(1-2^{-(n-1)})$
补码	$-2^{n-1}\sim+(2^{n-1}-1)$	$-1\sim+(1-2^{-(n-1)})$

2) 浮点数

当机器字长为n时，定点数的补码可表示2^{n-1}个数，而其原码和反码只能表示$2^{n-1}-1$个数(0的表示占用了两个编码)，定点数所能表示的数值范围比较小，运算中很容易因结果超出范围而溢出。引入浮点数，浮点数是小数点位置不固定的数，它能表示更大范围的数。

与十进制数类似，一个二进制数也可以写成多种表示形式。例如，二进制数1011.10101可以写成0.1011 10101×2^4、0.01011 10101×2^5、0.001011 10101×2^6等。由此可知，一个二进制数N可以表示为更一般的形式：

$$N=2^E\times M$$

其中，E称为阶码，M称为尾数。用阶码和尾数表示的数称为浮点数，这种表示数的方法称为浮点表示法。

在浮点表示法中，阶码通常为带符号的纯整数，尾数为带符号的纯小数。浮点数的表示格式如下：

阶符	阶码	数符	尾数

很明显，一个数的浮点表示不是唯一的。当小数点的位置改变时，阶码也随着相应改变，因此可以用多种浮点形式表示同一个数。

浮点数所能表示的数值范围主要由阶码决定，所表示数值的精度则由尾数决定。为了充分利用尾数来标识更多的有效数字，通常采用规格化浮点数。规格化就是将尾数的绝对值限定在区间[0.5, 1]。当尾数用补码表示时，需要注意：

(1) 若尾数 M≥0，则其规格化的尾数形式为 M=0.1××…×，其中×可为 0，也可为 1，即将尾数 M 的范围限定在区间[0.5, 1]。

(2) 若尾数 M<0，则其规格化的尾数形式为 M=1.0××…×，其中×可为 0，也可为 1，即将尾数 M 的范围限定在区间[-1, -0.5]。

5. 十进制数与字符的编码表示

数值、文字和英文字母等都认为是字符，任何字符进入计算机时，都必须换成二进制表示形式，称为字符编码。

用 4 位二进制代码表示 1 位十进制数，称为二-十进制编码，简称 BCD 编码。因为 2^4=16，而十进制数只有 0～9 这 10 个不同的数符，故有多种 BCD 编码。根据 4 位代码中每一位是否有确定的权来划分，可分为有权码和无权码两类。

应用最多的有权码是 8421 码，即 4 个二进制位的权从高到低分别为 8、4、2 和 1。8421BCD 码与十进制数的对应关系如表 1-4 所示。

表 1-4　8421BCD 码与十进制数的对应关系

十进制数	8421BCD 码
0	0000
1	0001
2	0010
3	0011
4	0100
5	0101
6	0110
7	0111
8	1000
9	1001

6. ASCII 码

ASCII 码(American Standard Code for Information Interchange)是美国标准信息交换码的简称，已被国际标准化组织 ISO 采纳，成为一种国际通用的信息交换用标准代码。

ASCII 码采用 7 个二进制位对字符进行编码：低 4 位组 $d_3d_2d_1d_0$ 用作行编码，高 3 位组 $d_6d_5d_4$ 用作列编码。其格式为：

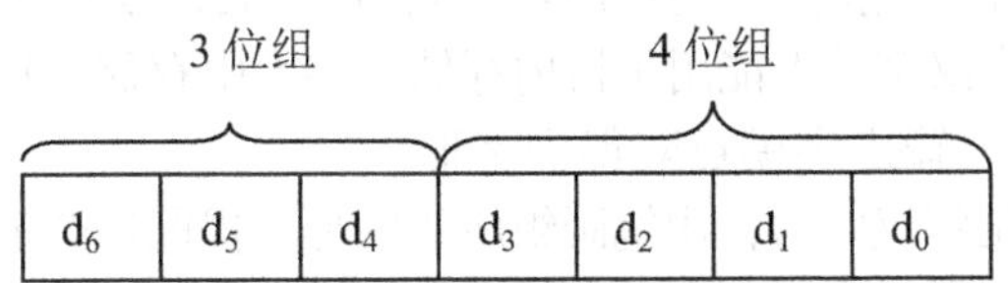

根据 ASCII 码的构成格式，可以方便地从对应的码表中查出每一个字符的编码。参见 ASCII 码表。

7. 汉字编码

汉字处理包括汉字的编码输入、汉字的存储和汉字的输出等环节。也就是说，在计算机中处理汉字，必须先将汉字代码化，即对汉字进行编码。汉字种类繁多，编码比西文拼音文字困难，而且在一个汉字处理系统中，输入、内部处理、存储和输出对汉字的要求不尽相同，所以采用的编码也不尽相同。汉字信息处理系统在处理汉字和词语时，关键的问题是要进行一系列的汉字代码转换。

1) 输入码

中文的字数繁多，字形复杂，字音多变，常用汉字就有7000个左右。在计算机系统中使用汉字，首先遇到的问题就是如何把汉字输入到计算机内。为了能直接使用西文标准键盘进行输入，必须为汉字设计相应的编码方法。汉字编码方法主要分为 3 类：数字编码、拼音码和字形码。

(1) 数字编码。数字编码是用数字串代表一个汉字的输入，常用的是国际区位码。国际区位码将国家标准局公布的6763个两级汉字分成94个区，每个区94位，实际上就是把汉字表示成二维数组，区码和位码各两位十进制数字，因此，输入一个汉字需要按键 4 次。例如，“中”字位于第54区48位，区位码为5448。数字编码输入的优点是无重码，而且输入码和内部编码的转换比较方便，但是每个编码都是等长的数字串，代码难以记忆。

(2) 拼音码。拼音码是以含英语读音为基础的输入方法。由于汉字同音字太多，输入重码率很高，因此，按拼音输入后还必须进行同音字选择，影响输入的速度。

(3) 字形编码。字形编码是以汉字的现状确定的编码。汉字总数虽多，但都是由一笔一划组成，全部汉字的部件和笔画是有限的。因此，把汉字的笔画部件用字母或数字进行编码，按笔画书写的顺序依次输入，就能表示一个汉字，五笔字型、表形码等都是这种编码法。五笔字型编码是目前最有影响的汉字编码方法。

2) 内部码

汉字内部码(简称汉字内码)是汉字在设备或信息处理系统内部最基本的表达形式，是在设备和信息处理系统内部存储、处理、传输汉字用的代码。汉字数量多，用一个字节无法区分，采用国家标准局 GB 2312—1980 中规定的汉字国标码，两个字节存放一个汉字的内码，每个字节的最高位置“1”，作为汉字机内码。由于两个字节各用7位，因此可表示16384个可区别的机内码。例如，汉字“大”的国标码为3473H，两个字节的高位置“1”，得到的机内码为B4F3H。

3) 字形码

汉字字形码是表示汉字字形的字模数据，通常用点阵、矢量函数等方式表示。用点阵表示汉字时，汉字字形码指的就是这个汉字字形点阵的代码。字形码也称字模码，是用点阵表示的汉字字形码，它是汉字的输出方式，根据输出汉字的要求不同，点阵的多少也不同。简易型汉字为16×16点阵，高精度型汉字为24×24点阵、32×32点阵、48×48点阵等。字模点阵的信息量很大，每个汉字就不能用于机内存储，字库中存储了每个汉字的点阵代码，当显示输出时才检索字库，输出字模点阵得到字形。

汉字的矢量表示法是将汉字看作由笔画组成的图形，提取每个笔画的坐标值，这些坐标值可以决定每一笔画的位置，将每一个汉字的所有坐标值信息组合起来就是该汉字字形的矢量信息。同样，将各个汉字的矢量信息集中在一起就构成了汉字库。当需要汉字输出时，利用汉字字形检索程序根据汉字内码从字模库中找到相应的字形码。

1.1.2　算法和数据结构的基本概念

在程序设计过程中，首先要对解决的问题进行分析和建模，理解所要解决问题中的各个对象和它们之间的关系；然后考虑在计算机内部该如何表示这些对象和这些对象之间的关系；最后，考虑采用什么样的办法来得到问题的解。显然，程序设计的关键在于分析问题域中的对象和关系、在计算机内部如何存储表示出这些对象和关系，以及在此基础上的解决问题的策略。

算法和数据结构概述

数据结构就是建立问题数学模型的关键技术。算法就是在数学模型基础上寻求解决问题的策略。而程序就是为计算机处理问题而编制的一组指令集。显然，程序设计的关键就在于数据结构和算法。这就是发明了多种影响深远的程序设计语言(Pascal 之父)，并提出结构化程序设计这一革命性概念(结构化程序设计的首创者)而获得 1984 年图灵奖的瑞士计算机科学家 Niklaus Wirth(尼克劳斯·沃思)提出的著名的公式：

Data Structures + Algorithm = Programs(数据结构+算法 = 程序)

他也以此公式作为其一本专著的书名。

关于算法的概念和算法的表示方法请读者参看配套教材《C 语言程序设计(第 2 版)》，在此不再阐述。

在程序设计中，经常会遇到两类问题：一类是数值性问题，如求和、求方程的根等，这些问题相对来说，比较简单，不需要建立复杂的数学模型。还有一类是非数值性的问题，如交叉路口的交通管制问题、最短路径问题和排序问题等。这些问题往往比较复杂，主要是问题域中的对象及其关系比较复杂。因此，对于这些问题的一般求解方法是：

(1) 建立问题的数学模型(如线性模型、树状模型、网状模型等)。

(2) 按照数学模型设计解决问题的算法。

(3) 根据算法编写程序，运行程序得到问题的解答。

数据结构就是一门讨论“描述现实世界实体的数学模型(非数值计算)及其上的操作在计算机中如何表示和实现”的学科。它与算法一样，都是进行复杂程序设计的基础。

数据结构包含 3 个层面的含义：

(1) 问题所涉及的数据对象，以及数据对象内部各个数据元素之间的特定关系——数据的逻辑结构(逻辑关系)。

(2) 全体数据元素以及数据元素之间的特定关系在计算机内部的表达——数据的存储结构(物理关系)。

(3) 为解决问题而对数据施加的一组操作——数据的运算集合(操作/运算)。

例如，要编写程序，实现按学号从低到高，随机输入若干个同班学生的信息(包括：学号，姓名，年龄和成绩总分)，按照成绩总分从高到低的顺序，重新列出学生的信息。

分析：首先要弄清问题域的对象(若干个学生)以及他们之间的关系(同班)。再考虑如何在计算机中表示出这些对象及其关系。可以将若干个学生的信息存储在一个一般高级语言都提供的一维数组中，这个数组就是一种数据结构。它表达了组成数组的各个元素(数组元素)之间的逻辑关系和物理关系(详见第 7 章)。最后可以在此基础上设计算法来进行排序。编写出的 C 语言程序如下(可能无法理解具体语言的细节，但可以理解解题的思路和步骤)：

```
#include <stdio.h>
#define N 10                /* 学生数 */
struct Student{             /* 存储每个学生信息的数据结构 */
    char Num[20];           /* 学号 */
    char Name[10];          /* 姓名 */
    int age;                /* 年龄 */
    float SumScore;         /* 总成绩 */
};
void main(void){
    int i,j;
    struct Student s[N],temp;  /* s[N]存储各个学生信息的数据结构 */
    printf("Input students information:\n");
    for(i=1;i<=N;i++)  /* 输入各个学生信息 */
    scanf("%s%s%d%f",s[i-1].Num,s[i-1].Name,&s[i-1].age,&s[i-1].SumScore );
    /* 排序算法实现 */
    for(i=1;i<N;i++)
      for(j=0;j<N-i;j++)
            if(s[j].SumScore<s[j+1].SumScore){
              temp=s[j];
              s[j]=s[j+1];
              s[j+1]=temp;
            }
  printf("\n\nInformation after sort:\n"); /* 输出排序后的各个学生信息 */
  for(i=1;i<=N;i++)
  printf("%s,%s,%d,%f\n",s[i-1].Num,s[i-1].Name,s[i-1].age,s[i-1].SumScore);
}
```

程序运行结果如图1.1所示。

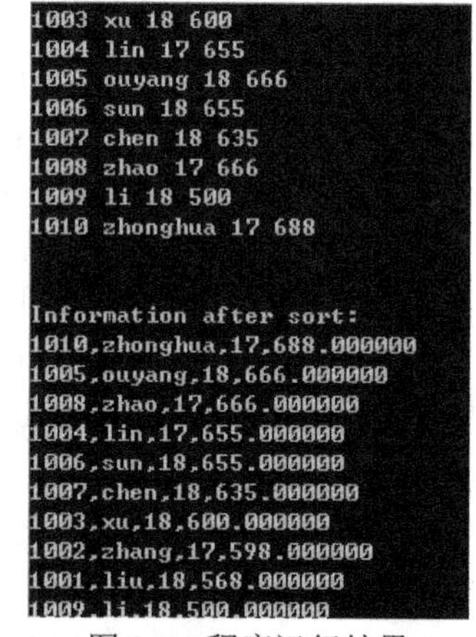
```
1003 xu 18 600
1004 lin 17 655
1005 ouyang 18 666
1006 sun 18 655
1007 chen 18 635
1008 zhao 17 666
1009 li 18 500
1010 zhonghua 17 688


Information after sort:
1010,zhonghua,17,688.000000
1005,ouyang,18,666.000000
1008,zhao,17,666.000000
1004,lin,17,655.000000
1006,sun,18,655.000000
1007,chen,18,635.000000
1003,xu,18,600.000000
1002,zhang,17,598.000000
1001,liu,18,568.000000
1009,li,18,500.000000
```

图1.1　程序运行结果

1.1.3　结构化程序设计的基本概念

结构化程序设计

结构化的程序设计强调程序设计风格和程序结构的规范化，提倡清晰的结构。结构化程序设计方法的基本思路是把一个复杂问题的求解过程分阶段进行，每个阶段处理的问题都控制在人们容易理解和处理的范围内。

具体来说，采用如下方法以保证得到结构化的程序：

(1) 自顶向下。

(2) 逐步细化。

(3) 模块化设计。

(4) 结构化编码。

在程序设计过程中，应当按自顶向下逐步细化的方法，将一个大的程序分解成足够小的部分。尤其是当程序比较复杂时，更有必要这样做。在拿到一个程序模块以后，根据程序模块的功能将它划分为若干个子模块，如果嫌这些子模块太大，还可以划分成更小的模块。

划分模块时应注意模块的独立性，即一个模块完成一项功能，耦合性越小越好。模块化设计的思路实际上是一种“分而治之”的思想，把一个大的任务分成若干个小的子任务，每一个子任务就相对简单了。

例如，绘制流程图，求sum=1+2+3+…+100的值。

分析：求解这个问题要定义两个变量 sum 和 i，分别存放结果和以及整数 1, 2, …, 100。先用自然语言描述这组数和算法：

第一步：将 sum 置 0，存储单元 i 置 1，即 sum=0, i=1。

第二步：执行循环结构，如果 n≤100, 执行循环体一次，直到 n>100，退出循环。在循环体中，

(1) sum 累加上 i, 即 sum=sum+i。

(2) i 的值更改为 n+1, 即 n=n+1。

第三步：输出 sum 中的值。

流程图如图 1.2 所示。

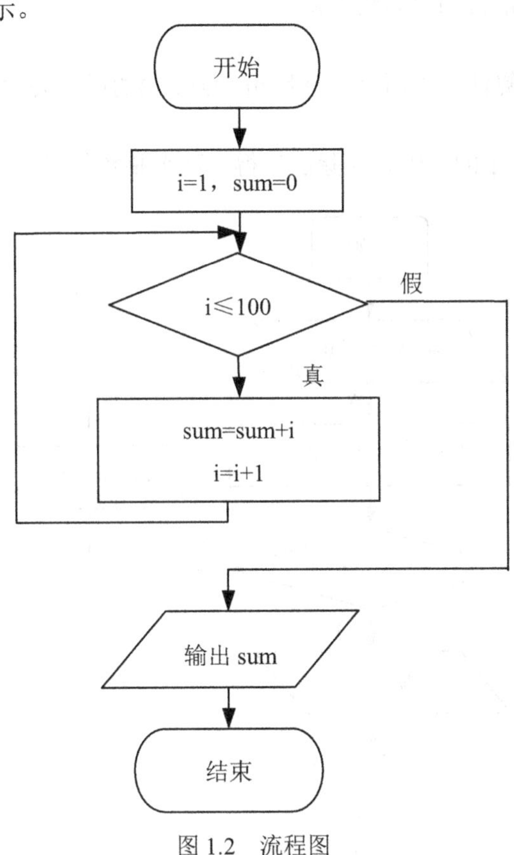

图 1.2　流程图

1.2　学习与思考

本章是程序设计的基础知识讲解，主要为今后学习 C 语言程序设计打下良好的基础。由于没有上机实践练习，这里通过几道习题进行练习和思考。

1. 将$(01110101)_2$、$(113)_{10}$、$(75)_8$、$(C4)_{16}$按从小到大的顺序排列。

【提示】

将各种进制的数都转换为对应的十进制数，可以得到它们从小到大的排列顺序。

$(01110101)_2=(117)_{10}$, $(75)_8=(61)_{10}$、$(C4)_{16}=(196)_{10}$。

2. 将$(3251)_{10}$转换成其他数制。

【提示】

采用“除以 2，8，16，取余数”法，可以将十进制数转换为对应的 2，8，16 进制数。

3. 写出$(-3251)_{10}$的原码、反码和补码(设字长 n=16)。

【提示】方法可参见教材或学习指导。

4. 程序与程序设计语言的含义分别是什么？

【提示】略。

5. 怎么理解高级语言的“高级”特性？

【提示】略。

6. 用流程图表示算法，求两个正整数 m、n(m>n)的最大公约数。

【提示】

可以用如图 1.3 所示的“辗转先除法”得到两个整数的最大公约数。

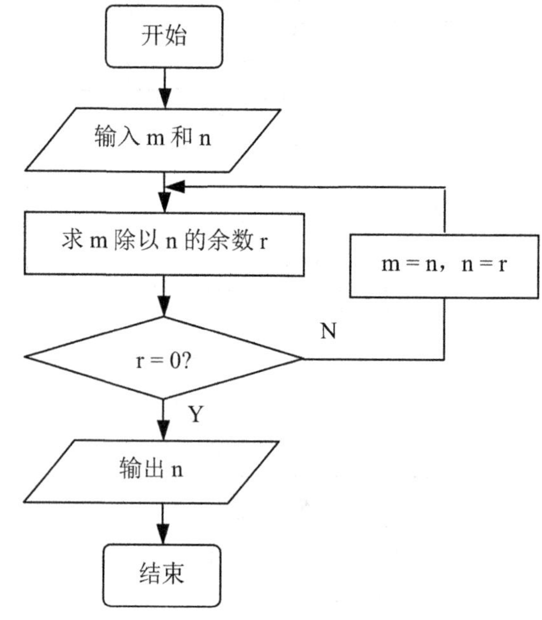

图 1.3　“辗转先除法”示意图

7. 用伪代码流程图表示算法，将 100～200 之间的素数打印出来。

【提示】

```
Begin
  i=100
  repeat do
  {
    k=2,flag=1
   repeat do
   {
       if i%k==0 then
           flag=0, break
```

```
        endif
        else  k=k+1
     } until k>(int)sqrt(i)
    if(flag==1)  then
        output  i
    endif
    i=i+1
  }until i>200
End
```

8. 什么是数据结构？它具有什么样的含义？

【提示】略。

9. 如何理解结构化程序设计的思想？

【提示】略。

第2章　C语言与C程序概述

2.1　学习指导

2.1.1　C 语言简介

C 语言概述

C 语言是国际上广泛流行的计算机高级编程语言，适合作为系统描述语言，既可以用来编写系统软件，也可以用来编写应用软件。

C 语言诞生于 20 世纪 70 年代初，1983 年，美国国家标准协会(ANSI)根据 C 语言问世以来的各种版本，对 C 的发展和扩充指定了新的标准，称为 ANSI C。1987 年，ANSI 又公布了新的标准：87ANSI C。1990 年，国际标准化组织(ISO)接受了 87ANSI C 为 ISO C 的标准(ISO 9899—1990)。目前流行的各种版本都是以它为基础的。

一种语言之所以能存在和发展，并具有生命力，总是有其不同于(或优于)其他语言的特点。C 语言的主要特点如下：

(1) 语言简洁、紧凑，使用方便、灵活。

(2) 运算符丰富。

(3) 数据结构丰富，具有现代化语言的各种数据结构。

(4) 具有结构化的控制语句，用函数作为程序的模块单位，便于实现程序的模块化。

(5) 语法限制不太严格，程序设计自由度大。

(6) 能进行位操作，能实现汇编语言的大部分功能，可以直接对硬件进行操作。

(7) 生成目标代码质量高，程序执行效率高。

(8) 程序可移植性好，基本上不做修改就能用于各种型号的计算机和操作系统。

2.1.2　简单的 C 程序介绍

下面介绍几个简单的 C 程序。

```
#include <stdio.h>
void main(void){
  printf("This is the first C program.\n");
}
```

程序运行情况如图 2.1 所示。

```
This is the first C program.
Press any key to continue
```

图 2.1　程序运行结果 1

其中，#include <stdio.h>是一个编译预处理命令，表示要嵌入头文件 stdio.h。stdio.h 是已经写好的一个头文件，在这个文件中已经定义好了常用的一些有关输入和输出的函数，在需要时可直接使用这些函数。

main()表示“主函数”。每一个 C 程序都必须有且仅有一个 main()函数，函数体由大括号{}括起来。本例中主函数内只有一个输出语句，这个输出语句通过调用 printf()函数实现字符串的输出。双引号内的字符串按原样输出，"\n"是换行符，即输出 This is the first C program. 后按 Enter 键换行，语句的最后有一个分号。

```
#include <stdio.h>
int max(int x,int y){          /* 定义函数max，其值为整型，形式参数为整型 */
    int z;       /* 函数max中的声明部分，定义本函数中要用到的变量z为整型 */
    if(x>y) z=x;
    else z=y;
  return z;                    /* 将c的值返回，通过max带回调用处 */
}

void main(void){               /* 主函数 */
     int a,b,c;                /* 声明部分，定义变量 */
   printf("Please enter a and b:");    /* 输入变量值的提示信息 */
     scanf("%d%d",&a,&b); /* 输入变量的值 */

     c=max(a,b);               /* 调用max()函数，将得到的值赋给z */
   printf("max=%d\n",c);       /* 输出z的值 */
}
```

程序运行情况如图 2.2 所示。

```
Please enter a and b:10 25
max=25
Press any key to continue_
```

图 2.2　程序运行结果 2

本程序包括两个函数：主函数 main()和被调用的函数 max()。max()的作用是将 x, y 中的较大值赋给 z，return 语句再将 z 的值返回主调函数 main()。返回值是通过函数名 max()带回 main()函数的调用处。程序中 scanf()函数的作用是输入 a 和 b 的值。&a 和&b 中的“&”的含义是“取地址”，此函数的作用是将两个数值分别放到变量所对应的地址单元中。这种形式与其他语言有所不同。

函数 main()中的 c=max(a,b); 语句通过调用 max()函数，得到 a 和 b 的最大值，再赋给变量 c。在调用 max()函数时，将实际参数 a 和 b 的值分别传送给 max()函数中的形式参数 x 和 y。经过运算后得到一个最大值给变量 z，然后输出 z 的值。printf()函数中双引号内的 max=%d 在输出时，%d 将由 z 的值取代，max=原样输出。

从上面的两个例子可以看出以下几点：

(1) C 程序是由函数组成的。一个 C 源程序至少包含一个 main()函数，也可以包含一个 main()函数和若干个其他函数。因此，函数是 C 程序的基本单位。被调用的函数可以是系统提供的库函数，也可以是用户根据需要自己编写设计的函数。C 的函数相当于其他语言中的子程序，用函数来实现特定的功能。程序中的全部工作是由各个函数分别完成的。编写 C 程序就是编写一个个函数。C 的函数库十分丰富，ANSI C 建议的标准库函数中包括 100 多个函数，Turbo C 和 MS C 4.0 中提供了 300 多个库函数。C 语言的这个特点使得程序的模块化很容易实现。

(2) 一个函数由函数的首部和函数体两部分组成。函数的首部包括函数名、函数类型、函数参数名、参数类型；函数体是函数首部下面大括号{}里面的部分。如果一个函数内有多个大括号，则最外层的一对{}为函数体的范围。

(3) 一个 C 程序总是从 main()函数开始执行的，而不论 main()函数在整个程序中的位置如何(可以放在程序的最前、最后或是中间的任何一个位置)。

(4) C 程序书写格式自由，一行内可以写几个语句，一个语句可以分写在多行上。C 程序没有行号，也不像 FORTRAN 或 COBOL 那样严格规定书写格式。

(5) 每个语句和数据定义的最后必须有一个分号。分号是 C 语句的重要组成部分，即使是程序中最后一个语句也应包含分号。

(6) C 语言本身没有输入/输出语句，输入和输出语句是由库函数来完成的。C 语言对输入/输出实行“函数化”。

2.2　C 程序的开发环境及其使用

本部分介绍 C 程序的开发过程和操作环境，重点是在目前应用较广泛的 Turbo C 和 VC++ 编译系统下，如何进行 C 源程序的输入、编辑、编译、链接、运行、调试等过程。最后介绍常见的上机错误和纠正办法。

2.2.1　C 程序开发过程

C 程序要在某种操作系统和编译系统支持下开发。应用 C 语言编写的程序，称为“C 源程序”。计算机不能直接识别 C 源程序。为了使计算机能够执行 C 程序指令，首先需用一种“编译程序”软件将 C 源程序翻译成二进制形式的“目标程序”，然后通过“链接程序”将目标程序和系统库函数链接成完整的“可执行程序”，最后运行可执行程序。在 C 程序开发的各个阶段都可能发生错误，因此需重复上述过程，排除错误，直到程序运行能达到预期的结果为止。C 程序开发过程如图 2.3 所示。

在 C 程序开发过程中，可能发生如下几类典型的错误。

(1) 语法错误，在编译和链接阶段出现。语法错误易纠正。编译时编译器做语法检查，给出错误定位和错误报告信息。错误信息是十分重要的，最有参考价值。

(2) 语义错误，在运行阶段出现。这类错误不能精确定位，只给出错误的信息，纠正错误较难。一般采用跟踪技术检测和定位。

(3) 逻辑错误，在程序运行后出现。这类错误易被忽视，最难纠正，需用测试技术解决。

排除程序错误，提高程序调试能力，是学习 C 程序设计的重要内容之一。

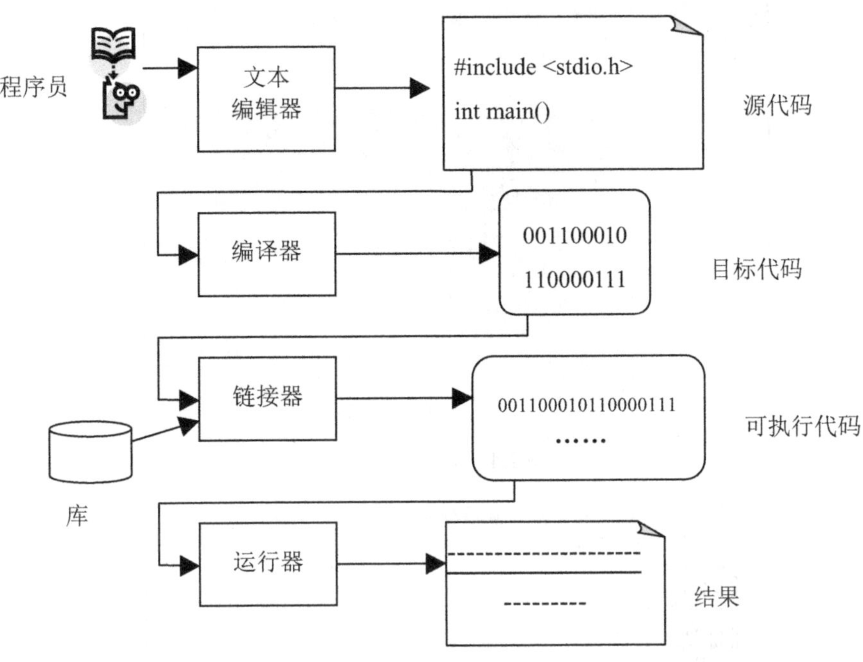

图 2.3　C 程序开发过程

2.2.2　VC++环境下运行 C 程序

C 程序的开发环境很多，常用的有 Turbo C/C++、Visual C++、Visual Studio、Dev C++、GCC 等。大多数的开放环境使用方法相似，这里以 Visual C++为例加以说明，需要使用其他平台时，可以参考相关的说明书。

C++语言是在 C 语言的基础上发展而来的，增加了面向对象的编程，成为当今最流行的一种程序设计语言。Visual C++(简称 VC++)是微软公司开发的面向 Windows 编程的 C++语言工具，不仅支持 C++语言的编程，也兼容 C 语言的编程。Visual C++被广泛地用于各种编程，使用面很广，这里简要介绍如何在 Visual C++下运行简单 C 语言程序。

1. 启动 VC++

(1) 双击桌面上的 Visual C++图标，启动 VC++。

(2) 选择“开始”→“程序”→Visual C++命令，启动 VC++。如图 2.4 所示为 VC++窗口。

2. 新建/打开 C 程序文件

如果要新建一个 C 程序，则选择“文件”→“新建”命令，弹出如图 2.5 所示的对话框，选择 C++ Source File 选项，单击“确定”按钮，即可在编辑窗口中输入程序。

如果要打开已经存在的 C 程序，则选择“文件”→“打开”命令，在弹出的对话框中选择要打开的程序文件即可。

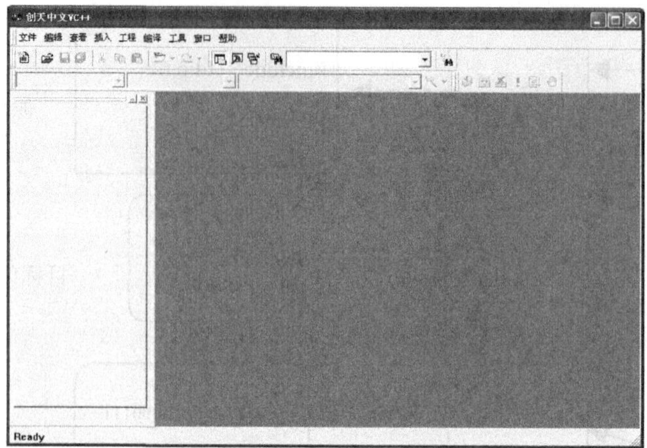

图 2.4　VC++窗口

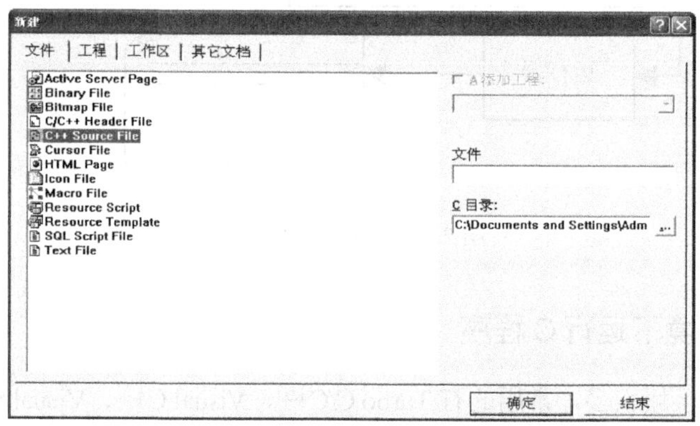

图 2.5　在 VC++中建立 C 源程序文件

3. 程序保存(文件/保存)

启动 VC++以后，实际上就可以直接在编辑窗口中输入程序，但此时要注意。当保存文件时，系统将默认以“.cpp”扩展名保存，所以此时，需要将程序保存为指定扩展名为“.c”。

4. 执行程序

按 F7 键，或者选择“编译/构件”命令。在编译链接过程中，VC++将保存此程序，并生成一个同名的工作区。保存文件时一定要注意扩展名指定为“.c”。

如果执行程序没有错误，弹出的信息窗口将显示：0 error(s) 0 warning(s)。

有时会有几个警告信息(warning)，但不影响程序执行。

假如有致命的错误(error)，可双击某行出错信息，程序窗口中会指示对应的出错位置，根据信息窗口的提示分别予以纠正。纠正之后，选择“编译/执行”命令(或按 Ctrl+F5 组合键)执行程序。

成功运行之后，VC++将自动弹出数据输入/输出窗口，按任意键将关闭该窗口。

此外，对于编译、链接、执行操作，VC++还提供了一组如图 2.6 所示的工具按钮方便操作。

图 2.6　程序运行的工具按钮

5. 关闭程序工作区

当一个程序编译链接后，VC++自动产生相应的工作区，以完成程序的运行和调试。若想执行第二个程序，必须关闭前一个程序的工作区，然后通过新的编译链接，产生第二个程序的工作区，否则运行的将一直是前一个程序。选择“文件”→“关闭工作区”命令，然后在弹出的对话框中单击“否”按钮。如果单击“是”按钮将同时关闭源程序窗口。

6. 命令行参数处理

VC++是一个基于窗口操作的 C++系统，没有提供命令行参数功能。要实现此功能需要在 Windows 的“MS-DOS 方式”窗口中以命令方式实现。具体步骤如下：

(1) 将源程序正确编译链接，生成可执行程序(例如 prog.exe)，查看它所在的路径(在 C 源程序同层的 Debug 文件夹下)。

(2) 单击任务栏中的“开始”按钮，选择“运行”命令，输入 command，然后按 Enter 键，进入 MS-DOS 窗口。

(3) 在 MS-DOS 窗口中输入“文件名　参数 1　参数 2……”，带参数运行程序。

7. 程序调试

VC++是一个完全基于 Windows 的系统，调试过程中可以方便地使用鼠标。在程序的调试过程中，常会遇到以下几种情况。

1) 程序执行到中途暂停以便观察阶段性结果

(1) 操作方法一：使程序执行到光标所在的那一行暂停。

- 将光标移动并定位到需要暂停的所在行上。
- 选择“编译”→“开始调试”→Run to cursor 命令，或者按 Ctrl+F10 组合键。
- 操作之后，程序将执行到光标所在行暂停。如果此时把光标移动到后面的某个位置，再进行相同的操作，程序将从刚才的暂停点继续执行到新的光标位置，第二次暂停。

(2) 操作方法二：在需暂停的行上设置断点。

- 将光标移动并定位到需设置断点的行上。
- 单击“编译微型条”中最右面的按钮或按 F9 键。

这时，被设置了断点的行前面会有一个红色圆点标志。不管是通过光标位置还是断点设置，其所在的程序行必须是程序执行的必经之路，即不应该是分支结构中的语句，因为该语句在程序执行中受条件的限制，有可能因条件的不满足而不被执行，这时程序将一直执行到结束或下一个断点为止。

2) 设置需观察的结果变量

将程序执行到指定的位置暂停的目的是为了查看有关的中间结果。如图 2.7 中，左下角窗口中系统自动显示了有关变量的值。如果还想增加观察变量，可在窗口右下角的 Name 文本框中输入相应的变量名。

3) 单步执行

当程序执行到某个位置时发现结果已经不正确了，说明在此之前肯定有错误存在。如果能够确定一小段程序可能有错，先按上面步骤暂停在该小段程序的头一行，再输入若干个查看变量，然后单步执行，即一次执行一行语句，逐行检查下来，看看到底哪一行出现了错误，从而确定错误的语句并予以纠正。

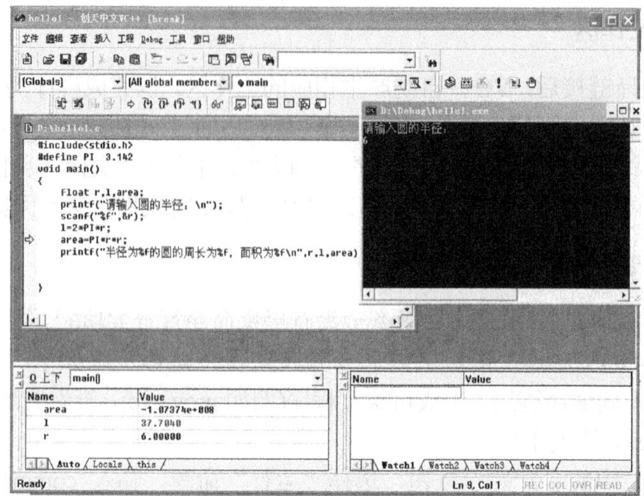

图 2.7　VC++中观察变量值状况

单步执行时单击“调试条”→Step Over 按钮或按 F10 键。若遇到自定义函数调用，想进入函数进行单步执行，可单击 Step Into 按钮或按 F11 键。若想结束函数的单步执行，可单击 Step Out 按钮或按 Shift+F11 组合键。对不是函数调用的语句来说，F11 键与 F10 键的作用相同，但一般不要对系统函数按 F11 键。

4) 断点的使用

使用断点也可以使程序暂停。一旦设置了断点，不管是否还需要调试程序，每次执行程序都会在断点上暂停，因此调试结束后应取消所定义的断点。操作方法如下：

将光标定位到所在行，单击“编译微型条”中最右面的按钮或按 F9 键。

如果有多个断点想全部取消，可执行“编辑”→“断点”命令，屏幕上会出现 Breakpoints 窗口，下方列出了所有断点，单击 Remove All 按钮将取消所有断点。断点通常用于调试较长的程序，可以避免使用 Run to Cursor 命令(运行程序到光标处暂停)或按 Ctrl+F10 组合键时，经常要把光标定位到不同的地方。而对于长度为上百行的程序，要寻找某位置并不太方便。

如果一个程序设置了多个断点，按一次 Ctrl+F5 组合键会暂停在第一个断点，再按一次 Ctrl+F5 组合键会继续执行到第二个断点暂停……这样依次执行下去。

5) 停止调试

使用 Debug→Stop Debugging 命令或按 Shift+F5 组合键，可以结束调试，回到正常的运行状态。

以上操作只是 VC++最基本的操作(编辑、编译、链接和运行简单的 C 程序)，适合初学 C 语言的读者，如果需要更复杂的其他操作，请参考有关 Visual C++手册。

2.3　上机实践：简单 C 程序的编辑、编译、链接和运行

2.3.1　实验目的

(1) 理解和掌握在 VC++等环境下编辑、编译、链接和运行简单 C 程序的方法和过程。

(2) 通过编辑、编译、链接和运行简单的 C 程序，掌握 C 语言源程序的结构特点，了解 C 语言中常量和变量的简单使用方法(输入、输出和简单计算)。

(3) 了解简单的 C 程序调试方法。

(4) 了解 VC++等环境下简单 C 程序的编辑、编译、链接、运行过程。

2.3.2　实验学时

1 学时。

2.3.3　实验内容和步骤

1. 尝试使用不同的方法启动 VC++

(1) 可以通过桌面创建的 VC++程序快捷启动 VC++。

(2) 也可以找到 VC++的安装目录，直接运行 VC++应用程序。例如，C:\Program Files\Microsoft Visual Studio\Common\MSDev98\Bin\MSDEV.EXE。

2. 熟悉使用 VC++集成开发环境

熟悉使用 VC++集成开发环境编辑、编译、链接和运行简单 C 程序的过程，了解 VC++集成环境的其他使用方法。

例如，现在需要设计一个简单的 C 程序，该程序输入 3 个任意整数，输出它们的最大值。

(1) 使用上面的方法启动 VC++，选择“文件”→“新建”命令，打开“新建”对话框，选择“文件”选项卡，选择下面的 C++ Source File，在右边的文件名中输入文件名(如 myfirst.C)，选择保存位置(如桌面)，单击“确定”按钮，如图 2.8 所示。

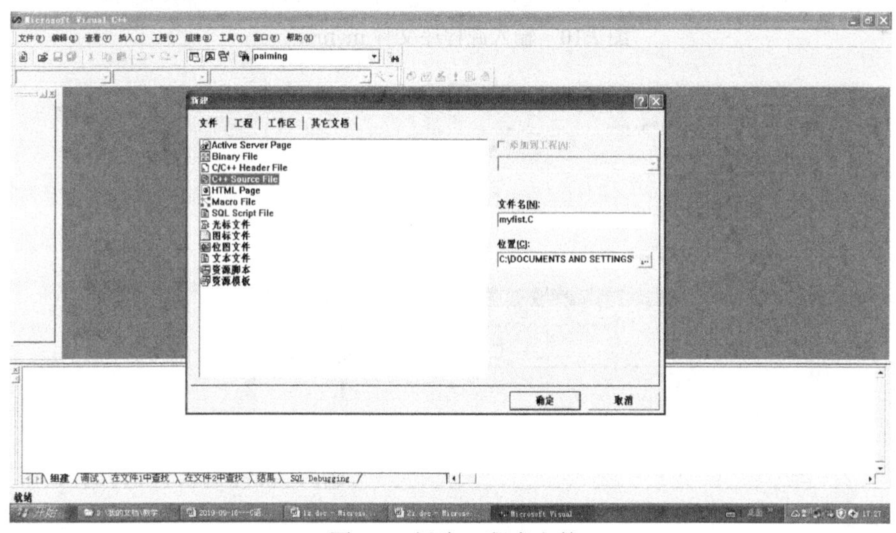

图 2.8　新建 C 程序文件

(2) 进入如下编辑状态，如图 2.9 所示。

(3) 光标停留在编辑区中，等待输入源程序。输入程序如图 2.10 所示。

(4) 输入程序完毕，单击编译快捷工具按钮，创建默认的工作区，如图 2.11 所示。

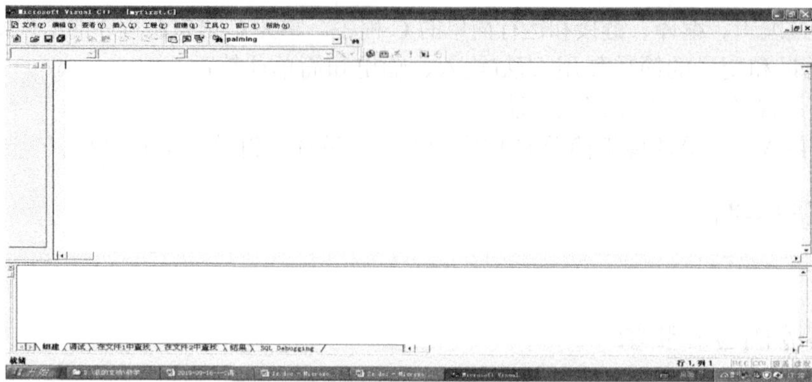

图 2.9　进入编辑状态

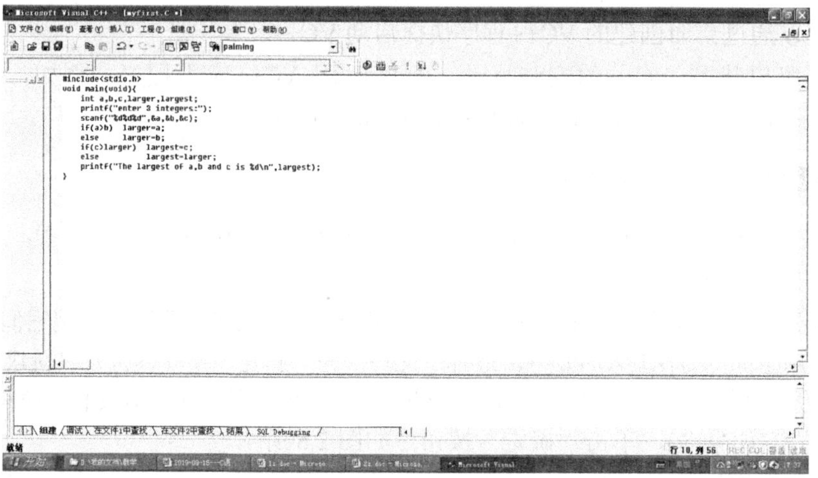

图 2.10　输入源程序文件 myfirst.C

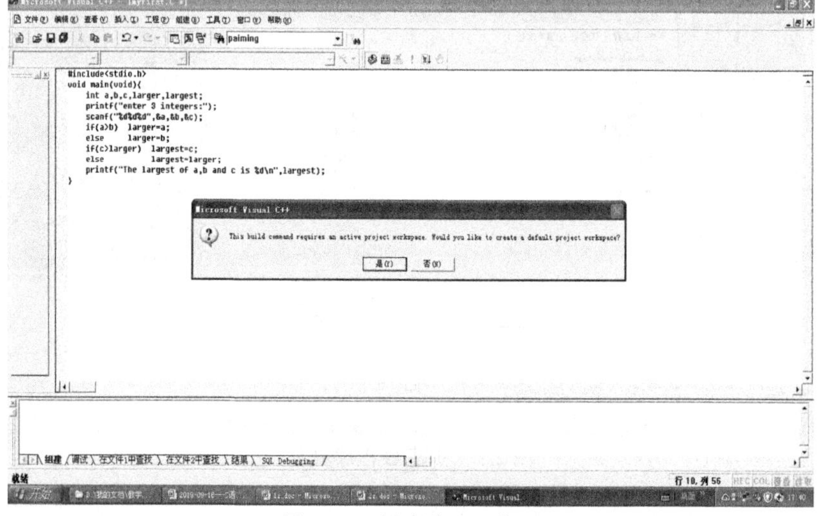

图 2.11　创建默认工作区

(5) 编译之后，下面的信息窗口显示编辑的结果如图 2.12 所示。

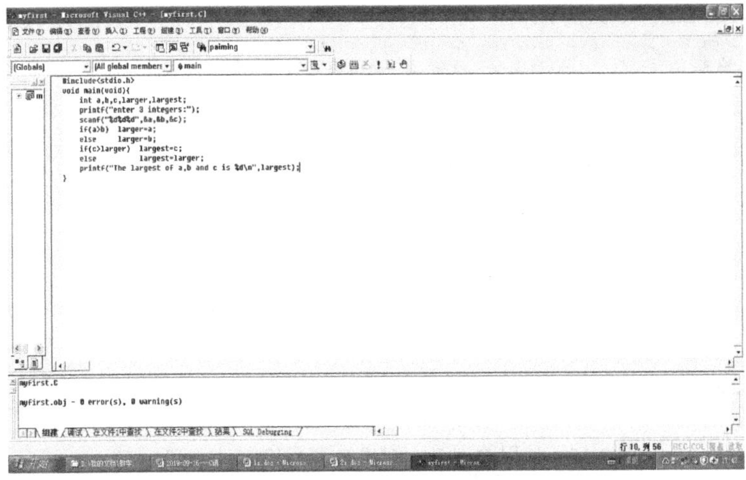

图 2.12　编译结果

(6) 编译结果显示，没有错误，得到目标文件 myfirst.obj，接着就可以进行链接，单击 Build 工具按钮，如图 2.13 所示。

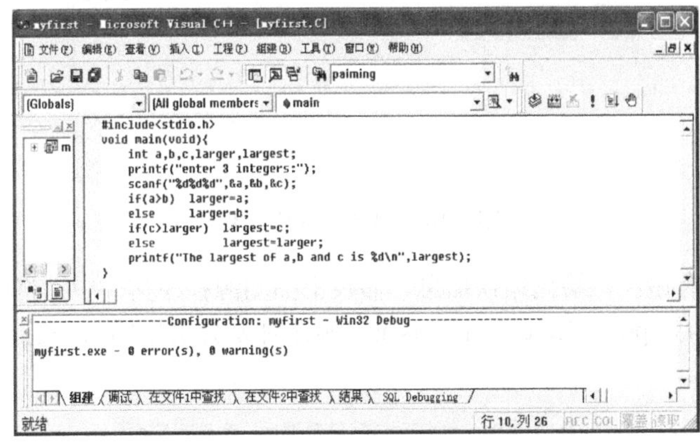

图 2.13　链接生成执行程序时的窗口信息

(7) 经过链接之后，得到可执行的程序文件 myfirst.exe。此时可以通过单击工具按钮 BuildExecute 执行程序，得到程序的运行结果，如图 2.14 所示。

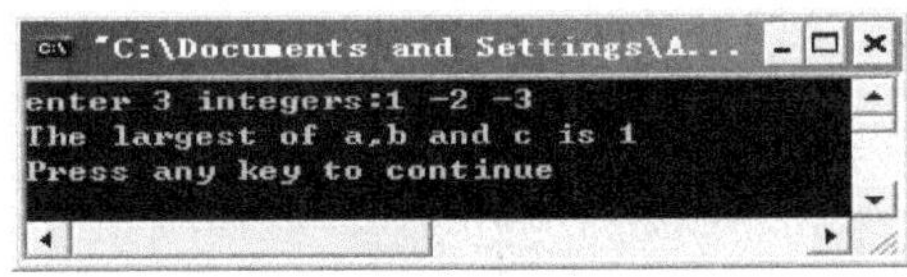

图 2.14　程序运行结果

3. 了解 Dev C++平台下 C 程序的编辑、编译、链接和运行过程

Dev C++平台的使用方法类似于 VC++平台，由于这个软件网上容易获取，而且体积较小，在此简单讲述一下它的使用。

(1) 建立 C 源程序。类似 VC++，通过 File→New→SourceFile 创建源程序文件，如图 2.15 所示。

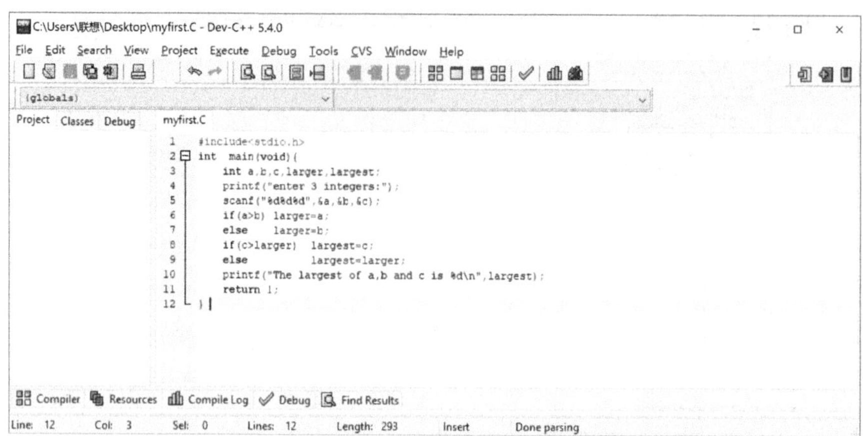

图 2.15　使用 Dev C++创建 C 源程序文件 myfirst.C

(2) 编译 myfirst.C。通过菜单 Execute→Compile 或者直接单击 Compile 工具按钮实现对源程序文件的编译，如图 2.16 所示。

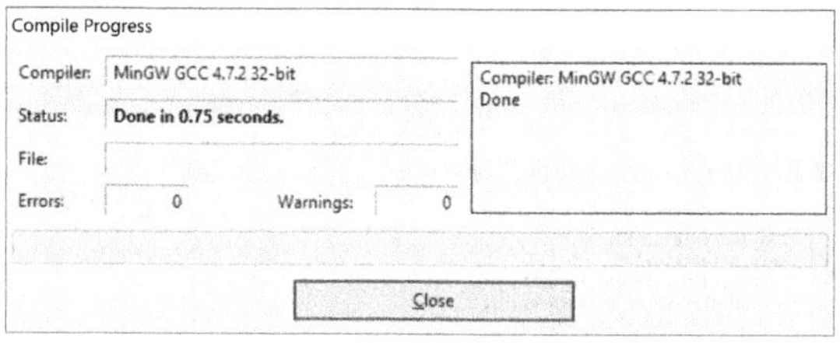

Compile Progress
Compiler: MinGW GCC 4.7.2 32-bit
Status: Done in 0.75 seconds.
File:
Errors: 0　Warnings: 0
Compiler: MinGW GCC 4.7.2 32-bit
Done
Close

图 2.16　编译源程序文件

编译过程如果有错，则给出错误信息。假设上面的源程序文件中，将语句 printf("enter 3 integers:");故意写错为 printf("enter 3 integers:);，编译时就会给出错误信息，如图 2.17 所示。

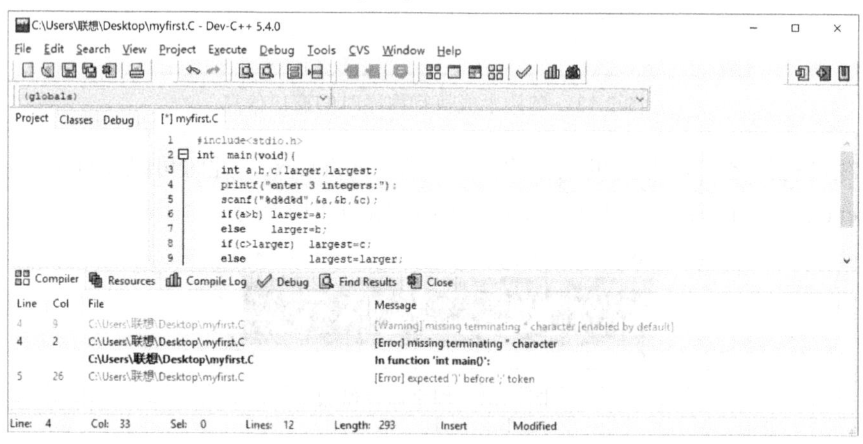

图 2.17　编译错误信息

双节错误信息行，可以点亮错误对应的语句。根据错误提示，修改错误，直到编译通过为止。

(3) 运行程序。类似于 VC++，通过菜单 Execute→Run 或者工具按钮 Run 都可以执行程序。得到运行结果，如图 2.18 所示。

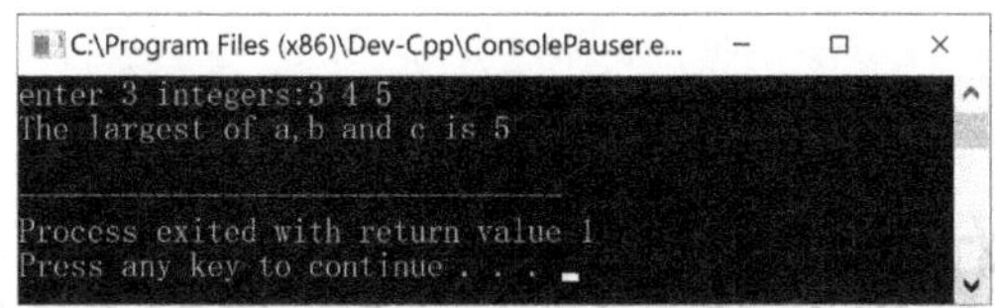

图 2.18　运行结果

当然，我们也可以在直接运行执行程序。比如，可以在命令行方式下，执行程序 myfirst.exe，如图 2.19 所示。

```
C:\WINDOWS\system32\cmd.exe

C:\>C:\Users\联想\Desktop\myfirst
enter 3 integers:23 34 -45
The largest of a,b and c is 34

C:\>
```

图 2.19　执行程序结果

4. 练习

(1) 尝试将上面实验中的源程序实现的功能改为：输入 4 个整数，输出其中的最小值。分别在 VC++和 DEV C++平台上运行，尽量根据错误信息提示，进行代码的调试修改。

(2) 分别在 Dev C++和 VC++ 6.0 平台上编辑、编译、链接和运行以下程序，体会不同平台上运行 C 程序的特点。

```
#include <stdio.h>
int max(int x,int y){
        int z;
        if(x>y)  z=x;
        else z=y;
        return z;
}

void main(void){
      int a,b,c,maximum;
      double average;

    printf("Please enter a,b and c:");
      scanf("%d%d%d",&a,&b,&c);

      maximum=max(max(a,b),c);
      printf("maximum=%d\n",maximum);

      average=(a+b+c)/3.0;
      printf("average=%f\n",average);
}
```

(3) 将上面程序中的 average=(a+b+c)/3.0;语句改为 average=1/3*(a+b+c);，验证结果是否正确？再将上面程序中的语句 printf("average=%f\n",average); 改为 printf("average= %d\n", average);，结果还正确吗？再去掉上面程序中的#include <stdio.h>，程序还能正常运行吗？

(4) (选做)自行练习指导书上讲述的其他简单程序调试方法。

第3章　数据类型、运算符和表达式

3.1　学习指导

3.1.1　C 语言的数据类型

基本数据类型

在 C 语言中，数据类型可分为基本数据类型、构造数据类型、指针类型和空类型 4 大类。各类型的特点如下。

(1) 基本数据类型最主要的特点是其值不可以再分解为其他类型。

(2) 一个构造类型的值可以分解成若干个“成员”或“元素”，每个“成员”都是一个基本数据类型或一个构造类型，在 C 语言中构造类型包括数组类型、结构类型及联合类型。

(3) 指针类型是一种特殊的数据类型，具有非常重要的作用。其值是用来表示某个变量在内存储器中的地址的。

(4) 调用函数时，通常应向调用者返回一个某种类型的函数值，但也有一些函数不需要返回任何函数值，这种函数就定义为“空类型”(void)。

C 语言的数据类型分类如图 3.1 所示。C 语言中数据类型有常量和变量之分，由这些类型还可以构成更复杂的数据结构。例如，用指针和结构体可以构成表、树、图、栈、队列等复杂的数据结构。

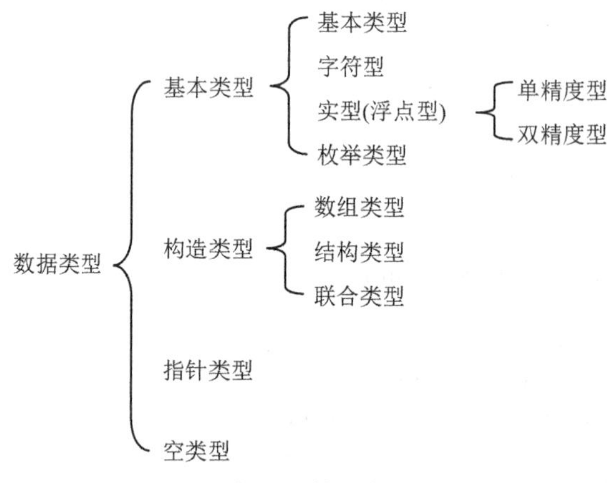

图 3.1　数据类型分类

在程序中，所用到的数据都必须指定其数据类型。

3.1.2　常量和变量

变量

对于基本数据类型，按其值是否可改变进行分类，可分为常量和变量两种。按与数据类型结合进行分类，可以分为整型常量和整型变量、浮点型常量和浮点型变量、字符常量和字符变量、枚举常量和枚举变量。

在程序中，常量是可以不经说明而直接使用的，而变量则必须先说明后使用。

有关常量和变量的详细介绍请参看教材中的说明，在此不再阐述。

常量

3.1.3　C 语言的运算符和表达式

C 语言具有丰富的运算符和表达式，运算符具有不同的优先级和结合性。因此，在表达式求值时，不但要考虑运算符的优先级，还要考虑其结合性。

C 语言的运算符范围很宽，把除控制语句和输入/输出以外的几乎所有的基本操作都作为运算符处理，如把运算符“=”作为赋值运算符，方括号作为下标运算符等。

C 语言的运算符可以分为以下几类。

(1) 算术运算符：+、−、*、/、%。

(2) 关系运算符：>、<、==、>=、<=、!=。

(3) 逻辑运算符：!、&&、||。

(4) 位运算符：<<、>>、～、|、^、&。

(5) 赋值运算符：=(及其扩展赋值运算符，如+=等)。

(6) 条件运算符：?、:。

(7) 逗号运算符：，。

(8) 指针运算符：* 、&。

(9) 求字节运算符：sizeof。

(10) 强制类型转换运算符：(类型)。

(11) 分量运算符：. 、->。

(12) 下标运算符：[ ]。

(13) 其他：如函数调用运算符( )。

算术运算符和算术表达式

关系运算符和关系表达式

位运算符

赋值运算符和赋值表达式

条件运算符和条件表达式

逗号运算符和逗号表达式

在 C 语言中，运算符的优先级一共分为 15 级，1 级最高，15 级最低。在表达式中，优先级高的优先于优先级低的进行运算。而在一个操作数两侧的运算符优先级相同时，则按运算符的结合性所规定的结合方向处理。

有关运算符的优先级和结合性如表 3-1 所示。

常用标准函数的调用

表 3-1　运算符的优先级和结合性

优先级	运算符	含义	运算对象个数	结合方向
1	() [] -> .	圆括号 下标运算符 指向结构体成员运算符 结构体成员运算符		自左至右
2	! ～ ++ −− − (类型) * & sizeof	逻辑运算符 按位取反运算符 自增运算符 自减运算符 负号运算符 类型转换运算符 指针运算符 取地址运算符 长度运算符	1 (单目运算符)	自右至左

(续表)

优先级	运算符	含义	运算对象个数	结合方向
3	* / %	乘法运算符 除法运算符 求余运算符	2 (双目运算符)	自左至右
4	+ -	加法运算符 减法运算符	2 (双目运算符)	自左至右
5	<< >>	左移运算符 右移运算符	2 (双目运算符)	自左至右
6	<= >=	小于等于运算符 大于等于运算符	2 (双目运算符)	自左至右
7	== !=	等于运算符 不等于运算符	2 (双目运算符)	自左至右
8	&	按位与运算符	2(双目运算符)	自左至右
9	|	按位或运算符	2(双目运算符)	自左至右
10	^	按位异或运算符	2(双目运算符)	自左至右
11	&&	逻辑与运算符	2(双目运算符)	自左至右
12	||	逻辑或运算符	2(双目运算符)	自左至右
13	? :	条件运算符	3(三目运算符)	自右至左
14	=　+=　-= *=　/=　%= >>=　<<=　&= ^=　|=	赋值运算符	2 (双目运算符)	自右至左
15	,	逗号运算符		自左至右

对于运算符的优先级以及结合方向，一般要求是常用的运算符要熟练掌握。如果在运算时不知道优先级和结合性的话，可以用加括号的方法来处理，因为括号里面的总是优先运算。例如，a>b&&c<d，如果读者不记得关系运算符与逻辑运算符的优先顺序，而又要按(a>b)&&(c<d)进行运算，那就用括号括起来，不要觉得用括号的代码不够简洁，不够美观，因为程序的正确性才是第一位的，代码再漂亮，再整洁，如果是错的，那就一文不值，特别是在考试时。

对于这些要记的知识点，有时刻意去记是比较难的，要在平时多调试程序，熟能生巧，即使很多小的细节也能理解得清楚，记得牢固。

其他关于表达式的求值以及表达式求值过程中的类型转换，请参考教材。这些内容关键在于理解，不要死记硬背。

3.2　上机实践：基本数据类型、运算符和表达式的使用

3.2.1　实验目的

(1) 理解和掌握 C 语言中基本数据类型数据(常量和变量)的使用方法。

(2) 理解和掌握算术运算符、赋值运算符及其构成的算术表达式和赋值表达式的使用。

(3) 理解和掌握关系运算符及其构成的关系表达式的使用。
(4) 理解和掌握逻辑运算符及其构成的逻辑表达式的使用。
(5) 理解和掌握条件运算符及其构成的条件表达式的使用。
(6) 理解和掌握 sizeof 运算符的使用。
(7) 理解和掌握强制类型转换的使用方法。
(8) 理解和掌握自增和自减运算符的使用。
(9) 理解和掌握数据在内存中的存储格式，以及不同类型数据的相互赋值及其转换。
(10) 理解和掌握位运算符的基本使用。

3.2.2 实验学时

4 学时。

3.2.3 实验内容和步骤

1. 在程序中使用基本数据类型的常量和变量

(1) 输入下面的程序，且输入某学生的姓名、年龄、性别以及 3 门课程的成绩，计算成绩的平均分并输出。

```
#include <stdio.h>
#define N 3   /* 符号常量 */
void main(void){
    char name[10];  /* 姓名 */
    int age;        /* 年龄 */
    char sex;       /* 性别，男性时，变量值为'M'；女性时，变量值为'F' */
    float maths,english,computer;    /* 存储 3 门课程的成绩 */
    double average;                  /* 存储 3 门课程的平均成绩 */

    printf("Please enter your name,age and sex:");
    scanf("%s%d%c",name,&age,&sex); /* 输入姓名，年龄和性别 */

    printf("Please enter your scores(maths,english and computer):");
    scanf("%f%f%f",&maths,&english,&computer);  /* 输入 3 门课程的成绩 */

    average=(maths+english+computer)/N;  /* 平均成绩的计算 */
    /* 输出各信息 */
    printf("name=%s,age=%d,sex=%c\nmaths=%f,english=%f,computer=%f,
    average=%f\n",name,age,sex,maths,english,computer,average);
}
```

(2) 编译、链接和运行程序，观察程序的结果。

注意：输入性别时，代表性别的字母(F-female，M-male)在输入时要紧跟年龄之后(中间不要加空格)，否则结果错误。

程序运行结果如图 3.2 所示。

```
Please enter your name,age and sex:Liu 18F
Please enter your scores(maths,english and computer):70 80 90
name=Liu,age=18,sex=F
maths=70.000000,english=80.000000,computer=90.000000,average=80.000000
Press any key to continue
```

图 3.2　程序运行结果 1

- 将上面程序中的#define N 3 改成 const int N=3;，重新运行程序。
- 再将 const int N=3;改成 int N=3;，重新运行程序。
- 将程序中的 float maths,english,computer; 改成 int maths,english,computer;，观察程序的运行结果是否正确；接着再将 scanf("%f%f%f",&maths,&english,&computer);改成 scanf("%d%d%d",&maths,&english,&computer);，将 printf("name=%s,age=%d,sex=%c\nmaths=%f,english=%f,computer=%f,average=%f\n",name,age,sex,maths,english,computer,average);改成 printf("name=%s,age=%d,sex=%c\nmaths=%d,english=%d,computer=%d,average=%f\n",name,age,sex,maths,english,computer,average);。
- 观察程序的运行结果(如图 3.3 所示)是否正确？

```
Please enter your name,age and sex:Liu 18M
Please enter your scores(maths,english and computer):70 60 70
name=Liu,age=18,sex=M
maths=70,english=60,computer=70,average=66.000000
```

图 3.3　程序运行结果 2

- 发现结果不正确，分析问题的原因并给出解决问题的可能办法。

2. 在程序中使用关系运算符和关系表达式

(1) 将程序修改如下，求 3 门课程的最高分并输出。

```
#include <stdio.h>
#define N 3
void main(void){
    char name[10];
    int age;
    char sex;
    float maths,english,computer;
    float maxscore;

    printf("Please enter your name,age and sex:");
    scanf("%s%d%c",name,&age,&sex);

   printf("Please enter your scores(maths,english and computer):");
    scanf("%f%f%f",&maths,&english,&computer);

    maxscore=maths;
    if(english>maxscore)    /* 关系表达式 */
         maxscore=english;
    if(computer>maxscore)   /* 关系表达式 */
             maxscore=computer;
    printf("name=%s,age=%d,sex=%c\nmaths=%f,english=%f,computer=%f,
        maxsocre=%f\n",name,age,sex,maths,english,computer,maxscore);
}
```

(2) 观察程序的运行结果，如图 3.4 所示。

```
Please enter your name,age and sex:Liu 18M
Please enter your scores(maths,english and computer):70 80 90
name=Liu,age=18,sex=M
maths=70.000000,english=80.000000,computer=90.000000,maxsocre=90.000000
Press any key to continue
```

图 3.4　程序运行结果 3

类似地，如果要输出 3 门课程的最低分数值，请自行修改程序并完成。

3. 在程序中使用逻辑运算符和逻辑表达式

(1) 将程序修改如下，如果 3 门课程都大于等于 90，则给出优秀的提示信息。

```
#include <stdio.h>
#define N 3
void main(void){
   char name[10];
   int age;
   char sex;
   float maths,english,computer;

   printf("Please enter your name,age and sex:");
   scanf("%s%d%c",name,&age,&sex);

   printf("Please enter your scores(maths,english and computer):");
   scanf("%f%f%f",&maths,&english,&computer);

    /* 关系表达式和逻辑表达式的使用 */
   if( maths>=90&&english>=90&&computer>=90 )
      printf("You are excellent!\n");
   else
       printf("You should study hard!\n");
  printf("name=%s,age=%d,sex=%c\nmaths=%f,english=%f,computer=%f\n",
        name,age,sex,maths,english,computer);
}
```

(2) 注意关系运算符和逻辑运算符的优先级，程序运行结果如图 3.5 所示。

```
Please enter your name,age and sex:Liu 18M
Please enter your scores(maths,english and computer):90 92 93
You are excellent!
name=Liu,age=18,sex=M
maths=90.000000,english=92.000000,computer=93.000000
```

图 3.5　程序运行结果 4

4. 在程序中使用条件运算符和条件表达式

将上面程序中的逻辑表达式改成条件表达式，实现同样的功能。

```
#include <stdio.h>
#define N 3
void main(void){
```

```
    char name[10];
    int age;
    char sex;
    float maths,english,computer;

    printf("Please enter your name,age and sex:");
    scanf("%s%d%c",name,&age,&sex);

    printf("Please enter your scores(maths,english and computer):");
    scanf("%f%f%f",&maths,&english,&computer);

    /* 注意条件运算符"?"和": "的使用 */
    (maths>=90&&english>=90&&computer>=90) ? printf("You are
      excellent!\n")
                                      :printf("You should study hard!\n");
    printf("name=%s,age=%d,sex=%c\nmaths=%f,english=%f,computer=
        %f\n",name,age,sex,maths,english,computer);
}
```

5. 在程序中使用逗号运算符和逗号表达式

(1) 将上面程序中的最后输出，改用逗号表达式实现。程序修改如下：

```
#include <stdio.h>
#define N 3
void main(void){
    char name[10];
    int age;
    char sex;
    float maths,english,computer;

    printf("Please enter your name,age and sex:");
    scanf("%s%d%c",name,&age,&sex);

    printf("Please enter your scores(maths,english and computer):");
    scanf("%f%f%f",&maths,&english,&computer);

    (maths>=90&&english>=90&&computer>=90) ?
    printf("You are excellent!\n"):printf("You should study hard!\n");
    /* 注意下面逗号表达式的使用 */
    printf("name=%s,age=%d,sex=%c\n",name,age,sex),  /* 是逗号不是分号! */
    printf("maths=%f,english=%f,computer=%f\n",maths,english,computer);
}
```

(2) 程序运行结果如图 3.6 所示。

```
Please enter your name,age and sex:Liu 28M
Please enter your scores(maths,english and computer):90 95 92
You are excellent!
name=Liu,age=28,sex=M
maths=90.000000,english=95.000000,computer=92.000000
Press any key to continue
```

图 3.6　程序运行结果 5

6. 在程序中使用sizeof运算符

(1) 将上面的程序修改如下，在程序中使用sizeof运算符，观察程序的运行结果。

```
#include <stdio.h>
void main(void){
    char name[10];
    int age;
    char sex;
    float maths,english,computer;

    printf("Please enter your name,age and sex:");
    scanf("%s%d%c",name,&age,&sex);

    printf("Please enter your scores(maths,english and computer):");
    scanf("%f%f%f",&maths,&english,&computer);
     /* 分析以下sizeof表达式值的含义 */
    printf("sizeof(int)=%d\n",sizeof(int));
    printf("sizeof(float)=%d\n",sizeof(float));
    printf("sizeof(maths+english+computer)=%d\n",
            sizeof(maths+english+computer));
    printf("sizeof(name)=%d\n",sizeof(name));

    printf("name=%s,age=%d,sex=%c\n",name,age,sex),
    printf("maths=%f,english=%f,computer=%f\n",
             maths,english,computer);
  getch();
}
```

(2) 在TC++上，程序运行结果如图3.7所示。

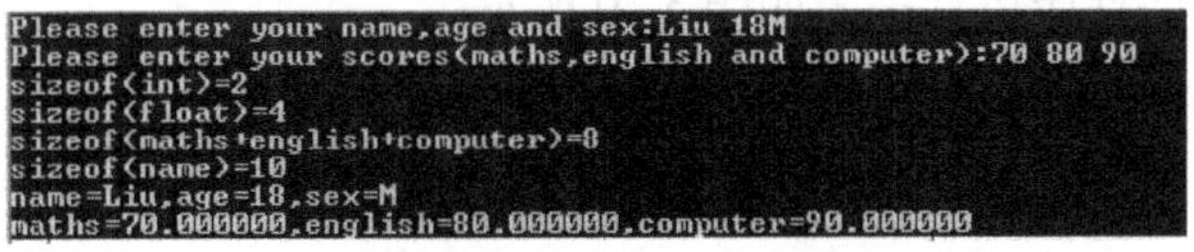

```
Please enter your name,age and sex:Liu 18M
Please enter your scores(maths,english and computer):70 80 90
sizeof(int)=2
sizeof(float)=4
sizeof(maths+english+computer)=8
sizeof(name)=10
name=Liu,age=18,sex=M
maths=70.000000,english=80.000000,computer=90.000000
```

图3.7 程序运行结果6

(3) 在VC++上，程序运行结果如图3.8所示。

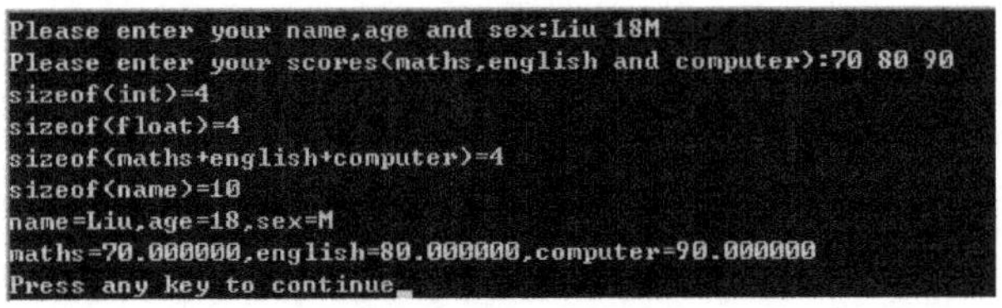

```
Please enter your name,age and sex:Liu 18M
Please enter your scores(maths,english and computer):70 80 90
sizeof(int)=4
sizeof(float)=4
sizeof(maths+english+computer)=4
sizeof(name)=10
name=Liu,age=18,sex=M
maths=70.000000,english=80.000000,computer=90.000000
Press any key to continue
```

图3.8 程序运行结果7

注意：在不同的平台上，运行结果有所不同。如，sizeof(int)的值在TC++中为2，而在VC++或Dev C++中为4；sizeof(maths+english+computer)的值在TC++中为8，而在VC++或Dev C++中为4。即，几个float类型的数据进行运算，结果值的类型为double类型或float类型。因此，在学习隐式类型转换时，不要死记硬背(规则太多太繁，还与具体的编译器有关)，只要理解。一句话，自己上机验证才是最好的方法。

7. 在程序中使用强制类型转换运算符

将上面程序中的表达式 sizeof(maths+english+computer) 改成 sizeof((double)(maths+english+computer))后，再观察程序的运行结果。其结果如图 3.9 所示。

```
Please enter your name,age and sex:Liu 18M
Please enter your scores(maths,english and computer):70 80 90
sizeof(int)=4
sizeof(float)=4
sizeof( (double)(maths+english+computer) )=8
sizeof(name)=10
name=Liu,age=18,sex=M
maths=70.000000,english=80.000000,computer=90.000000
```

图 3.9　程序运行结果 8

8. 在程序中使用自增和自减运算符

(1) 输入以下程序，分析程序的运行结果。

```
#include <stdio.h>
void main(void){
    int a=5,b=10,c=20;
    printf("%d\n",a++);
   printf("%d\n",a);

   printf("%d\n",++b);
   printf("%d\n",b);

   printf("%d,%d\n",c,c++);
}
```

(2) 在 TC++上的程序运行结果如图 3.10 所示。

图 3.10　程序运行结果 9

(3) 在 VC++上的程序运行结果如图 3.11 所示。

图 3.11　程序运行结果 10

(4) 在 Dev C++上的程序运行结果如图 3.12 所示。

图 3.12　程序运行结果 11

注意：最后一个输出结果，在不同的编译器上是不相同的。

9. 在程序中使用赋值运算符实现不同数据类型的自动转换和赋值

输入以下程序，分析程序的输出结果。

```
#include <stdio.h>
void main(void){
    int i=+32767;
    char ch='\x61';             /* 转义字符的使用 */
    float f=3.5f;
    double d=3.14;

    printf("----------------\n");
    printf("i=%d\n",i);
    printf("i=%x\n",i);         /* 按十六进制形式输出 */
    i++;                        /* 最大正整数的上溢 */
    printf("i=%d\n",i);
    printf("----------------\n");

    i=-32768;
    printf("i=%d\n",i);
    printf("i=%u\n",i);         /* 按无符号整数形式输出 */

    --i;                        /* 最小负整数下溢 */
    printf("i=%d\n",i);
    printf("----------------\n");

    i=ch;
    printf("i=%d\n",i);
    printf("i=%c\n",i);         /* 以字符形式输出整数 */
    printf("----------------\n");

    i=f;                        /* 长类型数据赋值给短类型变量，产生“截取” */
    printf("i=%d\n",i);
    printf("----------------\n");

    f=100+50;                   /* 短类型数据赋值给长类型变量，自动转换 */
    printf("i=%f\n",f);

    i=d;
    printf("i=%d\n",i);
    printf("----------------\n");
}
```

10. 练习

(选做)自行设计程序，在程序中使用位运算符。

第4章　顺序结构程序设计

本章主要介绍C程序设计中的语句、基本数据类型数据的输入和输出语句，以及由它们构建的顺序C程序设计。

4.1　学习指导

4.1.1　C语言的语句

C语言的常用语句类型

C 语言是用语句向计算机系统发出操作指令，由语句经编译后产生若干条机器指令，机器指令可以由处理器直接执行。

C语言的语句可以分为以下5类。

(1) 控制语句：用来完成一定的控制功能。C语言只有9种控制语句。

(2) 函数调用语句：由一个函数调用加一个分号构成一个语句。

(3) 表达式语句：由一个表达式构成一个语句，如赋值表达式等。

(4) 空语句：只有一个分号，什么也不做，有时用来做循环语句中的循环体。

(5) 复合语句：由{}把一些语句括起来组成，又称分程序。

4.1.2　输入和输出操作

C语言本身不提供输入/输出语句，输入和输出的操作都是由函数来实现的。在C语言的标准库中提供了一些输入/输出函数，以供调用来实现输入/输出的功能。C语言的输入及输出语句以库的形式存放在系统中，它们不是C语言的组成部分。

在使用 C 语言库函数时，要用预编译命令#include 将有关的“头文件”包括到用户源文件中。在调用标准输入/输出库函数时，文件开头应有以下的预编译命令：

```
#include <stdio.h> 或 #include "stdio.h"
```

输入输出流的概念

printf()和scanf()函数使用频繁，系统允许在使用这两个函数时可以不加#include命令。

1. 字符数据的输入/输出

在C语言标准I/O函数库中，最简单、最常用的字符输入/输出函数是putchar()和getchar()。

1) putchar()函数

putchar()函数的作用是向终端(标准输出设备)输出一个字符。函数原型为：

```
int putchar(int ch);
```

其中ch为需要写入标准输出设备的字符ASCII码。

例如：putchar('$');

char ch='\081'; putchar(ch);

putchar(97);

与 putchar()实现类似功能的函数，还有 putc()函数和 putch()函数等。

(1) putc()函数的功能：输出一个字符到指定流中。函数原型为：

```
int putc(int ch, FILE* stream);
```

写入成功时，函数返回字符 ch 的 ASCII 码；写入失败时，返回 EOF(读者可以参考“文件”一章的内容)。

(2) putch()函数的功能：将一个字符输出到当前文本窗口。

2) getchar()函数

函数原型为：

```
int putch(int ch);
```

输出成功时，函数返回输出的字符值 ch；输出失败时，返回 EOF。

getchar()函数的作用是由终端(标准输入设备)输入一个字符。其函数原型为：

```
int getchar(void);
```

读入成功时，函数返回读入字符的 ASCII 码；读入失败时，返回 EOF。

例如：int character;

character=getchar();

与 getchar()实现类似功能的函数，还有 getc()、getch()和 getche()等。

(1) getc()函数的功能：从流文件中读一个字符。函数原型为：

```
int getc(FILE *stream);
```

其中 stream 是流文件指针，通常由 fopen()函数返回。

读出成功时，函数返回读出字符的 ASCII 码；读出失败或文件指针已经到末尾时，返回 EOF(读者可以参考本书第 12 章或配套教材《C 语言程序设计(第 2 版)》有关“文件”的内容)。

因此，getchar()可以看作是 getc()函数的特定应用 getc(stdin)。

(2) getch()函数的功能：从键盘上读入一个字符，字符不回显。

函数原型为：

```
int getch(void);    /* <conio.h> */
```

返回从键盘上读入字符值。

例如：int ch; ch=getch();

与 getchar()函数不同的是，getch()函数只需要用户按下一个有实际意义的键就立刻返回。而 getchar()函数则需要等到用户按 Enter 键才会返回。实际上，使用 getchar()函数要么在缓冲区产生一个单独的回车符，要么产生更多的输入字符(例如用户输入"abcdefg"加回车，实际读入的是'a'，但"bcdefg"和回车这 7 个字符同样被送到了缓冲区)。

(3) getche()函数的功能：从键盘上读入一个字符，字符回显。函数原型为：

```
int getche(void);    /* <conio.h> */
```

返回从键盘上读入字符值。

例如：

```
int ch; ch=getch();
```

2. printf()函数(格式化输出函数)

格式化输出函数 printf()

printf()函数的作用是向终端输出若干个任意类型的数据，它的一般格式为：

```
printf(控制格式，输出列表)
```

例如：

```
int i=10;  char ch='a';  double d=3.14;
printf("%d,%c,%f\n",i,ch,d);
```

printf()函数的格式控制很灵活，这里不具体讲解，读者可以参考配套教材《C 语言程序设计(第 2 版)》的相关内容。

3. scanf()函数(格式化输入函数)

格式化输入函数 scanf()

scanf()函数的作用是由终端输入若干个任意类型的数据，它的一般格式为：

```
scanf(控制格式，输出列表)
```

例如：

```
int i;  char ch;  double d;
scanf("%d%c%lf\n",&i,&ch,&d);
```

要注意的是，函数中输入列表中的应该是变量地址，而不是变量名，这一点是 C 语言和其他语言的不同之处，也是初学者经常犯错的地方。

例如，编写程序输入三角形的三边长，求其周长和面积。

顺序结构程序设计举例

分析：用 3 个变量 a、b 和 c 存储三角形的三边，用 c 和 area 存储计算的周长和面积。$circle = a + b + c$，$area = \sqrt{t(t-a)(t-b)(t-c)}$，其中$t = \frac{1}{2}(a + b + c)$。

程序设计如下：

```
#include <stdio.h>
#include <math.h>
#include <stdlib.h>
void main(void){
    float a,b,c;
    double circle,area,t;

    printf("Input a,b and c:");
    scanf("%f%f%f",&a,&b,&c);

    if( ! (a+b>c&&b+c>a&&a+c>b) ){  /* 三边不能构成三角形 */
        printf("ilegal a,b and c!\n");
        exit(1);  /* 退出程序，定义在<stdlib.h> */
    }

    circle=a+b+c;
```

```
    t=circle/2;
    area=sqrt(t*(t-a)*(t-b)*(t-c));
    /* sqrt(x):求 x 平方根的数学函数,定义在 <math.h> */

    printf("Circle of triangle is %-8.3f\n",circle);
    /* 注意控制格式的使用 */

    printf("Area of triangle is %-8.3f\n",area);
}
```

程序运行结果如图 4.1 所示。

```
Input a,b and c:3 4 5
Circle of triangle is 12.000
Area of triangle is 6.000
Press any key to continue
```

图 4.1　程序运行结果 1

4.2　上机实践：C 语言的顺序结构程序设计

4.2.1　实验目的

(1) 理解和掌握各种基本数据类型数据的输入和输出。
(2) 理解和掌握 C 语言的顺序结构程序设计方法。
(3) 了解 C 语言程序的简单调试方法。
(4) 熟悉顺序结构程序设计的方法和程序执行的流程。

4.2.2　实验学时

2 学时。

4.2.3　实验内容和步骤

实践题 1

输入如下程序，分析各种基本数据类型变量的输入和输出，以及程序的运行结果。

```
#include <stdio.h>
void main(void){

   int IntVariable;
   float FloatVariable;
   double DoubleVariable;
   long double LDVariable;
   char Ch;

/* input and output of char type data */
puts("input a char to Ch:");
Ch=getchar();
```

```
putchar(Ch);

/* input and output of integer type data */
printf("\ninput an integer to IntVariable:");
scanf("%o",&IntVariable);              /* Input Octal int data */
printf("IntVariable=%d\n",IntVariable); /* Output decimal int data */

/* input and output of float type data */
printf("input a float to FloatVariable:");
scanf("%f",&FloatVariable);            /* Input float data */
printf("FloatVariable=%-8.3f\n",FloatVariable); /* Output float data */

/*  input and output of double & long double type data */
printf("\ninput a double to DoubleVariable:");
scanf("%lf",&DoubleVariable); /* error: scanf("%f",&DoubleVariable); */
printf("DoubleVariable=%e\n",DoubleVariable);
/* output in the form of exponent format */

printf("\ninput a long double to LDVariable:");
scanf("%lf",&LDVariable);
/* error: scanf("%f",&DoubleVariable); or scanf("%e",&DoubleVariable); */
printf("LDVariable=%f\n",LDVariable);
}
```

程序可能的运行结果如图 4.2 所示。

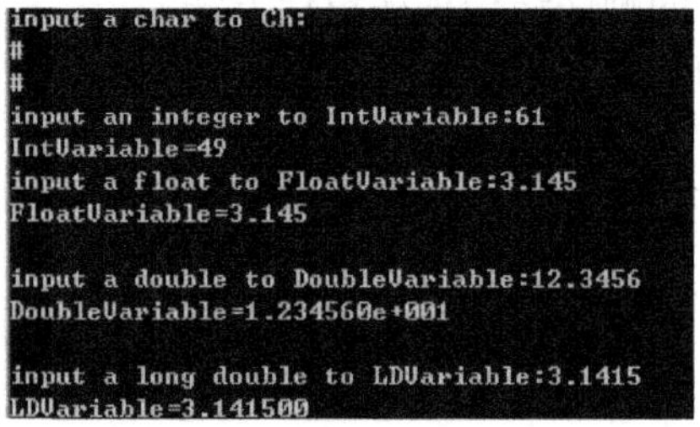

```
input a char to Ch:
#
#

input an integer to IntVariable:61
IntVariable=49
input a float to FloatVariable:3.145
FloatVariable=3.145

input a double to DoubleVariable:12.3456
DoubleVariable=1.234560e+001

input a long double to LDVariable:3.1415
LDVariable=3.141500
```

图 4.2　程序运行结果 2

实践题 2

输入如下程序，分析程序的运行结果。

```
#include <stdio.h>
void main(void){
    int a=5,b=7;
    float x=67.8564,y=-789.124;
    char c='A';
    long n=1234567;
    unsigned u=65535;

   printf("%d%d\n",a,b);
   printf("%3d%3d\n",a,b);

   printf("%f,%f\n",x,y);
```

```
    printf("%-10f,%-10f\n",x,y);
    printf("%8.2f,%8.2f,%4f,%4f,%3f,%3f\n",x,y,x,y,x,y);
    printf("%e,%10.2e\n",x,y);

    printf("%c,%d,%o,%x\n",c,c,c,c);
    printf("%ld,%lo,%x\n",n,n,n);

    printf("%u,%o,%x,%d\n",u,u,u,u);
    printf("%s,%5.3s\n","computer","computer");
}
```

实践题 3

输入如下程序，分析程序的运行结果。

```
#include <stdio.h>
void main(void){
  char name[]="I love\t my\0 country! ";
  printf("%s\n",name);
  puts(name);

  puts("enter a string:\n");
  gets(name);
  puts(name);
}
```

实践题 4

设圆半径为 r，圆柱高为 h，编写程序，求圆柱体底圆的周长、底圆的面积、圆柱体表面积和圆柱体的体积。要求用 scanf()函数输入 r 和 h 值，输出的计算结果取小数点后两位数字。

```
#include <stdio.h>
const double PI=3.14;
void main(void){
    double r,h,circle,area,superficialarea,volum;

    printf("Input the radius and the cylinder:");
    scanf("%lf%lf",&r,&h);

    circle=2*PI*r;
    area=PI*r*r;
    superficialarea=2*area+circle*h;
    volum=area*h;

    printf("circle=%.2f,area=%.2f,superficialarea=%.2f,volum=%.2f\n",
circle,area,superficialarea,volum);
}
```

实践题 5

使用简单的程序调试方法，设置断点，观察程序运行到断点处，各变量的值和表达式的类型等。要注意的是，具体操作方法与平台有关，但大致类似。图 4.3 所示是在 VC++ 6.0 上的演示片段。

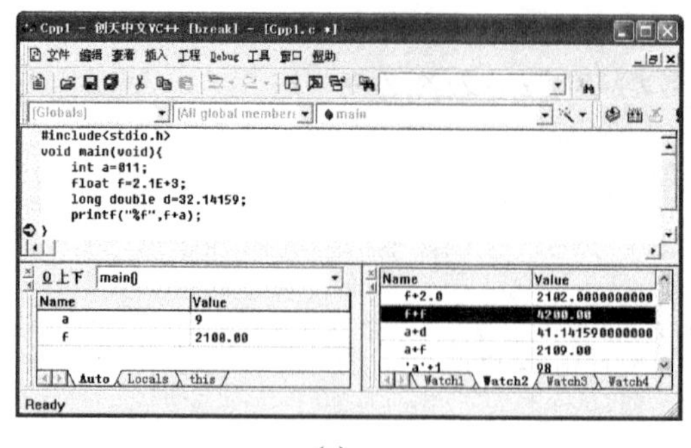
(a)

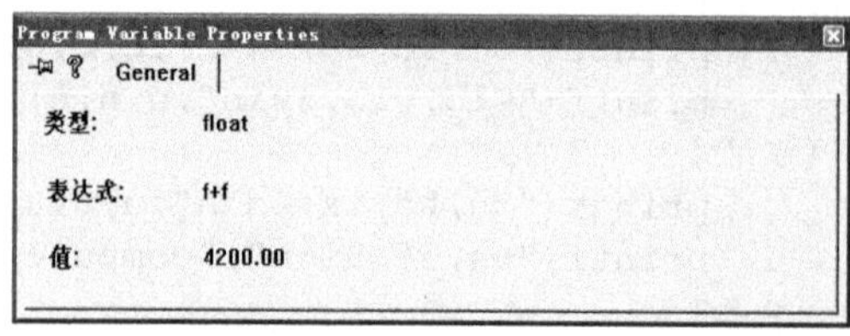

(b)

图 4.3　VC++ 6.0 上的演示片断

实践题 6

编写程序，输入 1 个字母，如为小写，则将它转换为对应的大写字母，如为大写，则将它转换为对应的小写字母。

```
#include <stdio.h>
void main(void){
  char letter;

  printf("Input a letter:");
  scanf("%c",&letter);

  if(letter>='a'&&letter<='z') letter-=32;
  else letter+=32;

  printf("Now the letter is %c\n",letter);
}
```

实践题 7

编写程序，输入 1 个三位正整数，提取组成它的各位数并输出。

```
#include <stdio.h>
void main(void){
 unsigned int i,singleDigit,tensDigit,hundredsDigit;

 printf("Input an unsigned integer:");
 scanf("%u",&i);

 singleDigit=i%10;
 tensDigit=i/10%10;
 hundredsDigit=i/100;

 printf("singleDigit=%u,tensDigit=%u,hundredsDigit=%u\n",
          singleDigit,tensDigit,hundredsDigit);
}
```

第5章　选择结构程序设计

选择结构的学习和使用，关键在于理解和掌握选择结构的基本概念、定义与使用方法。下面将讨论其中几个比较重要的、容易混淆的内容(其他内容请读者参考配套教材《C 语言程序设计(第 2 版)》的相关内容)，通过实例加以分析，希望读者能更深入地理解和更好地应用选择结构。

5.1　学习指导

5.1.1　选择结构的基本概念与使用方法

选择结构程序设计是 C 语言程序设计的重要内容。在 C 语言中，选择主要是通过 if 语句来实现的。if 语句可以和 else 搭配使用，构成多分支结构。在特定的条件下，还能使用条件运算符“:…?”。多分支结构还可以使用 switch…case 语句实现。这部分的学习，必须理解和掌握选择结构的用法，建立起逻辑判断的基本概念。

1. 选择结构一般形式

```
if (判断表达式){
        行语句集合 1
}
后续执行语句
```

if语句的使用

2. 双分支结构一般形式

```
if (判断表达式){
        执行语句集合 1
}else{
        执行语句集合 2
}
后续执行语句
```

3. 多分支结构的一般形式

```
if(判断表达式){
    执行语句集合 1
    }
    else if(判断表达式){
    执行语句集合 2
    }
    else if(判断表达式){
```

```
    执行语句集合 3
    }
    ……
    else if(判断表达式){
    执行语句集合 n
    }
    else{
  执行语句集合 n+1
}
后续语句
```

下面通过一些典型例子，帮助读者更好地理解和掌握这些内容。

【例 5-1】 使用键盘输入一个整数，判断输入的数字是奇数还是偶数。

```
#include <stdio.h>
void main(void){
        int a;
        printf("input a number:");
        scanf("%d",&a);
        if(a%2 == 0)    printf("It is an even number!\n");
        else
            printf("It is an odd number!\n");
}
```

不同输入所对应的运行结果如图 5-1 所示。

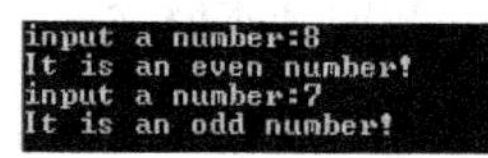

图 5-1　程序运行结果 1

说明：

(1) 程序开始时，声明一个整型变量，打印提示输入语句。

(2) 使用键盘输入语句 scanf，输入一个整型变量。

(3) 使用选择结构，if 语句与 else 语句一起，构成一个分支结构。

(4) 判断：如果输入的整数除 2 取余后等于 0，则说明能被 2 整除，那么就打印输出偶数的确认语句 It is an even number!。否则，则表明处于不能被 2 整除的情况，那么就打印输出奇数确认语句 It is an odd number!。

【例 5-2】 使用键盘输入 3 个整数，按照从大到小的顺序输出。

```
#include <stdio.h>
void main(void){
    int a,b,c,t;
    printf("please input 3 integers a,b,c:");
    scanf("%d,%d,%d",&a,&b,&c);
    if(a < b) {
            t = a;
            a = b;
            b = t;
    }
    if(a < c) {
```

```
            t = a;
            a = c;
            c = t;
        }
        if(b < c) {
            t = b;
            b = c;
            c = t;
        }
        printf("those numbers are: %d,%d,%d\n",a,b,c);
}
```

程序运行情况如图 5.2 所示。

```
please input 3 integers a,b,c:3,5,4
those numbers are: 5,4,3
```

图 5.2　程序运行结果 2

说明：

(1) 程序开始时，声明 3 个整型变量，打印提示输入语句，提示间隔符号为逗号“,”。

(2) 变量 t 用来存储临时数据。

(3) 使用键盘输入语句 scanf，输入 3 个整型变量。

(4) 使用选择结构，if 语句，做数据置换。

(5) 第一个 if 语句体先判断 a 与 b 的大小情况：如果 a 小于 b，则将 a 的值赋予 t，再将 b 的值赋予 a，最后将 t 的值赋予 b。这是一个置换数的过程。做完了置换过程，a 与 b 的值就交换成功。执行完上述操作，可以保证 a 的值会大于等于 b 的值。因为一旦 a 的值小于 b，则会触发条件语句，执行上述交换过程。交换结束后，b 的值就会小于 a 的值。

(6) 在确定了 a 与 b 中 a 值大于等于 b 后，接下来判断 a 与 c 的值。重复说明(5)，使得第二个语句体判断 a 与 c 的大小情况，如果 a 的值小于 c 的值，则使用置换数的步骤，对调 a 与 c 的值。保证执行完判断语句后，a 中存储了原来 a 和 c 中较大一个值。

(7) 执行了说明(5)、(6)后，因为 a >= b，a >= c，所以 a 就是 a、b、c 中最大的一个数。

(8) 接下来判断 b 与 c，具体分析略。

(9) 打印输出已经排序好的 a、b 和 c。

【例 5-3】 使用键盘输入 3 个整数，使用三元条件运算符，输出最小的那个数。

```
#include <stdio.h>
void main(void){
        int a,b,c,min;
        printf("input 3 numbers a,b,c:");
        scanf("%d,%d,%d",&a,&b,&c);
        min = (((a < b)?a:b) < c)?((a < b)?a:b):c;
        printf("min number is %d\n", min);
}
```

程序运行情况如图 5.3 所示。

```
input 3 numbers a,b,c:4,7,9
min number is 4
```

图 5.3　程序运行结果 3

说明：

(1) 此题的思路是，先找到 a、b 中较小的一个数，再将这个较小的数与 c 进行比较，找出这个较小的数与 c 中较小的那个数。

(2) 提示输入 a、b、c，使用 scanf 输入 3 个数。

(3) 对比 a 与 b。使用条件运算符“:…?”，(a<b)?a:b)。此表达式的运算结果为 a 与 b 比较后较小的那个数。

(4) 再对比上步中得到的小数与 c。

(5) 输出结果。

【例 5-4】 使用键盘输入一个字符，判断该字符到底是大写英文，还是小写英文或者其他字符。

```
#include <stdio.h>
void main(void){
     char c;
     printf("input a character:");
     scanf("%c",&c);
     if(c >= 65 && c <= 90){
           printf("%c: upper case\n", c);
     }
    else if(c >= 97 && c <= 122){
        printf("%c: lower case\n", c);
    }
    else{
        printf("%c: other character\n", c);
    }
}
```

不同输入所对应的运行结果如图 5.4 所示。

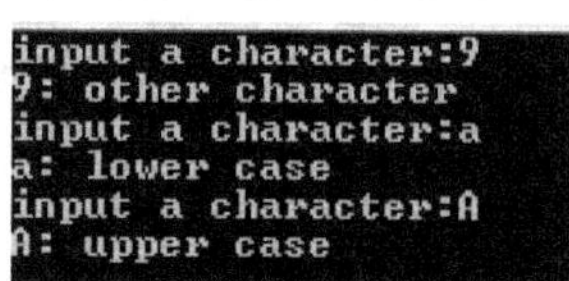

图 5.4　程序运行结果 4

说明：

(1) C 语言中，字符是以 ASCII 码形式存储的，大写字母在 65 至 90 之间，小写字母在 97 到 122 之间。

(2) 本例中首先判断键盘输入的字符的 ASCII 码是否在 65 至 90 之间。在 C 语言中，用 c >= 65 && c <= 90 来表达。如果条件计算为真，则打印出 upper case。

(3) 如果前一条件计算为假值，则需要判断，键盘输入的字符的 ASCII 码是否在 97 至 122 之间。在 C 语言中，用 c >= 97 && c <= 122 来表达。如果条件计算为真，则打印出 lower case。

(4) 如果前两个条件均为假值，则可知输入的字符的 ASCII 码既不在 65 至 90 之间，也不在 97 至 122 之间。则打印出 other character。

【例 5-5】 判断一个一元二次方程 $ax^2+bx+c=0$ 是否有实根，需要计算 b^2-4ac 的大小。请使用键盘输入 a、b、c 的值，屏幕输出此二元一次方程是否有实根。如果有实根则输出该实根。

```
#include <math.h>
#include <stdio.h>
void main(void){
 float a,b,c,result1=0,result2=0,delta;
 printf("input a, b, c of a quadratic equation.\n");
 printf("input a:");
 scanf("%f", &a);
 printf("input b:");
 scanf("%f", &b);
 printf("input c:");
 scanf("%f", &c);

 if( a == 0 )
        printf("This equation is not a quadratic equation.");
 else{
        delta = b * b - 4 * a * c;
        if(delta < 0){
            printf("This quadratic equation has no real result\n");
        }
        else if(delta == 0){
            result1 = -b/(2 * a);
            printf("There are two same real result: %f\n", result1);
        }
        else{
            result1 = (-b + sqrt(delta))/(2 * a);
            result2 = (-b - sqrt(delta))/(2 * a);
            printf("There are two real result:%f and %f\n", result1,
              result2);
        }
    }
}
```

不同输入所对应的运行结果如图 5.5 所示。

```
input a, b, c of a quadratic equation.
input a:4
input b:5
input c:6
This quadratic equation has no real result
input a, b, c of a quadratic equation.
input a:1
input b:2
input c:1
There are two same real result: -1.000000
input a, b, c of a quadratic equation.
input a:2
input b:6
input c:4
There are two real result:-1.000000 and -2.000000
input a, b, c of a quadratic equation.
input a:0
input b:1
input c:2
This equation is not a quadratic equation.
```

图 5.5　程序运行结果 5

说明：

(1) 使用键盘输入二元一次方程的参数。

(2) 使用 if 语句判断 a 值是否为 0，如果是 0，则不是二元一次方程。

(3) 如果不是 0，则进入与说明(2)中配对的 else 片断。

(4) 在 else 片断中，需要对 b^2-4ac 与 0 的关系进行判断。所以在此 else 片断中继续使用逻辑判断语句。

(5) 将 delta 值赋为 b^2-4ac，在 delta == 0，delta > 0，delta < 0 这 3 个分支方向上，分别使用公式求值。

(6) 使用 if…else if…else 来进行分支操作。

5.1.2　switch...case 的使用方法

switch 语句

switch...case 选择是 C 语言程序设计中，分支结构的又一的重要内容。

switch...case 的一般使用方式：

```
switch(表达式){
    case (常量表达式 1):执行语句集合 1;break;
    case (常量表达式 2):执行语句集合 2;break;
    case (常量表达式 3):执行语句集合 3;break;
    …
    case (常量表达式 n):执行语句集合 n;break;
    default:执行语句集合(n+1);
}
```

需要注意的是：在 case 片断结尾的地方可以加上 break 语句。一旦加上了 break，则执行到 break 就结束；如果在 case 片断后没有 break 语句，则继续执行下一 case，直到遇到了 break 语句或者整个 switch 结构结束。需要指出的是，default 语句是在没有任何 case 与 switch 表达式的值相对应时执行的。

【例 5-6】 编写简单的计算器程序，使之能计算+、-、*、/。

```
#include <stdio.h>
void main(void){
   float a, b,result;    char c;
   printf("input :\na operater(+,-,*,/) b: ");
   scanf("%f%c%f",&a,&c,&b);
   switch(c){
      case('+'): result = a + b;break;
      case('-'): result = a - b;break;
      case('*'): result = a * b;break;
      case('/'): result = a / b;break;
      default: printf("Error input\n");exit(0);
   }
   printf("%f %c %f = %f\n", a, c, b, result);
}
```

不同输入所对应的运行结果如图 5.6 所示。

```
input :
a operater(+,-,*,/) b: 4.5+3.6
4.500000 + 3.600000 = 8.100000
input :
a operater(+,-,*,/) b: 7.5-4.82
7.500000 - 4.820000 = 2.680000
input :
a operater(+,-,*,/) b: 5.5*9
5.500000 * 9.000000 = 49.500000
input :
a operater(+,-,*,/) b: 55/13
55.000000 / 13.000000 = 4.230769
```

图 5.6　程序运行结果 6

说明：

(1) 使用键盘输入需要计算的数值和操作符。

(2) switch(c)首先要根据 c 的键盘输入值来决定，执行 case 中相对应的表达式。例如，当 c 为'+'时，执行 case ('+')后的程序片断，至 break 出现。

(3) 如果 c 不是预先设置的'+'、'-'、'*'、'/'中的任意一个，则执行 default 分支。

(4) 输出结果。

5.2　上机实践：C 语言的选择结构程序设计

选择结构是构成 C 程序的重要部分，绝大部分程序都有选择结构，应熟练掌握和使用它。要熟练掌握 if、if…else 等分支结构的写法，就必须通过大量的上机实践环节来加深理解和巩固。实际上，教材上的例题和指导书上的所有例题，都是很好的上机实践题目。希望读者能在上机实验时一一执行，观察结果。

5.2.1　实验目的

(1) 理解和掌握选择结构的程序设计基本思想。

(2) 理解和掌握 C 语言实现各种选择结构的具体方法：单分支、双分支及其构成的嵌套。

(3) 熟悉选择结构程序设计的方法和程序执行的流程。

(4) 加深学生对选择结构的理解和使用，并能用选择结构解决一些常见的实际问题，提高学生实际解决问题的水平和能力。

5.2.2　实验学时

2 学时。

5.2.3　实验内容和步骤

实践题 1

计算分段函数 $f(x)=\begin{cases}5+x & (x<0)\\ 100-x & (0\leqslant x\leqslant 10)\\ 7x-6 & (x>10)\end{cases}$，请使用 C 语言编写程序，由键盘输入一个整数，在屏幕上输出计算的结果值。

实验步骤如下：

(1) if…else if…else 生成 3 个分支方向，判断条件为 x 的值。

(2) 声明一个变量 x 后，使用键盘输入这个 x 的值。

(3) 根据条件判断 x 的大小，决定程序执行时 f (x)的值由什么式子生成。

(4) 得到结果后，使用输出语句将结果输出。

分析输出结果，思考：如果 x 为实型，程序该如何修改呢？

```
#include <stdio.h>
void main(){
      int x;
      int y;
      printf("input an integer:\n")
      scanf("%d", &x);

      if(x <= 0){
            y = 5 + x;
     }
     else if(x >= 10){
            y = x * 7 -6;
     }else{
           y = 100 - x;
     }
     printf("result = %d", y);
}
```

实践题 2

国家规定，空气污染指数 API 的取值范围 0～50 为优，51～99 为良，100～199 为轻度污染，200～299 为中度污染，300 以上为重污染。请编写程序，使用键盘输入 API 指数，屏幕输出空气质量。

```
#include <stdio.h>
void main(){
      int api;
      printf("please input an api value:\n");
      scanf("%d", &api);

      if(api >= 300){
            printf("API Value is %d, Heavily Polluted!\n", api);
      }
      else if(api >= 200){
            printf("API Value is %d, Moderately Polluted!\n", api);
      }
      else if(api >= 100){
            printf("API Value is %d, Slightly Polluted!\n", api);
      }
      else if(api >= 50){
            printf("API Value is %d, Not Polluted!\n", api);
      }
      else if(api >= 0){
            printf("API Value is %d, Excellent!\n", api);
```

```
        }
        else{
            printf("error input.\n");
    }
}
```

实践题 3

输入一个年份，判断该年是否为闰年。

```
#include <stdio.h>
void main(){
    int year;
    printf("please input a year:\n");
    scanf("%d", &year);
    if(year % 400 == 0 || (year % 4 == 0 && year % 100 != 0)){
        printf("%d is a leap year!\n", year);
    }
    else{
        printf("%d is not a leap year!\n", year);
    }
}
```

第6章 循环结构程序设计

循环结构的学习和使用，关键在于要理解和掌握循环结构的基本概念、循环结构的定义与使用方法。本章将讨论其中几个比较重要的、容易混淆的内容(其他内容请读者参考配套教材《C 语言程序设计(第 2 版)》的相关内容)，通过实例加以分析，希望读者能更深入地理解和更好地应用选择结构。

6.1 学习指导

6.1.1 循环结构的基本概念与使用方法

循环结构是 C 语言程序设计的重要内容。在 C 语言中，循环的主要实现方式是由 while 语句、do…while 语句和 for 语句来实现的。while 循环和 for 循环构成的循环被称为当型循环；do…while 循环被称为直到型循环。在特定的条件下，还能使用 goto 语句与 break 语句配对，实现循环功能。对于本节的学习，必须理解和掌握循环结构的用法，建立起根据逻辑判断结果循环的基本概念。

while 语句

1. while 循环结构

```
while (判断表达式){
    执行语句集合 1
}
后续执行语句
```

do…while 语句

2. do…while 循环结构

```
do{
    执行语句集合 1
}   while (判断表达式);
后续执行语句
```

for 语句

3. for 循环结构

```
while (判断表达式){
        执行语句集合 1
}

后续执行语句
```

下面通过一些典型例子，帮助读者更好地理解和掌握这些内容。

【例 6-1】 键盘输入一个整数 n，计算 1+2+3+4+...+n 的值。

```
#include <stdio.h>
void main(void){
            int n,i;
            int result = 0;
            printf("input n: ");
            scanf("%d", &n);
            for(i =0; i <= n; i++){
                   result = result + i;
            }
            printf(" result is %d\n", result);
}
```

程序运行情况如图 6.1 所示。

```
input n: 20
 result is 210
```

图 6.1　程序运行结果 1

说明：

(1) 程序开始时声明 3 个整型变量，将其中的一个变量 result 初始化为 0，打印提示输入语句。

(2) 使用键盘输入语句 scanf，输入一个整型变量 n。

(3) 使用 for 循环结构。

(4) 将 i 的值赋为 0，i 为本例的计数器

(5) 判断 i 是否小于等于 n，如果小于等于 n，则运行语句体 result = result + i，然后进行 i++运算。

(6) 重复 do…while 循环结构过程，直到 i 值大于 n。

(7) 最后打印结果。

改用 while 循环实现，则程序为：

```
#include <stdio.h>
void main(void){
    int n;
    int result = 0;
    printf("input n: ");
    scanf("%d", &n);
    while(n>0){
        result = result + n;
        n--;
    }
    printf(" result is %d\n", result);
}
```

程序运行情况如图 6.2 所示。

```
input n: 20
 result is 210
```

图 6.2　程序运行结果 2

说明：

(1) 程序开始时声明两个整型变量，将其中的一个变量 result 初始化为 0，打印提示输入语句。

(2) 使用键盘输入语句 scanf，输入一个整型变量 n。

(3) 使用 while 循环结构：

- 判断 n 是否大于 0，如果大于 0，则运行语句体 result = result + i，然后进行 n--运算。
- 重复 do…while 循环结构，直到 n 值小于等于 0。

(4) 最后打印结果。

for 循环和 while 循环同为当型循环，它们的结构是相似的。

【例 6-2】 使用键盘输入一个的整数 a，判断该数是否为质数。

```
#include <math.h>
#include <stdio.h>
void main(void){
     int a,i;
     int flag = 1;
     printf("input a: ");
     scanf("%d", &a);
     for(i = 2; i <= sqrt(a); i++)
            if(a % i == 0){
                  flag = 0;
                  break;
            }
     if(flag == 1)
       printf("%d is a prime number\n",a);
     else
       printf("%d is not a prime number\n",a);
   }
```

不同输入所对应的不同运行情况如图 6.3 所示。

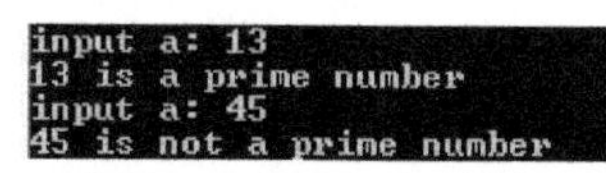

图 6.3　程序运行结果 3

说明：

(1) 程序开始时声明 3 个整型变量。

(2) flag 为标志，初始时，将标志位的值置为 1。

(3) 打印提示输入语句，使用键盘输入语句 scanf，输入一个数 a。

(4) 进入循环过程。

- sqrt()函数为求平方根函数。循环从 i = 2 开始，一直到 i > sqrt(a)结束。
- 在循环过程中，如果 a 能够被 i 整除，即 a%i == 0，那么，将标志 flag 置为 0，并执行 break 跳出循环。

(5) 在接下来的双分支语句中，如果标志 flag 为 1，则输入的数为质数；否则，输入的数不是质数。

【例 6-3】 一筐鸡蛋，每次拿 2 个，余 1 个；每次拿 3 个，余 2 个；每次拿 3 个，余 2

个；每次拿 4 个，余 3 个；每次拿 5 个，正好拿完。请问，一共有几个鸡蛋？

```
#include <stdio.h>
void main(void){
    int i = 1;
    while(!((i%2 == 1)&&(i%3 == 2)&&(i%4 == 3)&&(i%5 == 0))){
        ++i;
    }
    printf("there are %d eggs in this basket\n", i);
}
```

程序运行情况如图 6.4 所示。

```
there are 35 eggs in this basket
```

图 6.4　程序运行结果 4

说明：

(1) 此题的思路是，使用穷举法，一个数一个数地测试，直到被测试的数满足题目要求为止。

(2) 从 i = 1 开始。

(3) 进行循环。

(4) 判断被测试数字是否除 2 余 1、除 3 余 2、除 4 余 3、除 5 余 0。

将判断式结果取非。也就是说，如果判断为假，取非后值为真，则执行循环体中++i 操作，接着再进行一次循环；如果判断为真，取非后值为假，则跳出循环。

(5) 输出结果。

(6) 使用穷举法是解决类似问题的主要手段。

6.1.2　嵌套循环的使用方法

循环的嵌套

嵌套循环是 C 语言程序设计中又一个重要内容。嵌套循环的外层与内层可以相关，也可以不相关，这个由循环控制变量决定。

【例 6-4】　打印一组星号，使之构成一个 5 行 5 列的图形。

```
*****
*****
*****
*****
*****
```

break 语句

```
#include <stdio.h>
void main(void){
    int i, j;

    for(i = 0; i < 5; i++){
        for(j = 0; j < 5; j++){
            printf("*");
        }
        printf("\n");
    }
}
```

程序运行情况如图 6.5 所示。

图 6.5　程序运行结果 5

说明：

(1) 在这个例子中，有两个循环控制变量，i 与 j 分别运行 5 次，它们之间没有任何关系。

(2) 内层循环 5 次结束后打印一个回车符。

(3) 外层循环 5 次。

【例 6-5】 使用循环语句打印出星号三角形。

```
    *
   ***
  *****
 *******
*********
```

```
#include <stdio.h>
void main(void){
int i, j, k;
    printf("input levels: ");
    scanf("%d", &k);
    for( i = 1; i <= k; i++){
        for(j = 1; j <= k - i; j++){
            printf(" ");
        }
        for(j = 0; j < 2*i - 1; j++){
            printf("*");
        }
        printf("\n");
    }
}
```

程序运行情况如图 6.6 所示。

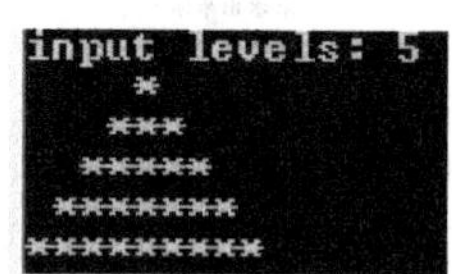

图 6.6　程序运行结果 6

说明：

(1) 在这个例子中，有两个循环控制变量：i 与 j。

(2) 假设输入层数为 5，外层循环运行 5 次。

(3) 内层循环有两个：一个负责打印空格，一个负责打印星号。两个内层循环都与 i 相关，因为循环次数都是由带有 i 的式子计算得到的。

第 1 次外循环时，打印 4 个空格和 1 个星号；

第 2 次外循环时，打印 3 个空格和 3 个星号；

第 3 次外循环时，打印 2 个空格和 5 个星号；

第 4 次外循环时，打印 1 个空格和 7 个星号；

第 5 次外循环时，打印 0 个空格和 9 个星号，打印空格的计算式子为 k-i，而打印星号的计算式子为 2*i-1。其中 i 为外层循环进行的次数。

(4) 进行了外层循环 5 次后，打印出星号三角形。

【例 6-6】 查找 100 以内所有的质数。

```
#include <math.h>
#include <stdio.h>
void main(void){
    int i,j;
    int flag;
    for(i = 2; i < 100; i++){
        flag = 1;
        for(j = 2; j <= sqrt(i); j++)
            if(i % j == 0){
                flag = 0;
                break;
            }
        if(flag == 1)
            printf("%d ",i);
    }
    printf("/n");
}
```

程序运行情况如图 6.7 所示。

```
2 3 5 7 11 13 17 19 23 29 31 37 41 43 47 53 59 61 67 71 73 79 83 89 97
```

图 6.7　程序运行结果 7

说明：

(1) 使用【例 6-2】的方法，求得质数。

(2) 外部循环从 2 到 100，每次内循环结束时，外部循环都将要检验的数自动加 1，一直到 100 结束。

6.2　上机实践：C 语言的循环结构程序设计

循环结构是构成 C 程序的重要部分，大部分程序中都会有循环结构，应熟练掌握和使用它。要熟练地掌握 if、if…else 等分支结构的写法，就必须通过大量的上机实践环节来加深理解和巩固。实际上，教材上的例题和指导书上的所有例题，都是很好的上机实践题目，希望读者能在上机实践时一一执行，观察结果。

6.2.1　实验目的

(1) 理解和掌握循环结构的程序设计基本思想。

(2) 理解和掌握 C 语言实现各种循环结构的三种具体方法：for 循环、while 循环和 do...while 循环及其构成的循环嵌套。

(3) 熟悉循环结构程序设计的方法和程序执行的流程。

(4) 加深学生对循环结构的理解和使用，并能用选择结构解决一些常见的实际问题，提高学生实际解决问题的水平和能力。

6.2.2　实验学时

4 学时。

6.2.3　实验内容和步骤

实践题 1

使用键盘输入字符，使用 Ctrl+z 作为输入结束标志，统计一共输入了多少大写字符，多少小写字符，多少数字，多少其他字符。Ctrl+z 的 ASCII 码为-1。

可以采用如下实验步骤：

(1) 输入字符。

(2) 循环结构中的条件判断式中需要判断输入字符的 ASCII 码是否为-1，如果不是-1，则进行循环。

(3) 字符所对应的 ASCII 码的加减与输出。

```
#include <stdio.h>
void main(){
      int lowercase = 0;
      int uppercase = 0;
      int digit = 0;
      int other = 0;
      for( ; ; ){
            char ch;
            char chEnter;
            printf("input a char: \n");
            scanf("%c", &ch);
            chEnter = getchar();
            if(ch >= 'a' && ch <= 'z'){
                  lowercase++;
            }
            else if(ch >= 'A' && ch <= 'Z'){
                  uppercase++;
            }
            else if(ch >= '0' && ch <= '9'){
                  digit++;
            }
            else if(ch == -1){
                  break;
            }
            else{
                other++;
```

```
            }
        }
        printf("lowercase: %d \n", lowercase);
        printf("uppercase: %d \n", uppercase);
        printf("digit: %d \n", digit);
        printf("other: %d \n", other);
}
```

实践题 2

打印输出一个星号平行四边形。

```
*******
 *******
  *******
   *******
    *******
```

```
#include <stdio.h>
void main(){
        int i,j;
        for(i = 0; i < 6; i++ ){
                for(j = 0; j < i; j++){
                      printf(" ");
                }
                for(j = 0; j < 7; j++){
                       printf("*");
                }
                printf("\n");
        }
}
```

实践题 3

输入两个正整数 m 和 n，求其最大公约数和最小公倍数。

```
#include"stdio.h"
void main(){
        int a,b,num1,num2,temp;
        printf("please input two numbers:\n");
        scanf("%d%d",&num1,&num2);
        if(num1<num2){
               temp=num1;
               num1=num2;
               num2=temp;
        }
        while(b!=0)/{
               temp=a%b;
               a=b;
               b=temp;
        }
```

```
    printf("the gcd is: %d\n",a);
    printf("the lcm is: %d\n",num1*num2/a);
}
```

实践题 4

用 $\frac{\Pi}{4}=1-\frac{1}{3}+\frac{1}{5}-\frac{1}{7}+\ldots$ 公式求Π的近似值，直到某一项的绝对值小于 10^{-6}。

【提示】本例已经在教材中给出解法，此处略。

实践题 5

一个数如果恰好等于它的因子之和，这个数称为“完数”。例如，6 的因子为 1, 2, 3；因子之和为 1+2+3=6，因此 6 是“完数”。编程找出 1000 之内的所有“完数”，并按下面的格式输出其因子 6 Its factors are 1,2,3。

```
#include <stdio.h>
void main(){
    int i,j,k,sum;
    for(i=1;i<=1000;i++){
        sum=0;
        for(j=1;j<=i/2;j++)
            if(i%j==0)
                sum+=j;
        if(sum==i){
        printf("%d\t factors are:",i);
        for(j=1;j<=i/2;j++)
            if(i%j==0)
        printf("%d ",j);
        printf("\n");
      }
    }
}
```

实验题 6

求 S_n=a+aa+aaa+…+aa…aaa(有 n 个 a)之值，其中 a 是一个数字。例如，2+22+222+2222+22222(a=2,n=5)，a, n 的值由键盘输入。

```
#include <stdio.h>
#include <stdio.h>
void main() {
    int a,n,i,b,sum;
    sum=0;
    b=0;
    scanf("%d%d",&a,&n);
    for(i=1;i<=n;i++) {
        b=b*10+a;
        sum=sum+b;
    }
    printf("a+aa+aaa+...=%d\n",sum);
}
```

第7章　数　　组

数组的学习和使用，关键在于理解和掌握数组的基本概念、数组元素之间的关系(包括逻辑关系和存储关系等)、数组元素的初始化方法、数组元素的引用方式以及数组的基本应用等。这些内容在教材中都已经有详细的说明和例题分析等。在学完“函数”和“指针”两章内容之后，还应理解和掌握数组与函数、数组与指针的各种复杂关系。

7.1　学习指导

7.1.1　数组的基本概念和数组元素之间的关系

理解数组(Array)的基本概念是学习和使用数组的关键。数组并非 C 语言提供的基本数据类型，它是一种结构类型。即 C 语言除了提供基本数据类型，如整型、浮点型和字符型等之外，为了处理更复杂的数据，还可以定义一些功能更为强大、使用更为方便的高级数据类型，如数组、结构体、共用体和枚举类型等。所以，数组是 C 语言提供的一种使用最广泛的高级数据类型。而且还可以与指针、结构体等构成更为复杂的数据类型，如指针数组、结构数组等。

数组的概念

1. 数组的基本概念

数组是 n(n≥1)个具有相同数据类型的数据元素 $a_0, a_1, \ldots, a_{n-1}$ 构成的一个有序序列(集合)。数组由一个统一的数组名来标识，数组中的某个序号元素由数组名和相应的一组下标(Index)来标识。标记某个数组元素的下标个数就决定了数组的维数，即下标个数为一个，则为一维数组；下标个数为两个，则为二维数组等。

2. 数组中元素之间的关系

数组用来描述 n(n≥1)个具有相同数据类型的数据元素 $a_0, a_1, \ldots, a_{n-1}$ 构成的一个有序的集合，其中各个数据元素之间存在确定的逻辑关系：$a_i(0 \leqslant i \leqslant n-1)$为 a_{i+1} 的前驱(元素)，a_{i+1} 为 a_i 的后继(元素)，只有数组中的第一个元素(首元素)a_0 没有前驱，也只有数组中的最后一个元素(末元素或尾元素)a_{n+1} 没有后继。元素之间存在的这种线性逻辑关系，可以用图 7.1 来描述。

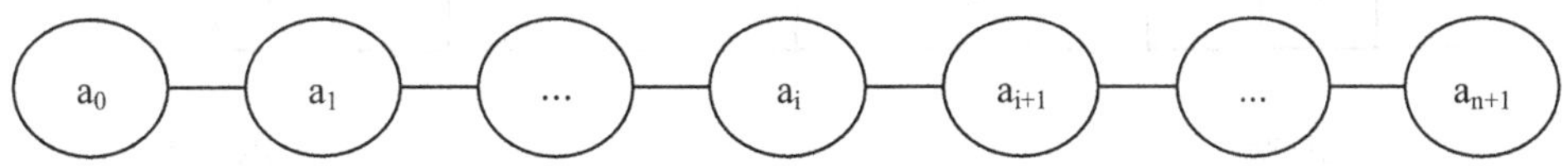

图 7.1　数组中元素的逻辑关系

例如：定义一个一维数组 int a[10]={1,2,3,4,5,6,7,8,9,10};，则元素 a[4](数组中的第 5 个元素)的前驱元素为 a[3]，后继元素为 a[5]。

再如：定义一个二维数组 int b[2][5]={1,2,3,4,5,6,7,8,9,10};，则元素 a[1][0](数组中的第 2 行第 1 列元素)的前驱为 a[0][4](数组中的第 1 行第 5 列元素)，后继为 a[1][1]。因为 a[1][0]刚

好为第 2 行的第 1 个元素，因此其前驱为上一行的最后一列元素，即为 a[0][4]。即相当于将图 7.1 中的描述元素之间逻辑关系的线段分成两段形式，如图 7.2 所示。

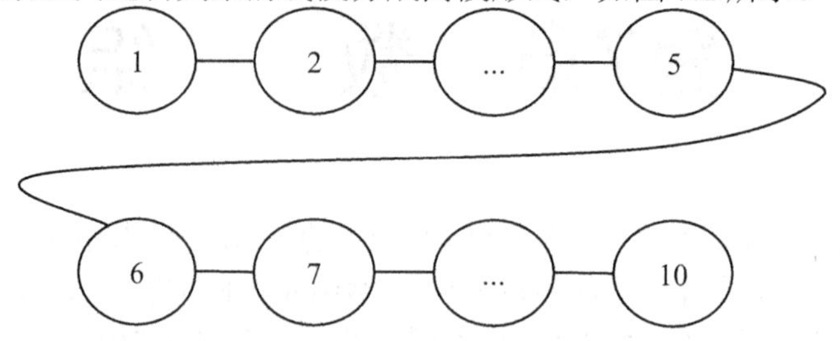

图 7.2　二维数组中元素的逻辑关系

类似地，对于多维数组的各个元素也存在这种逻辑关系。

存储关系(物理关系)：构成数组的各元素按先行后列、同行则先低列后高列的次序，依次存储在一块地址连续的内存单元中，最低地址对应首元素，最高地址对应末元素。

类似地，对于多维数组，则按先第一维，后第二维……，同维则先低后高的次序依次存储在一块地址连续的内存单元中，最低地址对应首元素，最高地址对应末元素。即，对于数组中的各元素，逻辑上相邻的两个元素在物理存储位置上也相邻，前驱元素的存储位置位于后继元素之前(低端地址)。

例如：定义一个一维数组 int a[10]={1,2,3,4,5,6,7,8,9,10};，则这些元素的存储位置按其逻辑关系的前后依次存储在连续(从低地址向高地址)的存储空间中，如图 7.3 所示。

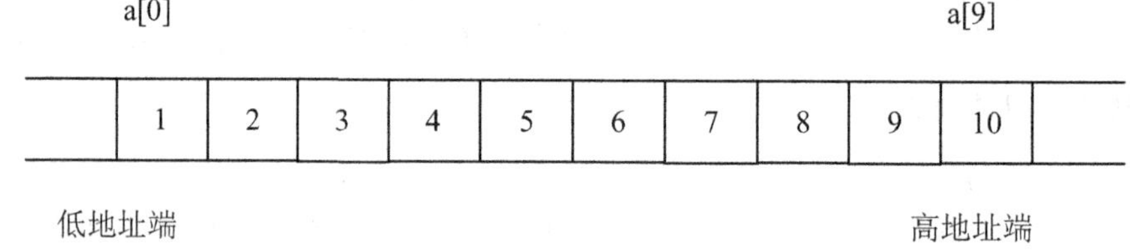

图 7.3　一维数组元素的存储关系

再如：定义一个二维数组 int b[2][5]={1,2,3,4,5,6,7,8,9,10};，则这些元素的存储位置也按其逻辑关系的先后次序，依次存储在连续(从低地址向高地址)的存储空间中，如图 7.4 所示。

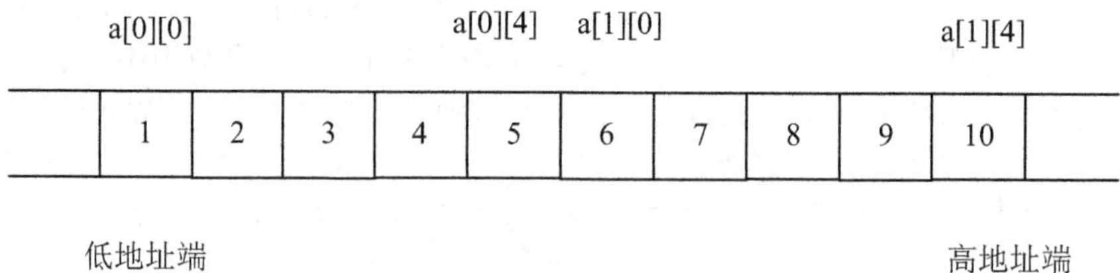

图 7.4　二维数组元素的存储关系

基于数组元素的存储方式，可以很容易地推导出根据数组首元素的地址，计算任意一元素存储地址的两个公式：

(1) 一维数组 Type a[N]的元素 a[i]的存储地址=数组起始地址+i×sizeof(元素类型)。

(2) 二维数组 Type a[M][N]中元素 a[i][j]的存储地址=首元素的存储地址+(i×N+j)×

sizeof(Type)。

其中，Type 为数组元素的类型，即数组的基类型。

7.1.2　数组的初始化与数组元素的引用

一维数组的定义与使用

定义数组的目的是为了使用数组中的各个元素。一维数组元素的引用(访问)方式由数组名加元素的下标来实现，语法格式为“数组名[下标]”。

对于二维数组元素的访问，数组名加两个下标实现，语法格式为“数组名[下标 1] [下标 2]”。类似地，可以访问多维数组中的元素。

二维数组的定义、引用和初始化

一般地，数组在使用之间，需要对其初始化，以完成对其各个元素值的初始化操作。关于数组的初始化，请参考配套教材《C 语言程序设计(第 2 版)》中的详细说明，这里不再展开讨论，但要注意数组初始化中的几个特殊情形，也是初学者经常犯的一些错处。

错误 1：定义一维数组 int a[5]={1,2,3,4,5,6};,则会发生以下编译错误 error C2078: too many initializers，即提供的初始化数据个数已经超过了数组的长度。

错误 2：int a[]={1,2,3,4,5,6};printf("%d\n",a[6]);，虽然编译能通过，但结果不可预料。这是因为访问元素 a[6]时发生了越界访问。访问数组 a 的有效范围为 a[0]～a[5]，即当没有指定数组的长度，而又对其全部元素赋初始值时，其长度自动计算，本例数组 a 的长度值为 5。同样，也不能企图访问元素 a[-1]等。数组的越界访问，C 语言编译系统不能帮助检查，需要程序员自行检查和发现，这是值得注意的地方。

另外，一维数组元素的下标从 0 开始，而不是 1 开始。数组中最后一个元素的下标是数组的长度值-1，而不是等于数组的长度值。当然，也可以将实际数据强制存储在数组的下标[1]～[N]中，但不要忘记，定义数组时，其长度应为 N+1。而且这时浪费了数组的第一个元素，即下标为[0]的元素所占用的空间。因此，在实际使用数组中，很少这样处理。类似地，对于二维数组等也要注意这个问题。

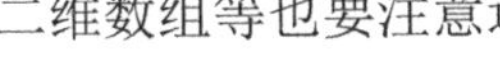

7.1.3　数组的应用

一维数组的应用 I

数组的应用非常广泛，因此，应掌握数组的基本应用方法。对于数组的复杂应用，一般都需要涉及其他课程的相关知识。下面通过一些例子，说明数组的基本应用方法，这是应用数组的基础，教材中也有大量的例子，读者可进行参考，以加深对数组的理解和应用。

【例 7-1】 输入上一星期中每天的家庭支出，计算总支出值、最高支出值和日平均支出值。

分析：用一个一维数组 float money[7]来存储一周中每天的支出值，根据输入的每天支出，可以得到所要求的各个计算值，这些值可以分别存储于不同的变量中。编写程序如下：

一维数组的应用 II

二维数组的应用

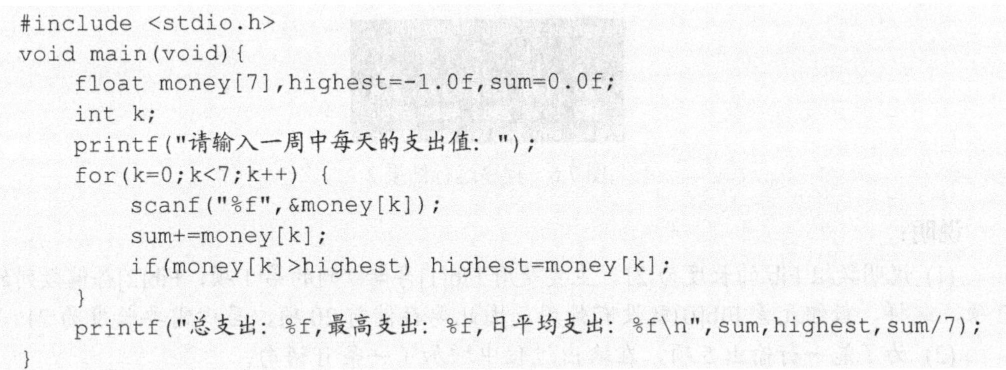

```
#include <stdio.h>
void main(void){
    float money[7],highest=-1.0f,sum=0.0f;
    int k;
    printf("请输入一周中每天的支出值: ");
    for(k=0;k<7;k++) {
        scanf("%f",&money[k]);
        sum+=money[k];
        if(money[k]>highest) highest=money[k];
    }
    printf("总支出: %f,最高支出: %f,日平均支出: %f\n",sum,highest,sum/7);
}
```

字符数组与字符串

程序运行情况如图 7.5 所示。

```
请输入一周中每天的支出值：110  130 80.8 200.5 88 99 100 98
总支出：808.30,最高支出：200.50,日平均支出：115.47
Press any key to continue
```

图 7.5　程序运行结果 1

字符串处理函数应用举例

数组的应用举例-冒泡排序

数组的应用举例-选择排序

说明：

(1) 访问数组元素，一般都需要通过循环实现，因为数组是不能整体访问的，只能通过逐个访问数组中的各个元素。

(2) 给出最高支出 highest 的初始值为-1.0，主要是考虑“擂台法”中的比较需要擂主的初始值；取负数，是因为负数肯定会被其他支出值取代。

(3) 在输入日支出值的同时，完成了求最大支出和总支出的计算。这样主要是想简化程序代码的长度。当然，也可以在输入完成后，再通过一次循环进行。

(4) 数组的使用中，一般需要某个算法对数组中的元素进行处理，比如本例中简单的“擂台法”求最高支出，配套教材《C 语言程序设计(第 2 版)》中的 3 种简单排序算法对数组元素重新排序，以及查找某数值在顺序数组中位置的“二分法”等。这些常用的简单算法是需要掌握的，也是考试中经常出现的考点。这也说明了程序设计中算法的重要性。

【例 7-2】 用一维数组存储 Fibonacci 数列的前 20 项，Fibonacci 数列为 1　1　3　5　8　13…，编写程序并输出该数列的前 20 项。

分析：可以用一维数组 Fib[]来存储数列的前 20 项，根据数列的特点：$a_1=1$, $a_2=2$, $a_i=a_{i-1}+a_{i-2}$, $i\geqslant3$，不难写出相应的程序。

```
#include <stdio.h>
void main(void){
  int Fib[21],k;
  Fib[1]=Fib[2]=1;
  for(k=3;k<=20;k++)
     Fib[k]=Fib[k-1]+Fib[k-2];
  printf("Fibonacci 数列的前 20 项为：\n");
  for(k=1;k<=20;k++){
     printf("%5d",Fib[k]);
     if(k%5==0) printf("\n");
  }
}
```

程序运行情况如图 7.6 所示。

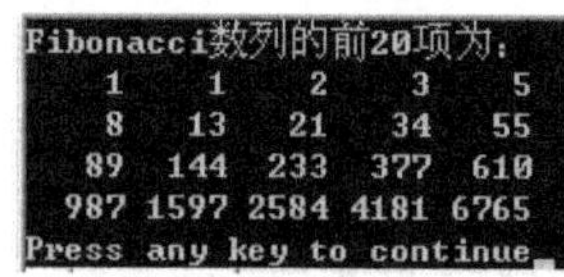

图 7.6　程序运行结果 2

说明：

(1) 说明数组 Fib 的长度为 21，主要是用 Fib[1]存储数列的第 1 项，Fib[2]存储数列的第 2 项，这样，数组元素 Fib[0]就没有使用，因此要存储前 20 项，至少需要长度为 21。

(2) 为了能一行输出 5 项，在输出过程中增加了一条 if 语句。

(3) 本题还有其他的解决方法，比如可以每计算一项就输出，或者采用递归函数来实现等。

【例 7-3】 建立一个“循环”数组，根据指定的序号，从该序号开始依次输出所有数组元素。若数组为(1，2，3，4，5，6，7，8，9，10)，指定输出序号为 3，则从第 3 个序号开始输出各元素 3，4，5，6，7，8，9，10，1，2；若指定输出序号为 10，则从第 10 个序号开始输出各元素 10，1，2，3，4，5，6，7，8，9。

分析：10 个数组元素构成的“循环”数组示意如图 7.7 所示。

图 7.7　“循环”数组示意图

即，所谓“循环”数组是一个首位元素相接的数组，只要指定序号，就可以从该序号开始依次输出循环数组中的各个元素。用变量 start 存储指定的序号，则开始输出元素为 a[start−1]，设刚输出元素的下标为 i，则下一个要输出元素的下标为(i+1)%10，这样就构成循环意思下的连续输出。即，根据前一个元素的下标 i，就可以得到循环意义下的下一个元素的下标为(i+1)%10。这样采用取模的方法就可以得到一个模拟的循环数组。

```
#include <stdio.h>
void main(void){
  int a[10]={1,2,3,4,5,6,7,8,9,10},start,k,i;
  printf("输入要输出元素的起始序号（1~10）：");
   scanf("%d",&start);
  i=start-1;
 for(k=1;k<=10;k++){
    printf("%-3d",a[i]);
    i=(i+1)%10;
  }
}
```

程序运行情况如图 7.8 所示。

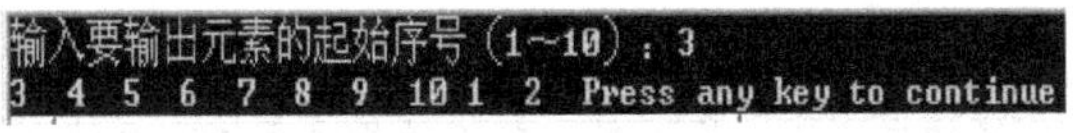

```
输入要输出元素的起始序号（1~10）：3
3  4  5  6  7  8  9  10 1  2  Press any key to continue
```

图 7.8　程序运行结果 3

【例 7-4】设有序集合 a={2,14,26,30,38,45,80,100,111,222}，有序集合 b={0,45,56,77,89}，编程求集合 a 和集合 b 的并集 c=a∪b，并保持 c 依然有序。

分析：我们可以用两个一维数组 a 和 b 分别存储集合 a 和集合 b，用一维数组 c 存储并集 c。按序逐个比较两个集合中的当前元素，用 i 指示数组 a 中的当前元素下标，用 j 指示数组 b 中当前元素的下标，如果 a[i]<b[j]，则将 a[i]存储到 c[k]中，k 值加 1，再取 a[i]的后继与 b[j]比较；反之，则将 b[j]存储，k 值加 1，再取 b[j]的后继与 a[i]比较，若两者相等，就将其中一个存储至 c[k]中，再取 a[i]的后继与 b[j]的后继继续比较，k 增 1。如此反复，直到其中某一个数组元素全部扫描完毕为止，再将另一个数组的各个元素依次存储至数组 c 中，如图 7.9 所示。

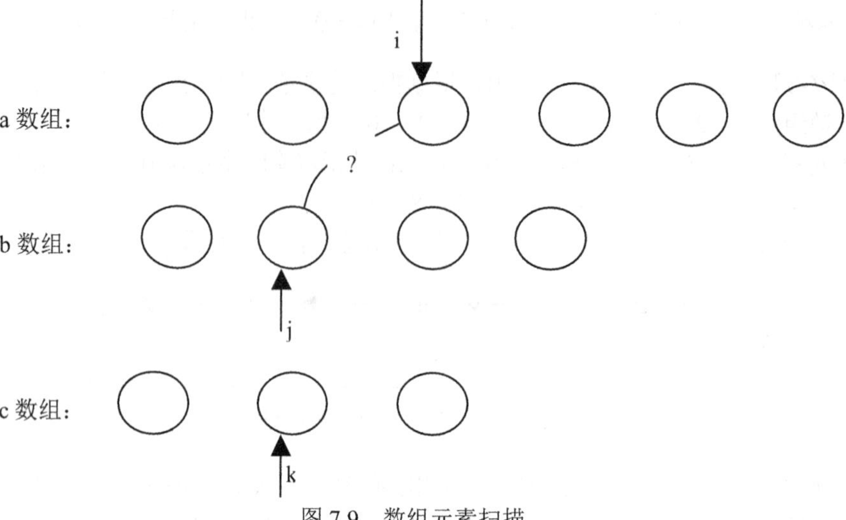

图 7.9　数组元素扫描

```
#include <stdio.h>
void main(void){
int a[10]={2,14,26,30,38,45,80,100,111,222},b[5]={0,45,56,77,89},c[15]={0};
int i=0,j=0,k=0,len=0;

while(i<10&&j<5){  /* 当前比较的两数组元素都尚未扫描完 */
    if(a[i]==b[j]){ c[k]=a[i];k++;len++; i++;j++; }
    if(a[i]>b[j]){ c[k]=b[j];j++;k++;len++;}
    else { c[k]=a[i];i++;k++;len++; }
}
if(i==10) /* 数组 a 所有元素已经扫描完毕，将 b 数组剩下各元素依次存储到数组 c 中 */
   while(j<5){
        c[k]=b[j];
        len++;
        k++;
        j++;
    }
else while(i<10){
/* 数组 b 所有元素已经扫描完毕，将 a 数组剩下的各元素依次存储到数组 c 中 */
      c[k]=a[i];
      len++;
      k++;
      i++;
   }
 for(i=0;i<len;i++)printf("%-4d",c[i]); /* 输出 c 数组中各元素值 */
}
```

程序运行情况如图 7.10 所示。

```
0   2   14  26  30  38  45  56  77  80  89  100 111 222
Press any key to continue
```

图 7.10　程序运行结果 4

说明：

(1) 本题的关键在于实现算法设计，可采用逐个对两个数组中的对应两元素比较的方法进行，取其小者作为并集中的一个元素来存储。

(2) 如果两集合中存在相等的元素，则为了得到结果集合中元素的个数(个数少于两集合元素个数和)，采用了变量 len 计数的方法。即一旦有元素加入到 c 中，则 len++。

(3) 如果某一个集合已经比较完毕，则将另一个集合中剩余的各元素依次存储至 c 集合中。注意 while 循环退出后的两种情况处理。

(4) 这个题目相对来讲比较复杂，关键是要考虑实现的算法，并将数组应用于其中。希望读者能从中理解数组的使用方法，起到举一反三的作用。其他诸如求两集合的交集等问题，也可以采用类似的方法来解决。请读者自行思考完成。

【例 7-5】 设有一个有序整型数组 a，输入一个整数 data，将其插入到该数组中，插入后数组仍然保持有序。

分析：插入操作关键在于找到插入的位置。为了找到插入点，可以采用将数组中的各元素按序逐个与 data 做比较，直到 data≤a[i]为止。此时，data 应插入到 a[i]位置处。为了避免覆盖此处原有的元素，需要先将 a[i]开始的所有元素后移一位。

```
#include <stdio.h>
void main(void){
 int a[11]={2,14,26,30,38,45,80,100,111,222};
 int i=0,j,data;

 printf("Eter the data:");
 scanf("%d",&data);

 while(i<10&&data>a[i]) i++;
 if(i==10) a[10]=data;
 else{
     for(j=9;j>=i;j--) a[j+1]=a[j];
     a[i]=data;
 }

 for(i=0;i<11;i++)   printf("%-4d",a[i]); /* 输出插入data后数组中各元素值 */
printf("\n");
}
```

程序运行情况如图 7.11 所示。

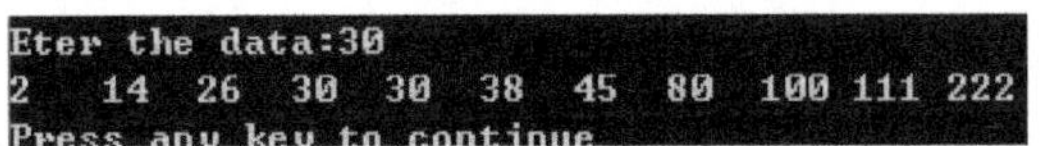

图 7.11 程序运行结果 5

说明：

(1) 找到插入点后，后移 a[i]～a[10]的各个元素时，应该后面的元素先后移。即采用了如下的循环语句：for(j=9;j>=i;j--) a[j+1]=a[j];。

(2) 另外，原来数组中有 10 个元素，插入新元素后，元素个数为 11 个。因此，在定义数组长度时设计为 11。

(3) 如果 data 数值与原来数组元素值相等，本程序将 data 也加入到原来元素的前面。

(4) 如果 data 比原来所有元素都大，则加入到最后位置处。

(5) 类似地，也可以处理删除与输入数值相等的元素等，请读者自行思考完成。

【例 7-6】 使用二维数组，输出如下数字图形方阵。

```
1  2  3  4  5
2  3  4  5  1
3  4  5  1  2
4  5  1  2  3
5  1  2  3  4
```

分析：我们用一个二维数组 a[5][5]来存储这 25 个元素。每行的第一个元素可以先得到，每行的其他元素可以根据同行的前一列元素，通过取模的方法(循环意义下的加 1)来求得。

```
#include <stdio.h>
void main(void){
    int a[5][5],i,j;
    for(i=0;i<5;i++) a[i][0]=i+1; /* 得到每行的第一列元素*/
    for(i=0;i<5;i++)
      for(j=1;j<5;j++)
        a[i][j]=a[i][j-1]%5+1; /* 根据同行的前一列元素，求得后一列元素 */

    for(i=0;i<5;i++){
       for(j=0;j<5;j++)
          printf("%-3d",a[i][j]);
       printf("\n");
    }
}
```

程序运行情况如图 7.12 所示。

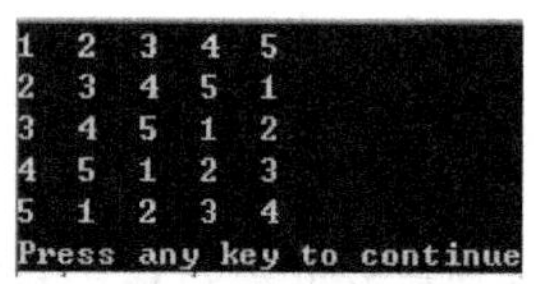

图 7.12　程序运行结果 6

说明：本例也可以采用其他的解决办法。比如，可以分析二维数据表中每列数据的特点，先完成每列数据的填充，再输出整个数据表，请读者自行完成。

【例 7-7】 求一个 2×3 的矩阵 $\boldsymbol{a}$ 的转置矩阵 $\boldsymbol{b}$。

分析：矩阵 $\boldsymbol{a}$ 中第 i 行第 j 列的元素 a_{ij} 在其转置矩阵 $\boldsymbol{b}$ 中位于第 j 行第 i 列。如：

$$\boldsymbol{a}=\begin{bmatrix}1 & 2 & 3\\4 & 5 & 6\end{bmatrix}，则其转置矩阵\boldsymbol{b}=\begin{bmatrix}1 & 4\\2 & 5\\3 & 6\end{bmatrix}。$$

用两个二维数组 $\boldsymbol{a}$ 和 $\boldsymbol{b}$，分别存储矩阵 $\boldsymbol{a}$ 和矩阵 $\boldsymbol{b}$ 中的各元素值。只要将 $\boldsymbol{a}$ 数组中各个 a[i][j]元素分别存储至数组 $\boldsymbol{b}$ 中的 b[j][i]中即可。

```
#include <stdio.h>
void main(void){
    int a[2][3]={1,2,3,4,5,6},b[3][2],i,j;
    for(i=0;i<2;i++)
        for(j=0;j<3;j++)
            b[j][i]=a[i][j];  /* 实现转置 */
    for(i=0;i<3;i++){
        for(j=0;j<2;j++)
            printf("%-3d",b[i][j]);
        printf("\n");
    }
}
```

程序运行情况如图7.13所示。

图7.13　程序运行结果7

说明：

(1) 二维数组经常用于工程数学中的矩阵表示和存储中，所以二维数组在工程领域中的应用是非常广泛的，如矩阵的相关运算(求和、乘积和求逆等)以及方程组的求解等。

(2) 如果矩阵本身是方阵，则可以直接在原矩阵中完成，即转置结果直接存储在原来的二维数组中，请读者自行思考完成。

【例7-8】 求二维整数数组中各行0之前的正整数之和，遇到0跳过该行后面的所有数据，遇到负数则跳过该负数，并打印这些正整数。如$\boldsymbol{a}=\begin{pmatrix}1 & -2 & 3 & -4\\ 1 & 5 & 0 & 6\\ 7 & 3 & 0 & 3\end{pmatrix}$，则输出参加累加的正整数为1，3，1，5，7，3，累加和为20。

分析：这是二维数组的典型应用，需要顺序扫描每个元素，将所扫描到的满足正整数的元素累加即可。但要注意的是，并非所有的正整数都满足累加的条件，而是要在0之前，即不累加0之后的正整数。

```
#include <stdio.h>
void main(void){
  int a[3][4]={{1,-2,3,-4}, {1,5,0,6}, {7,3,0,3}},i,j;
  long sum=0;
printf("参加累加的正整数有: \n");
  for(i=0;i<3;i++)
    for(j=0;j<4;j++){
          if(a[i][j]>0) { sum+=a[i][j];printf("%-3d",a[i][j]); }
          if(a[i][j]==0) break;
          else continue;  /* 可以省略 */
    }
  printf("\nsum=%ld\n",sum);
}
```

程序运行情况如图7.14所示。

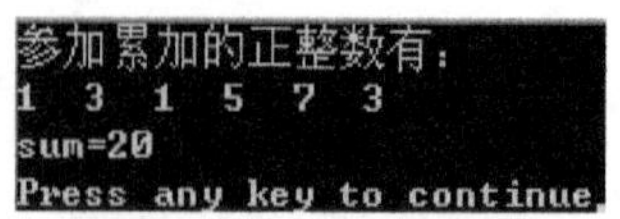

图 7.14　程序运行结果 8

说明：

(1) 为了能在扫描过程中遇到 0 就跳过后面的所有数据，可在内层循环使用 break 语句，使得 0 之后的所有正整数都不参加累加。

(2) 在 a[i][j]<0 的情况下，使用 continue 语句，即跳过该数据，继续分析下一列数据，由于 continue 语句刚好在内层循环的最后，所以也可以不用它。

(3) 请思考是否还有其他解决方法。

【例 7-9】 输入名字，根据输入的起点和长度取名字中的子串。如名字为 Huaqiao University，给定起点为 3，长度为 8，则取得的子串为 aqiao Un。

分析：根据给定的起点和长度，可以从该起点开始逐个将名字中的字符复制至子串中，直到满足指定的长度为止。

```
#include <stdio.h>
#include <stdlib.h>

void main(void){
  char name[20],substr[20],i,j=0;
  int start,length;

  printf("Enter name:");
  gets(name);

  printf("Enter start and length:");
  scanf("%d%d",&start,&length);

  if(start<=0||start>=20) {
      printf("error start!\n");
      exit(1);
  }
  if(start+length-1>=20){
      printf("error start and length!\n");
        exit(1);
  }

  for(i=start-1;i<start+length-1;i++){
        substr[j]=name[i];
        j++;
  }

  substr[j]='\0';
  puts("substr:");
  puts(substr);
}
```

程序运行情况如图 7.15 所示。

```
Enter name:Huaqiao University.
Enter start and length:3 8
substr:
aqiao Un
Press any key to continue
```

图 7.15　程序运行结果 9

说明：

(1) 为了保证输入起点和长度的有效性，在程序中增加了对它们合法性检查的代码，以增强代码的健壮性。这种方法希望读者在编写程序中多加使用。

(2) 在程序中，通过字符串输入函数 gets(name)来输入一个字符串存储在字符数组 name 中，最后通过 puts(substr)来输出字符数组 substr 中存储的子串。

(3) 字符数组也是一种很常用的存储字符串的方法，C 语言提供了大量处理字符串的函数，可以参考配套教材《C 语言程序设计(第 2 版)》或参考书，熟悉最常用的几个字符串处理函数的使用方法。

(4) 在完成子串的截取后，我们在子串最后补上一个字符串的结束标记字符'\0'。请读者自行思考，如果不补该字符，则结果会如何？

【例 7-10】 输入一个字符串，统计其中单词的个数。如输入字符串"I am a teacher."，则单词个数为 4。

分析：单词以非空格字符开始，以空格字符结束，据此，可以编写程序。

```
#include <stdio.h>
#include <string.h>

void main(void){
  char str[100];
  int i,len,count=0;

  puts("Input string:");
  gets(str);

  len=strlen(str);        /* 获取字符串的长度 */

  for(i=0;i<len;i++)
      if(str[i]!=' '){    /* 单词开始 */
          count++;        /* 个数加 1 */
          while(str[i]!=' '&&str[i]!='\0') /* 单词结束 */
              i++;
      }

  printf("There are %d words in \"%s\".\n",count,str);
}
```

程序运行情况如图 7.16 所示。

```
Input string:
I am a teacher.
There are 4 words in "I am a teacher.".
Press any key to continue
```

图 7.16　程序运行结果 10

说明：

(1) 程序中使用了字符串处理函数 puts()、gets(str)和 strlen(str)，为了能使用 strlen()，在前面加上了编译预处理指令#include<string.h>。

(2) 我们经常会碰到字符串的相关处理问题，这里只是给读者一点启发，类似的问题希望读者能自行解决。而且本题还有其他的解法，请读者思考。

7.2　上机实践：数组

数组的学习和使用，必须通过大量的上机实践环节来加深理解和巩固。实际上，配套教材《C 语言程序设计(第 2 版)》上的例题和指导书上的所有例题，都是很好的上机实践题目。希望读者都能逐个上机实践一遍，并认真回答每个例子后面提出的思考问题。

7.2.1　实验目的

(1) 理解和掌握数组的基本概念。

(2) 理解和掌握一维数组和二维数组的基本使用方法。

(3) 熟悉字符数组的基本使用方法及字符串的基本处理方法。

(4) 加深学生对数组概念的理解和使用，并能灵活运用数组解决一些常见的实际问题，提高学生实际解决问题的水平和能力。

7.2.2　实验学时

4~6 学时。

7.2.3　实验内容和步骤

下面给出几个上机实践题，其中实践题 1 作为本章学习的主要上机实践训练题，其他几题作为实践选做题，希望读者都能认真完成。

实践题 1

约瑟夫问题的数组实现。

(1) 问题描述：约瑟夫问题的一种描述为，编号为 1，2，3，…，n 的 n 个人按顺时针方向围坐一圈，每人持有一个密码(正整数)。一开始任选一个正整数作为报数上限值 m，从第一个人开始按顺时针方向自 1 开始按顺序报数，报到 m 时停止报数。报 m 的人出列，将他的密码作为新的 m 的值，从他在顺时针方向上的下一个人开始重新从 1 报数，如此下去，直至所有的人全部出列为止。试设计一个程序，求出出列顺序。

(2) 基本要求：可以利用循环数组(存储编号和密码)来模拟此过程，按照出列的顺序输出各人的编号。

(3) 测试数据：m 的初值为 6，n=7，7 个人的密码依次为 3，1，7，2，4，8，4，出列顺序应为 6，1，4，7，2，3，5。

【提示】

可以参考《C 语言程序设计(第 2 版)》习题中关于约瑟夫问题另外一种描述的参考程序。

实践题 2

定义一个一维整型数组 A，随机输入 20 个整数，将其中的正整数按输入的次序存储至另外一个一维整型数组 B 中。

(1) 输出这些正整数。

(2) 统计正整数的个数和平均值。

(3) 将这些正整数按输入次序的逆序输出。

```
#include <stdio.h>
void main(void){
    int A[20],B[20],i,j=0;
    long int sum=0L;

    printf("Enter 20 integers:");
    for(i=0;i<20;i++){
        scanf("%d",&A[i]);
        if(A[i]>0)  B[j++]=A[i];
    }

    printf("\nPositive integers:\n");
    for(i=0;i<j;i++){
        sum+=B[i];
        printf("%d,",B[i]);
    }

   printf("The sum of positive integers is %ld\n",sum);
   printf("The average of positive integers is %f\n",1.0*sum/j);

    printf("The inverted sequence:\n");
    for(i=j-1;i>=0;i--)
        printf("%d,",B[i]);
}
```

实践题 3

定义一个二维整型数组 int data[M][N]和一个一维整型数组 int max(N)，根据键盘输入的二维数组 data 的各元素值，求出二维数组每列中的最大元素，依次放入 max 数组，并输出 max 中的各元素。

```
#include <stdio.h>
#define M 3
#define N 4
void main(void){
    int data[M][N],max[N],i,j,temp;

    printf("Enter elements of data:");
    for(i=0;i<M;i++)
        for(j=0;j<N;j++)
            scanf("%d",&data[i][j]);

    for(j=0;j<N;j++){
```

```
        max[j]=data[0][i];
        for(i=1;i<M;i++)
            if(data[i][j]>max[j])
                max[j]=data[i][j];
    }

    printf("elements of max:\n");
    for(i=0;i<N;i++)
        printf("%d,",max[i]);
}
```

实践题 4

输入一个由数字组成的字符串，编程将数字字符串转化为相对应的数值并输出。如输入数字字符串"12345"，则输出数值 12345。

```
#include <stdio.h>
void main(void){
  char s[20]="12345"; int k=0;
  long int result=0L;
  while(s[k]){
      result=result*10+s[k]-'0';
      k++;
  }
  printf("%ld\n",result);
}
```

实践题 5

用字符数组 a 和字符数组 b 分别存储两个长度相等的字符串，逐个比较 a、b 两个字符串对应位置中的字符，把 ASCII 值小或者相等的字符依次存放到字符数组 c 中，形成一个新的字符串。再将字符串"I love"加在新的字符串最前面。如 a 中的字符串为"English"，b 中的字符串为"Compuer"，则 c 中的字符串为"I love Cnglise"。

```
#include <stdio.h>
#include <string.h>
void main(void){
 char a[20]="English",b[20]="Computer",c[30],s[]="I love ";
 int len=strlen(a),i,k=0,len2=strlen(s);
 for(i=0;i<=len-1;i++)
     if(a[i]<=b[i])  c[k++]=a[i];
     else           c[k++]=b[i];
 c[k]='\0';
 puts(c);
 for(i=k;i>=0;i--)   c[i+len2]=c[i];
 for(i=0;i<=len2-1;i++) c[i]=s[i];

 puts(c);
}
```

实践题 6

用二维字符数组 str 存储 5 个随机输入的字符串，分别用冒泡、选择和插入算法对这 5 个字符串进行从小到大的排序，并输出排序后的 5 个字符串。

```
#include <stdio.h>
#include <string.h>
void main(void){
    char str[5][80],t[80];
    int i,pass;
    for(i=0;i<5;i++)
        scanf("%s",str[i]);
    //bubble_sort
    for(pass=1;pass<5;pass++)
        for(i=0;i<5-pass;i++)
            if( strcmp(str[i],str[i+1])>0 ){
                strcpy(t,str[i]);
                strcpy(str[i],str[i+1]);
                strcpy(str[i+1],t);
            }
    for(i=0;i<5;i++)  puts(str[i]);
}
```

实践题 7

试编程将以下数列延长到 35 个数据。

1，1，1，1，2，1，1，3，3，1，1，4，6，4，1，1，5，10，10，5，1，…

(提示：数列可看成是杨辉三角形)

```
#define N 10
#include <stdio.h>
void main(void){
 int a[N][N],i,j,counter=0;
 for(i=0;i<N;i++)
       a[i][0]=a[i][i]=1;

 for(i=2;i<N;i++)
       for(j=1;j<=i-1;j++)
        a[i][j]=a[i-1][j-1]+a[i-1][j];

 for(i=0;i<N;i++){
     if(counter==35) break;
     for(j=0;j<=i;j++){
         printf("%d,",a[i][j]);
        counter++;
         if(counter==35) break;
        }
    }
}
```

实践题 8

设数组 ***a*** 的初值为：

$$a=\begin{pmatrix}1 & 0 & 2\\ 2 & 2 & 0\\ 0 & 1 & 0\end{pmatrix}$$

上机实践，思考并执行语句：

```
for(i=0;i<3;i++)
    for(j=0;j<3;j++)
        a[i][j]=a[a[i][j]][a[j][i]];
```

对原来数组的影响。

【提示】数组改变如图 7.17 所示。

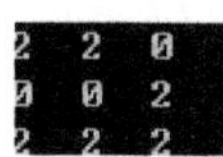

图 7.17　数组改变结果

实践题 9

编一个程序，按递增顺序生成集合 M 的最小的 100 个数，M 的定义如下：

(1) 数 1 属于 M。

(2) 如果 x 属于 M，则 y=2*x+1 和 z=3*x+1 也属于 M。

(3) 再没有别的数属于 M。

(M={1, 3, 4, 7, 9, 10, ...})

(提示：要防止重复数据送入 M)

```
#include <stdio.h>
void main(void){
 double M[100]={1},y,z;
 int k,len=1,i,j,t;
 for(k=0;k<len;k++){
     y=2*M[k]+1;
     z=3*M[k]+1;

     M[len]=z;  /*先将 z 插入*/
     len++;

     for(i=0;i<=len-1;i++){ /*再将 y 插入到序列: [0]~[len-1]*/
         if(y==M[i])  break;/*若已有 y,则不插入*/
         if(y>M[i])  continue;
         else{
             for(j=len-1;j>=i;j--)    M[j+1]=M[j];
             M[i]=y;
             len++;
             break;
         }//else
     }//for i
    if(len==100)  break;
    /*输出本次插入后的长度序列及序列*/
```

```
        printf("\n%d:",len);
         for(t=0;t<len;t++)printf("%.0f,",M[t]);
    }/*for k*/
}
```

实践题 10

编写程序，输入两个字符串 s1 和 s2，将第 2 个字符串插入到第 1 个字符串的前面，得到新的字符串 s3，输出插入后得到的新字符串 s3(s1 和 s2 保持不变)。

```
#include <stdio.h>
#include <string.h>
void main(void){
    char s1[80],s2[80],s3[200],len1,len2,i,k;
    scanf("%s%s",s1,s2);

    len2=strlen(s2);
    len1=strlen(s1);
    s3[len2+len1]='\0';

    for(i=0;i<=len2-1;i++)
        s3[i]=s2[i];
    k=0;
    for(i=len2;i<=len2+len1-1;i++)
        s3[i]=s1[k++];
    puts(s3);
}
```

第8章　函 数 基 础

函数的学习和使用，关键在于要理解和掌握函数的基本概念、函数的定义与调用方法。本章只涉及函数的基础，即重点内容为函数的概念、函数的定义方法、函数的调用(包括函数的嵌套调用)、函数的参数和返回值类型等。更为复杂的函数与数组、指针等的关系将在第10章中讨论。下面将讨论本章中几个比较重要的、容易混淆的内容(其他内容请参考教材)，通过实例加以分析，希望读者能更深入地理解和更好地使用函数。

8.1　学习指导

8.1.1　函数的基本概念、定义与调用方法

函数的概念

函数是C语言程序设计的重要内容，这是因为函数作为构成C程序的基本单位，在程序设计中占有非常核心的地位。C 程序在结构上就是由一个主函数 main()和若干个子函数组成的。其中，主函数main()有且仅有一个，它可以调用其他子函数，子函数之间可以相互调用。需要注意的是，其他子函数不能调用主函数main()。

函数的调用

C 语言中的函数根据它存在的方式可分为系统提供的库函数和程序员自定义的函数。本部分的学习，必须理解和掌握函数的基本概念(包括函数的含义、函数的返回值类型和参数等、函数的自定义方法、调用函数的方法、主调函数与被调函数的关系等)、函数的嵌套调用及其特殊形式——递归函数、函数原型的作用等。

函数定义的一般形式为：

```
返回值类型 函数名(形式参数列表){
  函数体
}
```

函数的原型说明

程序员自定义的函数(被调函数)可以为其他函数(主调函数)提供一定的功能服务，主调函数在使用被调函数提供的服务时，必须遵循一定的规范(调用函数的方法)。主调函数调用被调函数时，实参将与形参发生值的传递，同时程序执行被调函数(控制权移交给被调函数)，执行完毕，程序控制权再移交回主调函数，主调函数获取被调函数带回来的返回值，并对其进行使用。当然，在发生函数调用时，还需要将调用函数时的“现场断点信息”压入栈中进行保护，以便能在函数调用完毕之后正确返回原来的调用点。

下面通过一些典型例子，帮助更好地理解和掌握这些内容。

【例 8-1】 定义函数 int Biggest(int a, int b, int c)，求3个整数a、b和c中的最大值并返回。

分析： 给定3个整数，求其最大值的方法可以有多种。比如，可以采用两两比较的方法；也可以采用先获取两个整数的最大值，再求此最大值与剩下一个整数的最大值。本例采用后者进行程序设计。

```
#include <stdio.h>
void main(void){
 int Biggest(int a, int b, int c);  /* 函数Biggerst的原型说明 */
 int l,m,n;
 printf("Enter 3 inttegers:");
 scanf("%d%d%d",&l,&m,&n);

 printf("The biggest is %d\n",Biggest(l,m,n));
}

int Biggest(int a, int b, int c){
 int Bigger(int ,int );  /* 对定义在调用点之后的函数Bigger()作原型说明 */
    int temp=Bigger(a,b);

    return Bigger(temp,c);
}

int Bigger(int x,int y){
    return (x>y?x:y);
}
```

程序运行情况如图8.1所示。

```
Enter 3 inttegers:
5 8 -6
The biggest is 8
Press any key to continue
```

图8.1　程序运行结果1

说明：

(1) 先定义一个求两个整数较大值的函数int Bigger(int x, int y)，通过调用它来求3个整数的最大值。

(2) 在函数int Biggest(int a, int b, int c)中调用了函数Bigger，由于被调函数Bigger()的定义在调用之后，所以需要在调用点之前使用函数Bigger()的原型：int Bigger(int, int)。同样，在main()中也对函数 Biggest()作了原型说明。当然，也可以将这两个函数的原型说明一起放在main()之前。

(3) 函数有返回值时，此返回值必须通过函数体中的return语句获得。在函数Bigger()和函数Biggest()都有相应的return语句得到较大值和最大值。

(4) 在C语言中，函数的返回值类型为int时，可以默认返回值类型int的书写。但建议还是写上比较好，特别是对初学者。

(5) 当函数没有返回值类型时，建议在定义函数时，最好还是在函数名之前写上void(尽管可以不写)，同时在函数体中也可以默认return语句的书写。

(6) 注意函数调用时实参与形参的结合以及程序执行的流程。

8.1.2　函数的参数与返回值

函数的参数与返回值

函数的定义是便于其他函数能够调用它，使得函数的功能能够被反复使用，实现函数级的代码重用(reuse)。函数的参数与返回值，是函数(被调函数)与外界(主调函数)信息传递的窗口，即函数在实现函数功能时，可能需要外界提供加工的数据源，函数的处理结果可以通过返回值的方式传递给外界。

当然，有些函数也可以没有参数或返回值。

【例 8-2】 分析下面程序的运行结果，注意其中实参与形参的结合方法。

```
#include <stdio.h>
void fun(int a,int b,int sum){
    sum=a+b;
    printf("In fun:sum=%d\n",sum);
    return;
}

void main(void){
    int x=10,y=20,z=0;
    fun(x,y,z);
    printf("In main:z=%d\n",z);
}
```

程序运行情况如图 8.2 所示。

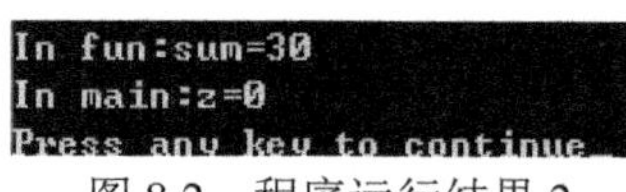

图 8.2　程序运行结果 2

说明：

(1) 本题用来说明调用函数时，主调函数的实参与被调函数的形参之间的结合方式。当然，说明这个问题的典型例子是实现两个参数交换的函数 int swap(int x,int y)，参看教材有关“值参数传递”部分。

(2) 在 fun()函数体内，sum 值为 30，但调用函数 fun()结束返回 main()函数时，与 sum 对应的实参 z 的值并不是 30。这就是所谓的“值参数传递”方式，即形参与实参结合时，实参 z 只是将值的一个备份传送给形参 sum，而 sum 在函数体内的变化并不会传回给 z。本质上，变量 z 和变量 sum 是相互独立的两个存储单元，而且，它们作用的生命期和作用域都是不同的。

(3) 调用函数时，传入的实参可以是变量或表达式，但其值必须是确定的。如将 z=0;去掉，试分析程序运行的结果如何？

(4) 在学完指针之后，可以方便地实现“双向传递”，即让形参的变化值传回给它的实参。

```
#include <stdio.h>
void fun(int a,int b,int *psum){
    *psum=a+b;
    printf("In fun:*psum=%d\n",*psum);
    return;
}
void main(void){
    int x=10,y=20,z=0;
    fun(x,y,&z);
    printf("In main:z=%d\n",z);
}
```

(5) 当然，使用 C++的引用参数类型，可以更为方便的实现实参与形参的“双向传递”。

```
#include <stdio.h>
void fun(int a,int b,int &sum){
```

```
    sum=a+b;
    printf("In fun:sum=%d\n",sum);
    return;
}
void main(void){
    int x=10,y=20,z=0;
    fun(x,y,z);
    printf("In main:z=%d\n",z);
}
```

【例 8-3】 定义函数 int max(int a[100])，返回数组 a 中存储的 10 个元素的最大值。

分析：给定了数组 a 中的 10 个数组元素，求其最大值，可以直接采用“擂台法”进行。

```
#include <stdio.h>
int maxofarray(int a[10]){
    int max=a[0],k;
    for(k=1;k<10;k++)
        if(a[k]>max)  max=a[k];
    return max;
}
int main(void){
    int b[]={12,2,3,4,5,16,1,8,9,7};
    printf("Max=%d\n",maxofarray(b));
    return 1;
}
```

程序运行情况如图 8.3 所示。

```
Max=16
```

图 8.3　程序运行结果 3

说明：

(1) 函数 maxofarray()返回值为数组 a 中 10 个元素的最大值。这个返回值可以传递给主调函数 main。在主调函数 main 中，可以使用函数 maxofarray 返回的最大值，即函数表达式 maxofarray(b)。

(2) 函数 maxofarray()的形参为数组 a，调用函数时，main()函数传递给函数 maxofarray()对应的实参为数组 b，需要注意的是，实参 b 不能写成 b[10]，否则形参与实参的类型不一致，而且 b[10]表示的是数组 b 中的第 11 个元素值。

(3) 本例中，函数 maxofarray()的参数是一个固定大小为 10 的数组 a，如果需要求长度大小为 20 的数组 b 中元素的最大值呢？所以，为了使函数有更好的通用性，一般把形参中数组 a 的长度大小不限定，而是用另一个参数 int n 来表示，这样就可以提高函数的通用性。程序修改如下：

```
#include <stdio.h>
int maxofarray(int a[],int n){
    int max=a[0],k;
    for(k=1;k<n;k++)
        if(a[k]>max)  max=a[k];
    return max;
}
int main(void){
```

```
    int b[]={12,2,3,4,5,16,1,8,9,7,-1,-2,-3,-4,-5};
    printf("Max=%d\n",maxofarray(b,sizeof(b)/sizeof(int));
    return 1;
}
```

8.2　上机实践：函数基础

函数作为构成 C 程序的基本单位，应该熟练地掌握和使用它，即要熟练地定义函数和使用各种函数，但这必须通过大量的上机实践环节来加深理解和巩固。实际上，教材上的例题和指导书上的所有例题，都是很好的上机实践题目，希望读者能一一上机实践。

8.2.1　实验目的

(1) 理解和掌握函数的基本概念和思想。

(2) 理解和掌握函数的定义和简单调用方法。

(3) 加深学生对函数的理解和使用，并能定义简单的函数解决一些常见的实际问题，进一步加强运用函数分析和解决实际问题的能力。

8.2.2　实验学时

2 学时。

8.2.3　实验内容和步骤

下面也给出几个上机实践题，作为本章学习的上机实践，其中实践题 1 作为必做题，其他为选做题，希望读者能认真完成。

实践题 1

用弦截法求方程 $f(x)=x^3-5x^2+16x-80=0$ 的根。

可以采用如下实验方法和步骤：

(1) 取两个不同点 x_1、x_2，如果 $f(x_1)$和 $f(x_2)$符号相反，则(x_1,x_2)区间内必有一个根。如果 $f(x_1)$与 $f(x_2)$同符号，则应改变 x_1、x_2，直到 $f(x_1)$、$f(x_2)$异号为止。注意 x_1、x_2的值不应差太大，以保证(x_1,x_2)区间内只有一个根。

(2) 连接$(x_1,f(x_1))$和$(x_2,f(x_2))$两点，此线(即弦)交 X 轴于 x。

(3) 若 f(x)与 $f(x_1)$同符号，则根必在(x,x_2)区间内，此时将 x 作为新的 x_1。如果 f(x)与 $f(x_2)$同符号，则表示根在(x_1,x)区间内，将 x 作为新的 x_2。

(4) 重复步骤(2)和(3)，直到 $|f(x)|<\varepsilon$ 为止，ε 为一个很小的数，例如 10^{-6}，此时认为 $f(x)\approx 0$。

分别用几个函数来实现各自的功能：

(1) 调用函数 f(x)，求函数 $x^3-5x^2+16x-80$ 的值。

(2) 调用函数 xpoint (x_1,x_2)，求$(x_1,f(x_1))$和$(x_2,f(x_2))$的连线与 X 轴的交点 x 的坐标。

(3) 调用函数 root(x_1,x_2)，求(x_1,x_2)区间的那个实根。显然，执行 root 函数过程中要调用到函数 xpoint，而执行 xpoint 函数过程中要调用到 f 函数。

```
#include <stdio.h>
#include <math.h>

double f(double x){  /* 计算 f(x)的函数 */
    return x*x*x-5*x*x+16*x-80;
}

double xpoint(double x1,double x2){  /* 求(x1,f(x1))和(x2,f(x2))的连线与
                                        x 轴的交点 x 的坐标两点式直线方程:
                                        (y-y1)/(y2-y1)=(x-x1)/(x2-x1)*/
  return ( x1*f(x2)-x2*f(x1) )/( f(x2)-f(x1) );
}

double root(double x1,double x2){ /* 函数 root (x1,x2),求(x1,x2)区间的
                                     那个实根 */
  double x,y,y1,y2;

  x=xpoint(x1,x2);
  y=f(x);y1=f(x1);y2=f(x2);
  while( fabs(y) > 1.0E-6 ){
      if(y*y1>0) x1=x;
      else
          x2=x;
    x=xpoint(x1,x2);
    y=f(x);
  }
  return x;
}

void main(void){
  double x1=0,x2,y1,y2,x;
  x2=x1+0.1;
  y1=f(x1); y2=f(x2);

  while(y1*y2>0){
     x2+=0.1;
     y2=f(x2);
  }

  x=root(x1,x2);
  printf("x=%f\n",x);
}
```

实践题 2

编写函数 double fun(int n)，它的功能是求 n 以内(不包括 n)同时能被 5 与 11 整除的所有自然数之和的平方根，并作为函数值返回。

```
#include <stdio.h>
#include <math.h>

double fun(int n){
```

```
        double sum=0;
        int i;
        for(i=1;i<n;i++)
            if(i%5==0&&i%11==0) sum+=i;
        return sqrt(sum);
}

void main(void){
        printf("fun(100)=%f\n",fun(100));
}
```

实践题 3

编写函数求满足不等式 $1^2+2^2+3^2+...+n^2<1000$ 的最大整数 n。

```
#include <stdio.h>
int fun(){
    int n,k,s=0;
    for(k=1;;k++){
        s+=k*k;
        if(s<1000)
          continue;
        else
            break;
    }
    return k-1;
}

void main(void){
   printf("n=%d\n",fun());
}
```

实践题 4

定义函数 int max(int a[],int n)，返回数组 a 中存储的 n 个元素的次大值。

【提示】请参考【例 8-3】或教材中的类似例子。

第9章 指针基础

指针是学习 C 语言程序设计的一个重要内容，也是初学者最不容易掌握的内容。学习和使用指针的关键，在于正确地理解指针的基本概念，这是解决所有难点的关键所在。只有真正理解和掌握了指针的基本概念之后，才能理解指针与数组、指针与函数、指针与字符串等的复杂关系，才能通过动态存储分配的方法来使用动态数组等。本章只讲解指针的基本概念和用法、指针与数组、指针与字符串等基本内容。关于指针的更复杂使用，将在第 10 章中讲述。下面着重说明本章中涉及的几个重要内容，列举一些应用例子，希望读者能认真思考、理解、消化和掌握，并结合教材上的内容和例题，举一反三，学习和掌握指针的基本使用方法。

9.1 学习指导

9.1.1 指针的基本概念

指针是一种数据类型，用来表示内存地址。某个变量是指针类型的变量，指的是这个变量的值是一个内存地址值，这个地址单元内存储了另一个变量的值，这时，我们称指针变量指向了另一个变量。这样，就可以借助于这个指针变量来间接访问另一个它所指的变量。间接访问是使用指针变量的根本所在。

指针的概念与指针变量的定义

指针的基类型说明了它所指变量的类型，即表示指针变量的值(地址)里所存储的另一个变量的类型。

【例 9-1】 指向变量的指针变量的简单使用。

```
#include <stdio.h>
void main(void){
  int a=10,*p=&a;         /* 声明指针变量 p，并初始化，让它指向变量 a */
  printf("a=%d\n",a);    /* 直接访问变量 a */
  printf("a=%d\n",*p);   /* 通过指向 a 的指针 p 间接访问变量 a */

  printf("address of is %p\n",&a);/* 通过取地址运算符，输出变量 a 的存储地址 */
  printf("Address of a is %p\n",p);/* 通过指向 a 的指针，输出变量 a 的存储地址 */
}
```

程序运行情况如图 9.1 所示。

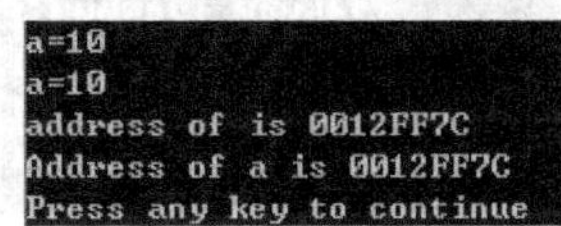

```
a=10
a=10
address of is 0012FF7C
Address of a is 0012FF7C
Press any key to continue
```

图 9.1 程序运行结果 1

说明：

(1) 本例很简单，但已经给出了指针变量的定义、初始化和简单使用的方法。

(2) 注意与指针有关的两个运算符'&'、'*'的使用，一个是取变量的存储地址，另一个是根据指针，间接访问它所指的变量。

(3) 在不同的编译系统上，上面输出地址的结果可能会有所不同，请读者注意。

(4) 指针在使用之前，一定要有确定的值(有所指)，否则使用它会发生运行错误(或预想不到的结果)。如：

```
#include <stdio.h>
void main(void){
   int a=1,b=2,c=3;
   int *p;
   *p+=1;  /* 错误：在指针变量 p 无所指的情况下，使用了它 */

   printf("%d\n",*p);
}
```

9.1.2 指针与数组的关系

指针与一维数组

指针与二维数组

指针与数组作为函数的参数

指针数组

指针与数组的关系非常紧密，这是因为数组名本身就属于指针类型，它是一个指向数组中首元素的指针(常指针)。因此，在使用数组时，除了采用数组的方法访问数组元素之外，还经常会通过使用指针的方法来访问数组元素。读者一定要把握指针与数组的这种紧密关系，灵活运用指针和数组。

【例 9-2】 显示不同类型数组中数组元素的各地址。

```
#include <stdio.h>
void main(void){
   int iarray[10];
   float farray[10];
   double darray[10];

   int k;
    printf("\t\t int\tfloat\tdouble\n");
   for(k=0;k<10;k++)
      printf("Element %d\t%ld\t%ld\t%ld\n",k,iarray+k,farray+k,darray+k);
}
```

程序运行情况如图 9.2 所示。

```
                 int    float   double
Element 0       1245016 1244976 1244896
Element 1       1245020 1244980 1244904
Element 2       1245024 1244984 1244912
Element 3       1245028 1244988 1244920
Element 4       1245032 1244992 1244928
Element 5       1245036 1244996 1244936
Element 6       1245040 1245000 1244944
Element 7       1245044 1245004 1244952
Element 8       1245048 1245008 1244960
Element 9       1245052 1245012 1244968
Press any key to continue_
```

图 9.2　程序运行结果 2

说明：

(1) 在不同的开发平台，结果可能不同(本例是在 VC++ 6.0 上的运行结果)。但相邻元素地址之间的规律是一致的。

(2) 表达式 iarray+k，等价于&iarray[k]。

(3) 从本例可以看出，数组中各元素按其序号的先后在内存中连续排列，即数组中逻辑上相邻的两个元素在物理存储位置上也相邻，这就是数组这种数据结构的特点。

【例 9-3】 定义二维数组 int a[3][4]，采用各种方法访问元素 a[2][3]。

分析：数组与指针的关系非常紧密，要访问元素 a[2][3]，可能有各种不同的方法。但这里必须理解指针与一维数组、指针与二维数组之间的关系以及二维数组与一维数组的关系。

```
#include <stdio.h>
void main(void){
 int a[4][5]={{1,2,3,4,5},{2,3,4,5,6},{1,3,5,7,9},{1,2,3,4,5}};
/*(1)*/  printf("(1)a[2][3]=%d\n",a[2][3]);
/*(2)*/  printf("(2)a[2][3]=%d\n",*(*(a+2)+3));
/*(3)*/  printf("(3)a[2][3]=%d\n",*(a[2]+3));
/*(4)*/  printf("(4)a[2][3]=%d\n",(*(a+2))[3]);
/*(5)*/  printf("(5)a[2][3]=%d\n",*(a[0]+13));
/*(6)*/  printf("(6)a[2][3]=%d\n",*((*a)+13));
/*(7)*/  printf("(7)a[2][3]=%d\n",*(&a[2][2]+1));
/*(8)*/  printf("(8)a[2][3]=%d\n",*(&a[2][4]-1));
/*  ...  */
}
```

程序运行情况如图 9.3 所示。

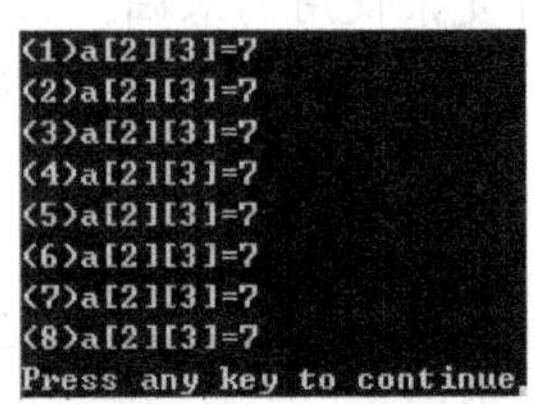

图 9.3 程序运行结果 3

说明：

(1) 第(1)种方法通过二维数组及其两个下标来访问指定元素。

(2) 第(2)种方法二维数组名 a，先后移 2，即(a+2)得到指向第 3 行(一维数组)的指针，再通过*(a+2)得到指向第 3 行的第 1 列元素的指针，再通过对这个指针的后移 3，即(*(a+2)+3)，得到指向第 3 行第 4 列元素的指针，再间接访问到第 3 行第 4 列的元素值，即*(*(a+2)+3)。

(3) 其中(3)、(4)是(2)的变形，(5)通过指向a[0][0]的指针 a[0]做后移得到指向 a[2][3]的指针。(6)是(5)的变形形式。(7)和(8)通过其相邻元素指针的前移或后移得到指向 a[2][3]的指针。按照(7)和(8)的思路，还可以写出很多类似的访问方法。

(4) 不管变化多么复杂，最根本的还是指针的基本概念。即要明确 a 是一个指向数组 a 首元素 a[0](一维数组)的指针，而 a[0]又是一个指向它的首元素(a[0][0])的指针。这是理解数组和指针的关键之处，请读者再仔细考虑。

(5) 请读者再思考，表达式 a 和表达式 a[0]的值是否相同，各自的含义是什么？

【例 9-4】 使用指向一维数组的指针。

```
#include <stdio.h>
void main(void){
 int a[2][5]={{1,2,3,4,5},{0,9,8,7,6}};
 int (*p)[5];  /* 声明 p 是一个指向长度为 5 的一维数组的指针 */
 p=a+1;
 /* 让 p 指向二维数组 a 中的第 2 个元素，即第 2 行（长度为 5 的一个一维数组）*/
 printf("%d\n",*(*p+2));  /* 通过 p 访问二维数组中的 a[1][2] */
 printf("%d\n",(*p)[2]);   /* 通过 p 访问二维数组中的 a[1][2] */
}
```

程序运行结果如图 9.4 所示。

图 9.4　程序运行结果 4

说明：

(1) p 指向 a[1]，即 p 指向了一个长度为 5 的一维数组 a[1]。表达式*p(间接访问)相当于表达式 a[1]，这是指针的基本概念。所以表达式*(*p+2)就相当于表达式*(a[1]+2)，也相当于表达式 a[1][2]和(*p)[2]。

(2) 指针可以当作数组名来使用，如(*p)[2]，其中(*p)就是一个指针(它相当于 a[1])，它指向二维数组第 2 行的首元素(第 1 个元素)，此时，(*p)[2]的含义就与 a[1][2]的含义一样。

(3) 当然，数组名也可以当作指针来使用(但数组名是一个常指针，不能修改其值)。因此，数组与指针经常混合起来使用，给初学者带来理解上的障碍。但我们还是认为，理解指针的基本概念最为关键，它是理解指针复杂使用的基础。

(4) 类似地，可以使用指向二维数组以及指向多维数组的指针等。

9.1.3　指向指针的指针

实际上，我们已经多次遇到指向指针的指针。如 int a[2][5];数组名 a 就是一个指向它的首元素 a[0]的指针，而 a[0]本身也是一个指向它的首元素 a[0][0]的指针。因此，a 就是一个指向指针的指针。

【例 9-5】 使用指向指针的指针。

```
#include <stdio.h>
void main(void){
 int a=10;
 int *pa=&a;
 int **q=&pa;

 printf("a=%d\n",a);
 printf("Address of a is %p\n",pa);
 printf("Adress of pa is %p\n",q);

 printf("a=%d\n",*pa);
 printf("a=%d\n",**q);
 printf("*q=%p\n",*q);
}
```

程序运行结果如图 9.5 所示。

图 9.5　程序运行结果 5

说明：

(1) pa 指向变量 a，指针 q 指向指针 pa，所以 q 就是一个指向指针的指针。

(2) 本例中，表达式 p 的值与*q 的值相同。

(3) 关于指向指针的指针的使用，关键还是在于指针的基本概念。类似地，可以使用多级指针。

9.1.4　指向字符串的指针

使用字符串的一种重要方法就是通过指向它的指针(另一种方法就是通过前面所讲的字符数组)。所以，熟练使用指针来处理字符串是学习和使用指针必须掌握的。

指向字符串的指针

【例 9-6】 通过指针使用字符串。

```
#include <stdio.h>
char string[3][20]={"read error","write error","other error"};
void main(void){
 char (*p)[20];
 for(p=string;p<string+3;p++)
     printf("%s\n",*p);
}
```

程序运行情况如图 9.6 所示。

```
read error
write error
other error
Press any key to continue
```

图 9.6　程序运行结果 6

说明：

(1) p 是一个指向长度为 20 的一维字符数组的指针。p=string;是 p 指向 string[0]，string[0]指向第一个字符串"read error"。

(2) 注意在 printf("%s",*p);中的*p 的写法，这里的*p 是一个指向某一个字符串的指针，输出的是它所指的字符串，而不是指针值(地址)本身。这点在教材中也有说明，请读者自行参考。

(3) 可以通过 p 来访问二维字符数组中的某个字符，如要输出第 3 个字符串中的第 3 个字符'h'，则可以设计程序如下：

```
#include <stdio.h>
char string[3][20]={"read error","write error","other error"};
void main(void){
 char (*p)[20];
 p=string;
 printf("%c", *(*(p+2) +2) );
}
```

9.2　上机实践：指针基础

指针是 C 语言程序的核心，也是比较难以掌握的重要内容。读者要深入理解和应用指针，必须上机做大量的实践训练。我们在教材中和本指导书中列举了大量的典型例题，希望都能进行上机实践，并好好理解和掌握。

9.2.1　实验目的

(1) 理解和掌握指针的基本概念。

(2) 理解和掌握 C 语言定义和使用指针的基本方法。

(3) 熟悉指向各种基类型指针的基本使用方法。

(4) 加深对指针基本概念的理解，帮助学生应用指针处理字符串的操作，提高运用指针处理字符串的能力。

9.2.2　实验学时

2~3 学时。

9.2.3　实验内容和步骤

下面也给出几个上机实践题，作为本章学习的上机实践，其中，实践题 1 为必做题，其他为选做题，希望大家认真完成。

实践题 1

编写函数，char* InsertStr(const char* s1, const char* s2, unsigned int start)，将 s1 所指的字符串插入到 s2 所指的字符串的 start 处。将结果串指针返回，不修改原来的两个串。

(1) 基本要求：结果串存储在动态分配的地址空间中，不修改原来的两个串值，函数返回结果串的指针。

(2) 测试数据：设串 1 为"Tsinghua University"，串 2 为"I love"，插入位置为 8，结果串为"I love Tsinghua University"。

【提示】

参考实践题 2～7 的基础上，自行思考并设计完成。

实践题 2

上机测试如下程序，分析程序运行结果。

```
#include <stdio.h>
int main(void){
    int a[3][4]={{1,2,-3,4},{5,-6,7,-8},{9,0,1,-12}};
    int *p;
    int (*q)[4];
    for(q=a;q<a+3;q++){
        for(p=(*q)+3;p>=(*q);p--)
            printf("%d ",*p);
        printf("\n");
```

```
    }
    return 0;
}
```

实践题3

完成函数void fun(char *s)，其功能是：将s所指字符串中所有下标为偶数位置的字母转换为小写(若该位置上不是字母，则不转换)。如，字符串为"ABC4efG"，则转换为"aBc4efg"。

```
#include <stdio.h>
#include <string.h>
void fun(char *s){
 int lenofs,i;
 lenofs=strlen(s);
 for(i=0;i<=lenofs-1;i+=2)
     if(s[i]>='A'&&s[i]<='Z')
         s[i]+=32;
}
void main(void){
 char s[]="AaBFbcHHHxyzF";
 fun(s);
 puts(s);
}
```

实践题4

使用指针的方法，编写函数void fun(char* s)，实现将字符串中出现的所有'F'删除，并设计程序调用之。

```
#include <stdio.h>
#include <string.h>

void fun(char *s){
 int i,j,lenofs=strlen(s);
 for(i=0;i<=lenofs-1;i++){
     if(*(s+i)=='F'){
         for(j=i+1;j<=lenofs;j++)
             *(s+j-1)=*(s+j);
        lenofs--;
         i--;  /* 删除一个'F'后，前移过来的第一个字符可能又是'F'*/
     }
   }
}
void main(void){
 char s[]="abcdFFxyzF";
 fun(s);
 puts(s);
}
```

实践题5

编写函数void fun(char *s, char t[ ])，其功能是：将s所指字符串中下标为奇数的字符删除，串中剩余字符形成的新串放在t数组中。如当s所指字符串为"siegAHdied"时，则在t数组中的内容应是seAde。

```
#include <stdio.h>
#include<string.h>
void fun(char *s,char t[]){
 int i,lenofs,cur=0;
 lenofs=strlen(s);
for(i=0;i<lenofs;i+=2)
      t[cur++]=s[i];
 t[cur]='\0';
}
void main(void){
 char s[]="abcdefg",t[10];
 fun(s,t);
 puts(t);
}
```

说明：程序中没有真的删除串 s 中的相关字符，只是将其中的偶数下标字符提取至 t 中。如要真的要删除 s 中的字符，每次删除一个字符都需要前移该字符后的各个字符，请读者自行思考完成。

实践题 6

编写函数 void fun(char * pstr[], int n)，其功能是：用冒泡法对 n 个字符串按从小到大的顺序进行排序。

【提示】

参考教材或指导书中的例题。

实践题 7

编写函数 void fun(char str[][10], int m, char *pt)，其功能是：将 m(1≤m≤10)个字符串反着连接起来，放入 pt 所指字符串中。如把 3 个串"DEF"、"ac"、"df"反着串接起来，结果是"dfacDEG"。

```
#include <stdio.h>
#include <string.h>
void fun(char str[][10],int m,char *pt){
 int i,len,k,lenofpt=0;
 for(i=m;i>=1;i--){
     len=strlen(str[i-1]);
         for(k=0;k<=len-1;k++)
         pt[lenofpt+k]=str[i-1][k];
     lenofpt+=len;
     pt[lenofpt]='\0';
 }
}
void main(void){
 char str[][10]={"abc","xy","lmn","123"},pt[100];
int m=sizeof(str)/sizeof(str[10]);
 fun(str,m,pt);
puts(pt);
}
```

第10章　数组、函数和指针的高级应用

在前面的章节中已经学习了数组、函数和指针的基本概念和它们的初步使用方法。实际上，这三者之间关系是交错在一起的，它们的使用也通常混合在一块。所以，在没有讲完这三章之前，任何单独一章的学习，都没法体会到它的高级使用。在数组、函数和指针的基本概念和基本使用方法讲完之后，我们就可以真正的更好的讲解和讨论它们各自的高级应用和它们之间的综合应用了。本章重点在于理解和掌握函数的递归定义方法、变量的存储类型、函数与数组、函数与指针、指针与数组等的关系及其综合使用方法。这部分内容，对于C程序设计的学习者，尤其是C程序的开发者来说，是非常重要的。下面就其中重要的几点，再做讨论、分析和思考，希望读者能理解和掌握其中的含义、思想和本质，做到融会贯通，从而达到举一反三的效果。

10.1　学习指导

10.1.1　函数的递归定义

【例 10-1】 定义递归函数 int max(int a[],int n)，返回数组 a 中 n 个元素的最大值。

分析：给定 n 个数组元素，求其最大值，可以直接采用“擂台法”进行，但题目要求采用递归函数来实现。要定义递归函数，关键在于构造一个递推的过程和寻找递推终止的条件。可以构造如下公式：

$$\text{a 中 n 个元素的最大值}=\begin{cases}\text{a 中前 n-1 个元素的最大值与 a[n-1]的最大者，}n\neq 1\text{ 时}\\ \text{a[0]，}n=1\text{ 时}\end{cases}$$

所谓递归的调用，就是一个函数在函数体中再次调用本身这个函数的过程。这个递归的调用过程并不会产生“悖论”，因为它存在一个调用的结束条件，且能保证最后能达到这个终止条件，使递归调用过程趋向结束。

```
#include <stdio.h>
int maxofarray(int a[],int len){
if(len==1)
     return a[0];
 else
    return a[len-1]>maxofarray(a,len-1)?a[len-1]:maxofarray(a,len-1);
}
void main(void){
```

```
    int b[]={12,2,3,4,5,16,1,8,9,7};
    int size=sizeof(b)/sizeof(int);
    printf("Max=%d\n",maxofarray(b,size));
}
```

程序运行情况如图 10.1 所示。

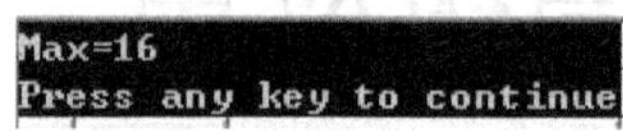

图 10.1　程序运行结果 1

说明：

(1) 递归函数的特点在于在函数的实现过程中(函数体)又调用了本身这个函数，而在子函数的执行过程中会再次调用本身，直到遇到递归终止条件为止。

(2) 递归函数的每向下一层的调用，使得所要解决的问题的规模逐步衰减，直到递归结束。

(3) 本例中，开始求数组中 n 个元素的最大值，在求的过程中，要用到求数组中 n−1 个元素的最大值，而这个问题和求 n 个元素最大值的问题在本质上是一样的，只是规模不同(在减少)。因此，可以使用调用本身这个函数的方法来解决，如此反复，直到 n 为 1 时，直接求得一个元素的最大值为止。

(4) 递归函数的使用一般都比非递归方法思路清晰明了，而且有些问题采用非递归方法解决非常困难，甚至无法解决。所以，请读者一定要注意递归函数设计的重要性，逐步学会定义递归函数解决一些简单的问题。当然，递归函数并非能解决所有的问题。

(5) 请参看教材中一些典型递归函数的例子。

【例 10-2】 编写递归函数，将十进制无符号整数转化为对应的二进制数。

分析：实现将十进制数转化为二进制数的方法很多，如果采用递归函数实现，也有很多方法，这里给出一种递归的方法，即把转化结果作为一个长整数来看待，这样就要把无符号整数 n 转化为二进制长整数，这样就存在如下递推关系：

$$\text{无符号整数n的转化结果}=\begin{cases} n\%2+(n/2)\text{的转化结果}\times 10, & n\neq 1\text{ 时} \\ 1, & n=1\text{ 时} \end{cases}$$

```
#include <stdio.h>
long DtoB(unsigned n){
    long result;

    if(n==1)  result=1;
    else    result=n%2+DtoB(n/2)*10;
    return result;
}
void main(void){
    int m;
    printf("Please enter m:");
    scanf("%d",&m);

    printf("Binary form of %d is %ld.\n",m,DtoB(m));
}
```

程序运行情况如图 10.2 所示。

```
Please enter m:8
Binary form of 8 is 1000.
Press any key to continue
```

图 10.2 程序运行结果 2

说明：

(1) 实际上采用递归的方法来输出十进制数 n 的转化结果，方法还有很多，如直接输出字符'0'或'1'或者数值 0 或 1；或者可以将转化结果中的各个 0 或 1，存储至一个数组中，数组可以作为函数的参数或者作为全局数组等。请读者自行思考设计程序。

(2) 从本例也可以看出，递归的方法解决问题，更能深入问题的本质，抓住问题的关键，能更好地理解解决问题的方法。

(3) 当然，采用递归的方法解决问题，需要经验和相关知识的积累，初学者只要能搞清楚其实现机制，能用递归的方法解决一些简单的或很常见的问题即可。

10.1.2　数组作为函数参数的使用

数组与函数的关系非常紧密。比如，数组元素或数组都可以作为函数的参数(形参与实参)、函数内部可以定义和使用数组等。

当数组作为函数的形参时，实参可以是数组名或指针；数组也可以作为函数的实参，此时对应函数的形参可以是数组或指针。在学完“指针”一章之后，可以对此有更深的理解。

【例 10-3】 编写函数求一维数组中元素的最大值。

```
#include <stdio.h>
int max(int a[],int n){
    int k,max=a[0];
    for(k=1;k<n;k++)  if(a[k]>max) max=a[k];
    return max;
}

void main(void){
 int data[]={1,2,3,-5,34,6,7};
 int size=sizeof(data)/sizeof(int);

 printf("max=%d\n",max(data,size)); /* max(&data[0],size) */
}
```

程序运行结果如图 10.3 所示。

```
max=34
Press any key to continue
```

图 10.3　程序运行结果 3

说明：

(1) 函数 max()的第一个形参为数组，调用该函数时，传入的实参为数组名 data。当然，实参类型也可以是指针类型：max(&data[0],size)。

(2) 如果将 main()中的函数调用 max(data,size)改为 max(data,data[5])，则求到的是数组中前 6(data[5]的值为 6)个元素的最大值。即数组元素也可以作为函数的实参使用。

(3) 当函数的形参为一维数组时，可以省略数组的第一维大小。

【例 10-4】 编写函数，将二维数组中各列元素的最大值存储至另一个一维数组中。

分析： 将二维数组和存储各列最大值的一维数组作为函数的两个形参。先初始化该一维数组的各元素值为各列中的第一个(即第一行)元素值，再通过“擂台法”比较求得各个最大值，分别存储至该一维数组中。

```
#include <stdio.h>
void col_max(int a[][4],int m,int result[4]){
    int col,row,k;
    for(k=0;k<4;k++) result[k]=a[0][k];
    /* 初始化一维数组 result 的各元素值为每列中的第一个 */

    for(col=0;col<4;col++)
        for(row=0;row<m;row++)
            if(a[row][col]>result[col]) result[col]=a[row][col];
}

void main(void){
    int data[3][4]={{1,2,3,4},{2,3,4,5},{3,4,5,6}};
    int size=sizeof(data)/sizeof(data[0]);
    int r[4],k;   /* 一维数组 r 存储各列的最大值 */

    col_max(data,size,r); /* 本例等价于 col_max(data,3,r) */
    for(k=0;k<4;k++)
        printf("The biggest in column %d is %d\n",k+1,r[k]);
}
```

程序运行情况如图 10.4 所示。

```
The biggest in column 1 is 3
The biggest in column 2 is 4
The biggest in column 3 is 5
The biggest in column 4 is 6
Press any key to continue
```

图 10.4　程序运行结果 4

说明：

(1) 函数 col_max()的第一参数为二维数组 a，可以省略它的第一维长度，但不能省略它的其他维的长度，这点可以推广到多维数组。此处，用第二个参数 m 表示它的第一维大小，这样可以增强该函数的通用性，即二维数组的第一维大小可以通过实参 size 传入。

(2) 调用函数 col_max()时，第一个实参为二维数组名，第三个参数为一维数组名。

(3) 为了使程序更为通用，先用 size 自动算出二维数组 data 的行数。data[0]为数组 data 的一个元素，通过表达式 sizeof(data)/sizeof(data[0])可以算出二维数组的元素个数，即行数。

【例 10-5】 编写函数，根据指定的开始位置，取一个字符串的一个子串。如字符串"abcdefg"，指定子串的开始位置为 3，则取得的字符串为"cdefg"。

分析： 函数的参数不但可以是数值型数组，也大量使用字符数组，即函数经常可以用来处理字符串。将原始字符串和结果串作为函数的两个参数，指定的开始位置也作为函数的参数。可以采用逐个字符复制的方法实现。

```
#include <stdio.h>
#include <string.h>
```

```
#include <stdlib.h>
void substring(char name[20],int start,char subname[20]){
 int k,len;
 len=strlen(name);

 if(start<1||start>len){  /* 检查起始位置的合法性 */
     printf("Error start!\n");
     exit(1);
 }

 for(k=start-1;k<=len;k++)  /* 逐个复制各个字符，包括结束标记字符 */
     subname[k-(start-1)]=name[k];
}

void main(void){
  char str[20]="Beijing Uni.",sub[20];
  int n=4;
  substring(str,n,sub);
  puts(sub);
}
```

程序运行情况如图 10.5 所示。

```
jing Uni.
Press any key to continue
```

图 10.5　程序运行结果 5

说明：

(1) 字符数组(字符串)也经常用作函数的形参，函数体内需要对字符数组进行处理。

(2) 逐个复制各个字符时，不要丢掉作为字符串结束标记字符'\0'的复制。

(3) 在复制之前，有必要对参数 start 进行合法性的检查，以增强函数的健壮性。

(4) 也可以采用其他方法求解本例。如采用字符串处理函数的组合来实现。

10.1.3　变量的存储类型与程序的多文件结构

C 语言中变量有各种不同的存储类型，不同存储类型的变量，其性质是完全不同的。程序员书写程序时，必须弄清各种不同存储类型变量的不同特性，并加以巧妙使用。

【例 10-6】 设计函数，求二维数组的最大值和最小值。

分析：可以声明全局变量 Max 和 Min 来存储要求的最大值和最小值。

```
#include <stdio.h>
int Max,Min;  /* 全局变量 */
void Max_Min(int a[][4],int row){
 int i,j;
 Max=Min=a[0][0]; /* 使用全局变量 */

 for(i=0;i<row;i++)
     for(j=0;j<4;j++){
         if(a[i][j]>Max) Max=a[i][j];
         if(a[i][j]<Min) Min=a[i][j];
        }
```

```
}

void main(void){
 int data[3][4]={{1,2,3,4},{2,3,4,5},{3,4,5,6}};
 int size=sizeof(data)/sizeof(data[0]);

 Max_Min(data,size);

 printf("Max=%d, Min=%d\n",Max,Min); /* 使用全局变量 */
}
```

程序运行结果如图 10.6 所示。

```
Max=6, Min=1
Press any key to continue
```

图 10.6　程序运行结果 6

说明：

(1) 全局变量可以被所有函数使用，一旦它的值在某个函数中被改写，则另一个函数访问它时得到的是改写值。

(2) 函数 Max_Min()求得二维数组的最大值和最小值后，在 main()中就可以访问求得的 Max 和 Min 值。

(3) 一般来讲，全局变量在多个函数之间架设起沟通的桥梁，但过多地使用全局变量，会使各个函数之间的内聚性降低，耦合性增强，这是不好的。

(4) 在一个程序文件中定义的全局变量，要在同一程序的另外一个程序文件中使用时，应在使用它的程序文件中所有函数体内部或外部对所使用的全局变量用 extern 说明(外部变量)。有关外部变量的例子，可以参看教材。

(5) 在同一个文件中全局变量与局部变量同名时，则在局部变量的作用范围内，全局变量不起作用。

【例 10-7】 编写程序，统计某函数被调用的次数。

分析：可以在被调用的函数中设置一静态局部变量 num，由它记录函数被调用的次数，即每调用函数一次，num 值加 1。

```
#include <stdio.h>
int count(void){
    static int num=0;  /* 静态变量如没有初始值，则自动初始化为 0 */
    num++;
    return num;
}
void main(void){
 int i;
 for(i=0;i<10;i++)
   printf("%-3d",count());
}
```

程序运行结果如图 10.7 所示。

```
1  2  3  4  5  6  7  8  9  10 Press any key to continue
```

图 10.7　程序运行结果 7

说明：

(1) 由于静态局部变量的生命期与整个程序一致，因此，在调用函数后，该静态局部变量仍然存储，下次调用时，就可以使用这个变量的最新值。根据这个特性，每次调用函数 count 之后，num 增加 1。

(2) 当然，也可以通过全局变量的方法来获得函数被调用的次数，但全局变量会打开在多个函数之间带来副作用的门户。

(3) 不能在定义静态局部变量之外的函数直接访问静态局部变量，因为它是局部的。各程序运行期间不再被重新分配，所以其生存期是整个程序运行期间。

(4) 静态局部变量的赋初值的时间在编译阶段，并不是每发生一次函数调用就赋一次初值。当再次调用该函数时，静态局部变量保留上次调用函数时的值。

(5) 类似地，全局静态变量、全局函数、静态函数等也有相似的含义，请参看教材的详细说明和例子分析。这里不再举例加以讨论。

【例 10-8】 多文件程序示意图如图 10.8 所示。

```
/* fun.c */
#include <stdio.h>
/* extern */ void fun1(void)
{
   printf("fun1 is called.\n");
}
void fun2(void)
{
   printf("fun2 is called.\n");
}
```

(a)

```
/*   main.c */
#include <stdio.h>
#include"fun.c"
void main(void)
{
   printf("In main:\n");
   fun1();
   fun2();
}
```

(b)

图 10.8　多文件程序示意图

程序运行情况如图 10.9 所示。

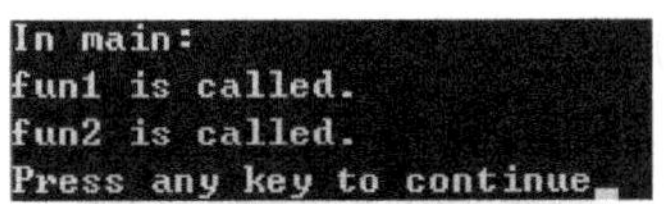

图 10.9　程序运行结果 8

说明：

(1) 对于一些稍微复杂的程序，可能会由几个程序文件组成，这时需要注意几个文件的相互联系。多个文件分别编译，经过多个目标文件链接之后，产生一个可执行程序。

(2) 注意，在不同的开发环境平台下，建立多文件工程的过程稍有不同，至少要学会在一种环境下开发多文件工程的方法，其他开发环境类似。

(3) 在多文件工程中，往往需要使用编译预处理指令，如为了防止头文件 file1.h 内容在多个文件中被重复包含，可以使用编译预处理指令：

```
#ifndef FILE1.H
#define FILE1_H
   头文件内容
#endif
```

初学者一般较少使用这种多文件的程序结构，需要时可以查看相关资料。

(4) 在隐含情况下，函数都为外部函数，所以在定义函数时，函数返回值类型前的 extern 说明可以省略。但如果将函数说明为 static(静态)函数，则其他文件中的函数就不能调用该静态函数。这些内容请读者上机实践。

10.1.4　指向函数的指针

指针不但可以指向一般的数据类型，比如，指针的基类型可以是数值型，也可以是字符型，也可以指向结构类型，也可以又是指针型等。除此之外，指针还可以指向函数，即指向函数的指针。指针指向不同的具体函数，可以给程序带来很大的“柔性”。

指针指向函数，通过该指针就可以调用函数。由于指针可以指向多个同类型的函数(参数类型相同、返回值类型相同的函数)，因此，借助指针即可实现调用不同的函数，这就是使用指向函数指针的妙处所在。

【例 10-9】 指向函数指针的使用。

```
#include <stdio.h>
void fun1(void){
 printf("fun1 is called.\n");
}
void fun2(void){
 printf("fun2 is called.\n");
}
void main(void){
 void (*p_fun)(void);
 p_fun=fun1;
 (*p_fun)();
 p_fun=fun2;
 (*p_fun)();
}
```

程序运行情况如图 10.10 所示。

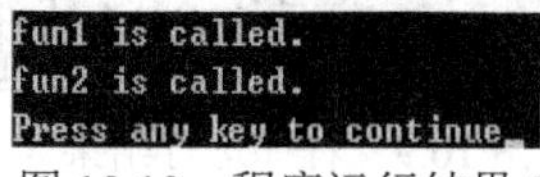

图 10.10　程序运行结果 9

说明：

(1) 指向函数的指针变量 p_fun 指向不同的函数，这样就可以统一用一个指针 p_fun 来调用不同的函数，这就是指向函数的指针的作用所在，请读者加以理解。特别是，指向函数的指针 p_fun 作为另一个函数的形参时，根据传递给 p_fun 不同的实参(函数名)，即可使用不同的函数。其他例子请参看教材。

(2) 请注意，指向函数指针的声明方法以及如何通过指向函数的指针调用它所指函数(可以带参数或不带参数)的方法。

(3) 函数名本身就是一个指向函数的指针。

10.1.5　指针作为函数的参数以及返回指针的函数

指针可以作为函数的形参，当函数处理的对象是字符串时，经常要用指针指向要处理的字符串。函数也能返回指针类型，这在字符串处理函数中也经常用到。

【例 10-10】 编写函数，实现将两个字符串合并，即将第二个字符串连接在第一个字符串之后，并将结果串返回。

分析： 要合并的两个字符串作为函数的参数，函数返回指向结果串的指针。

```
#include <stdio.h>
#include <malloc.h>
#include <string.h>

char* stringcat(const char* s1,const char* s2){
char* result=(char*)malloc(sizeof(char)*100);/*产生接受结果串的存储空间 */
    unsigned int k,i;
    for(k=0;k<strlen(s1);k++)   /* 将第一串复制到结果串中 */
        result[k]=s1[k];
    for(i=0;i<strlen(s2);i++)   /* 将第二串复制到结果串中 */
        result[k+i]=s2[i];
    result[strlen(s1)+strlen(s2)]='\0';/* 在结果串的最后打上结束标记字符 */
    return result;                    /* 返回指向结果串的指针 */
}
void main(void){
    char *str1="abcde",*str2="xyz";
    char* r=stringcat(str1,str2);
    printf("The result string is %s.\n",r);
}
```

程序运行结果如图 10.11 所示。

```
The result string is abcdexyz.
Press any key to continue
```

图 10.11　程序运行结果 10

说明：

(1) 将两个源串都加上限定词 const，即函数不改变原来两串的内容，这样，就需要有存储结果的空间，这里使用了动态存储分配的方法来获取存放结果串的存储空间，result 存储其首地址。

(2) 本例采用了逐个字符复制的办法实现两串的合并，但不要忘了要将第二个串的结束标记字符也复制过去。

(3) 类似地，可以写出其他有关字符串处理的函数。

(4) 一般地，函数返回指针，不能返回局部变量的指针。可以返回全局变量、静态局部变量的指针以及动态存储分配的地址等。

【例 10-11】 编写函数，求二维数组的最大元素值，函数返回最大值的指针，同时由两个作为函数参数的指向整型的指针分别指向最大元素所在的行号和列号。

分析： 可以通过“擂台法”进行求最大元素的操作，在比较的过程中，随时记录当前最大元素(当前“擂主”)的行号和列号。

```
#include <stdio.h>
int* Maxaddress(int a[][5],int n,int* Rindex,int *Cindex){
  int i,j;
  *Rindex=*Cindex=0;
  for(i=0;i<n;i++)
      for(j=0;j<5;j++)
          if(a[i][j]>a[*Rindex][*Cindex]) {
              *Rindex=i;
              *Cindex=j;
          }
          return &a[*Rindex][*Cindex];
}
void main(void){
 int data[3][5]={{1,2,3,4,5},{4,5,6,7,18},{34,21,56,66,0}};
 int row,col;
 int *p_max=Maxaddress(data,3,&row,&col);
 printf("Max=%d\n",*p_max);
 printf("The row of the max is %d\n",row+1);
 printf("The col of the max is %d\n",col+1);
}
```

程序运行情况如图 10.12 所示。

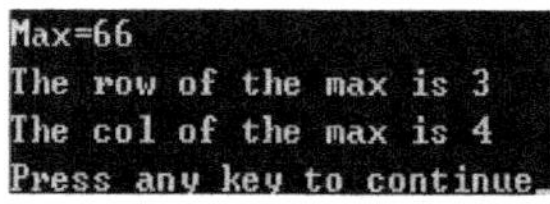

图 10.12　程序运行结果 11

说明：

(1) 两个指针变量 Rindex 和 Cindex 指向当前最大元素的行下标和列下标。调用函数时，通过 row 和 col 得到行下标和列下标。请注意实参的写法和含义。

(2) 函数的第一个形参为二维数组，对应的实参为二维数组名，实际上，二维数组名就是一个指向一维数组(长度为 5)的指针。

【例 10-12】 使用 void *型指针。

```
#include <stdio.h>
static int c=0;
void *Fun(int a,int b){
 c=a+b;
 return &c;
}

void main(void){
 int x=10,y=20;
 int *p=(int*)Fun(x,y);
 printf("sum=%d\n",*p);
}
```

程序运行情况如图 10.13 所示。

```
sum=30
Press any key to continue
```

图 10.13　程序运行结果 12

说明：

(1) C 语言中新增加一种 void* 指针类型，即可以定义一个指针，但不指定它指向哪一种类型，即可指向任一类型数据，在将它的值赋给另一指针变量时要进行强制类型变换。如 char * p1; void *p2; p1=(char*)p2;　/* 也可用 p2=(void*)p1 */。

同理，也可将一个函数定义为 void*型，例如 void* fun(ch1,ch2);表明函数返回一个指针，但它指向“空类型”，如果需要引用它，也需进行强制类型变换。例如 p1=(char*)fun(c1,c2);。

(2) 指针的使用十分灵活。程序员可以利用它编写出颇有特色的、质量优良的程序，但应用时也易于出错，并且这种错误难以察觉，因此有人说指针有利有弊，甚至是“程序员的杀手”，因此使用指针要小心谨慎。

10.1.6　多文件结构的 C 程序编译、链接与运行

如果 C 程序由多个源程序文件组成，则应当对多个文件分别进行编译，得到多个.obj 文件(目标文件)，再将这些目标文件以及库函数、包含文件等进行链接，得到最后的一个可执行文件.exe。不同平台的具体做法思想大致相同，仅具体做法略有不同，早期的 Turbo C++会比较麻烦一点，Dev C++和 VC++都比较简单，下面以 VC++平台为例做简单的描述。

VC++下的多文件 C 程序的编译、链接和运行，也是通过一个工程文件实现的。

(1) 选择“文件”→“新建”命令，再选择“新建”对话框中的“工程”选项卡，选择工程类型为 Win32 Console Application (控制台应用程序)，填写工程名以及要存储的位置，如图 10.14 所示。

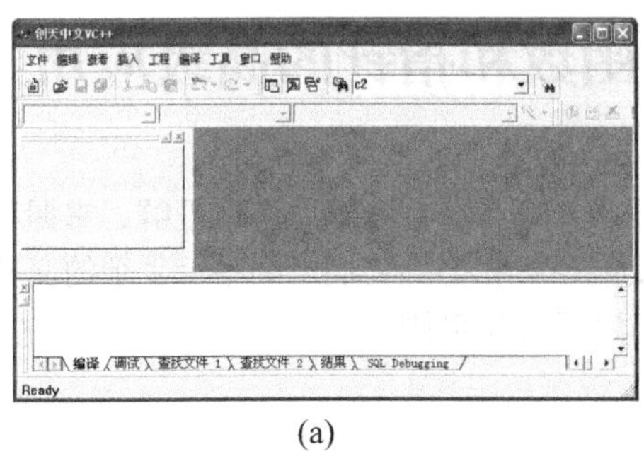

(a)

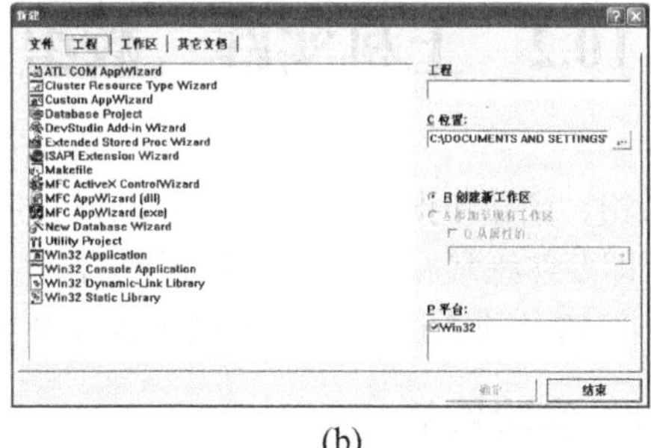

(b)

图 10.14　创建工程文件

(2) 单击“确定”按钮，得到一个空的工程文件，如图 10.15 所示。

(3) 再通过执行“工程”→“添加工程”→“新建”命令，打开“新建”对话框中的“文件”选项卡，如图 10.16 所示。

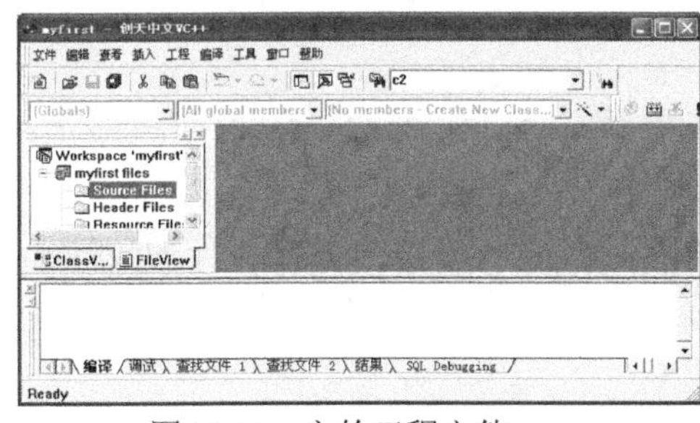

图 10.15　空的工程文件

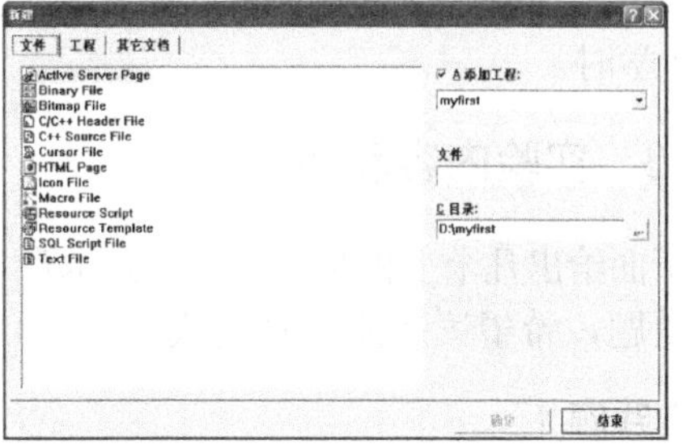

图 10.16　“文件”选项卡

(4) 选择文件类型为 C++ Source File，再给新创建的文件取名，即可将这个文件加入到工程中，如图 10.17 所示。

(5) 采用同样的方法，再创建另一个文件，并加入到工程中，如图 10.18 所示。

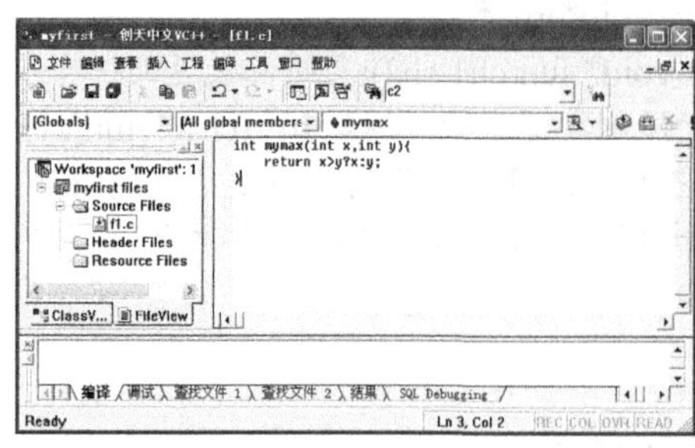

图 10.17　将文件加入到工程中

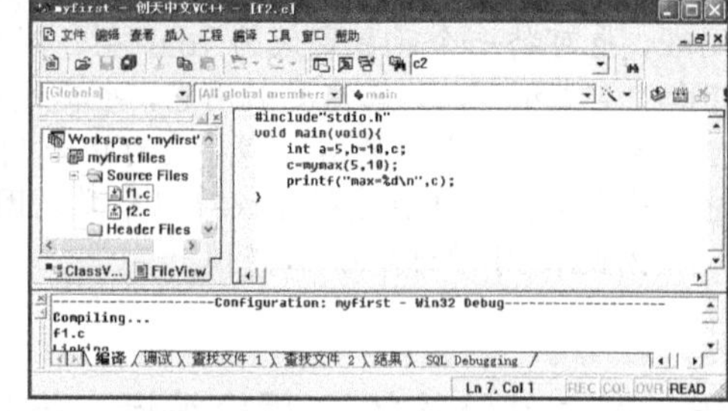

图 10.18　再新建一个文件并加入工程中

(6) 直接编译各个源文件，连接创建可执行程序，直至运行可执行程序，如图10.19所示。

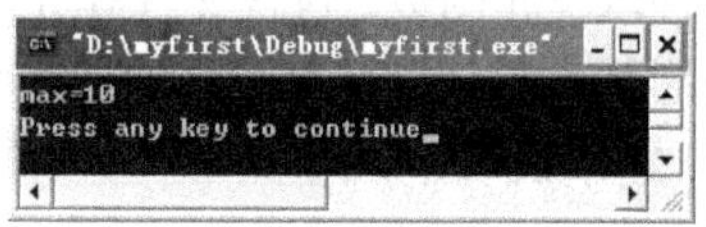

图 10.19　运行可执行程序

实际上，在 VC++上还可以采用其他方法创建多文件结构的程序，在这里不再叙述。

10.2　上机实践：数组、函数和指针的高级应用

数组、函数和指针构成了 C 程序设计的最重要组成部分，应该熟练地理解、掌握和使用它们。即要熟练掌握各自的基本使用方法，也要能理解和把握它们之间错综复杂的交叉使用方法。但这必须通过大量的上机实践环节来加深理解和巩固。

10.2.1　实验目的

(1) 进一步理解和掌握数组、函数和指针的基本概念、相互关系及其基本使用方法。

(2) 加深对函数定义、数组作为函数的形参、递归函数的定义与实现等函数基本概念的理解，帮助学生提高使用函数解决实际问题的能力，加强对递归函数的理解和使用。

10.2.2　实验学时

2 学时。

10.2.3　实验内容和步骤

下面给出几个上机实践题，作为本章学习的上机实践，其中实践题 1 作为必做题，其他为选做题，希望读者能认真完成。

实践题 1

(1) 完成函数 int BinarySearch(int R[],int n,int　key)，函数实现的功能：查找关键词 key 在

数组 R 中的位置(下标)，若 key 在 R 中，函数 key 在 R 中的下标值，否则返回-1。数组 R[]中的 n 个元素升序有序(即 R[0]≤R[1]≤...≤R[n-1])。并设计测试主函数调用该函数。

(2) 将该函数改为递归函数实现，并设计测试主函数调用该函数。

基本要求：能实现函数的两种定义方法，完成测试程序，得到正确的结果。

测试数据：由自己设计数据集来完成。

```
1.
#include<stdio.h>
int BinarySearch(int R[],int n,int  key){
    int low=0,high=n-1,mid;
    while(low<=high){
            mid =(low+high)/2;
            if(key==R[mid]) return mid;
            if(key<R[mid])  high=mid-1;
          else low=mid+1;
    }
   return -1;
}
void main(void){
    int a[]={10,20,30,40,50,60,70,80,90,100};
    printf("The index of x is %d\n",
                 BinarySearch(a,sizeof(a)/sizeof(int),50) );
}

2.
int BinarySearch(int R[],int low,int high,int key){
  if(low>high) return -1;
  else{
     int mid=(low+high)/2;
    if(key==R[mid]) return mid;
     if(key>R[mid]) return BinarySearch(R,mid+1,high,key);
     else return BinarySearch(R,low,mid-1,key);
  }
}
void main(void){
    int a[]={10,20,30,40,50,60,70,80,90,100};
    printf("the index of x is %d\n", BinarySearch(a,0,9,50) );
}
```

实践题 2

编写函数 int* fun(int grade[], int n)，其功能是：将存储在 grade 中的 n(n≥3)个学生的成绩的前 2 名成绩(包括相同成绩的情况)存放在一个动态分配的连续存储区中，函数返回此存储区的首地址。

```
#include <stdio.h>
#include <stdlib.h>

int* fun(int grade[],int n){
      int *p,i,no1,no2,temp;
      p=(int*)malloc(2*sizeof(int));
```

```
        if(grade[0]>grade[1]){ no1=grade[0]; no2=grade[1]; }
        else{ no1=grade[1]; no2=grade[0]; }

        for(i=2;i<n;i++){
            if(grade[i]>no1) { temp=no1; no1=grade[i]; no2=temp; }
            if(grade[i]==no1){ no1=no2=grade[i]; }
            if(grade[i]>no2 && grade[i]<no1)  no2=grade[i];
        }

        p[0]=no1; p[1]=no2;

        return p;
    }

    void main(void){
        int grade[]={60,92,80,55,90,89,45,58,92,44};
        int *pp=fun(grade,sizeof(grade)/sizeof(int) );
        printf("no1=%d,no2=%d\n",pp[0],pp[1]);
    }
```

实践题 3

编写函数 void Fun(int a[3][4],int b[12])，实现将二维数组 ***a*** 中的各元素按行列的先后次序依次存储到一维数组 ***b*** 中，并设计程序调用它。

【提示】

略。

实践题 4

编写函数 long fun(int a[], int b[], int n)，计算一维数组 ***a*** 表示的行向量与和一维数组 ***b*** 表示的列向量的乘积，并测试之。两向量的元素个数为 n。向量 ***a*** 与向量 ***b*** 的乘积 ***c*** 为：

$$\boldsymbol{a}=\left(a_1,a_2,\ldots,a_n\right),\boldsymbol{b}=\begin{pmatrix}b_1\\b_2\\\vdots\\b_n\end{pmatrix},\text{则}\boldsymbol{c}=\sum_{i=1}^{n}a_i*b_i$$

```
    #include <stdio.h>
    long fun(int a[],int b[],int n){
        long result=0L,i;
        for(i=0;i<n;i++)
            result+=a[i]*b[i];
        return result;
    }

    void main(void){
        int a[]={1,2,3,4,5},b[]={0,1,0,1,-2};
        printf("result=%ld\n",fun( a,b,sizeof(a)/sizeof(int) ) );
    }
```

实践题 5

编写函数 fun(char str[], int n)，将字符数组 str 中存储的字符串除首、尾字符(不变)外，其余字符按 ASCII 值升序排列，n 为字符串的长度。如 str 中存储的字符串为"HdbaP"，则排序后的字符串为"HabdP"。

```
#include <stdio.h>
#include <string.h>

void fun(char str[],int n){
    int pass,j,t;
    for(pass=1;pass<n;pass++)
        for(j=1;j<n-2-pass;j++)
            if(str[j]>str[j+1]){
                t=str[j];
                str[j]=str[j+1];
                str[j+1]=t;
            }
}

void main(void){
      char s[]="Personal!";
      fun(s,strlen(s));
      puts(s);
}
```

实践题 6

编写递归函数求满足不等式 $1^2+2^2+3^2+...+n^2<1000$ 的最大整数 n。

```
#include <stdio.h>
int fun(int s,int n){
      n++;
       s+=n*n;
       if (s>1000)  return n-1;
      else
             return  fun(s,n);
}

void main(void){
    printf("%d\n",fun(0,0));
}
```

实践题 7

自己设计一个多文件程序，并使用静态全局变量，上机实践之。

【提示】

参考教材和指导书中的例题。

实践题 8

分析下面递归函数的功能：

```
#include <stdio.h>
void NumToStr(int m,char a[100],int k){
    if(k==0) return ;
    a[--k]=m%10+48;
    m/=10;
    NumToStr(m,a,k);
}
void main(void){
int i,x,k=0;
      char a[100],sign=' ';
      printf("\nInput x:");
      scanf("%d",&x);
      if(x<0){
          sign='-';
          x=-x;
      }
      i=x;
      do{
          i/=10;
          k++;
      }while(i!=0);
      a[k]='\0';
      NumToStr(x,a,k);
      printf("The string is %c%s\n",sign,a);
}
```

【提示】

采用递归函数实现将任意位数的整数转换成字符串输出。在主函数中，也可以处理输入的负数。函数 void NumToStr(int m,char a[100],int k)参数 k 是要转换的数的数位，a[100]存放转换的结果串。

实践题 9

设 A 是有 n 个元素的整型数组(n≥1)，分别编写求 A 中 n 个整数的最大值、最小值和平均值的普通函数和递归函数，并编写程序测试之。

```
#include <stdio.h>
int getmax1(int A[],int n){
     int k,max=A[0];
     for(k=0;k<n;k++)
         if(A[k]>max)  max=A[k];
     return max;
}
int getmax2(int A[],int n){
     int temp;
     if(n==1) return A[0];
     temp=getmax2(A,n-1);
     return temp>A[n-1]?temp:A[n-1];
}
double average1(int A[],int n){
    int k;
```

```
        long int sum=0L;
        for(k=0;k<n;k++)  sum+=A[k];
        return 1.0*sum/n;
}
double average2(int A[],int n){
        double temp;
        if(n==1) return A[0];
        temp=average2(A,n-1);
        return ( temp*(n-1)+A[n-1]*1 )/n;
}
void main(void){
    int a[10]={1,-2,3,4,5,-6,7,-8,-9,0};
    printf("max1=%d\n",getmax1(a,sizeof(a)/sizeof(int)) );
    printf("max2=%d\n",getmax2(a,sizeof(a)/sizeof(int)) );

    printf("average1=%f\n",average1(a,sizeof(a)/sizeof(int)) );
    printf("average2=%f\n",average2(a,sizeof(a)/sizeof(int)) );
}
```

最小值的函数类似。

实践题 10

编写函数 void fun(int a[4][5], int b[20], int num[20])，将数组 ***a*** 中的各个元素(假设值都在 0～19 之间)依据其存储位置(从低地址到高地址)复制至一维数组 ***b*** 中的相应位置中(从低地址到高地址)。然后，统计每个元素出现的次数，将统计结果存放于一维数组 num 中(元素 b[i]的出现次数存储在 num[b[i]]中)，并设计测试程序调用该函数。

```
#include <stdio.h>
void fun(int a[4][5],int b[20],int num[20]){
        int i,j,k=0;

        for(i=0;i<4;i++)
            for(j=0;j<5;j++)
                b[k++]=a[i][j];

        for(i=0;i<20;i++) num[b[i]]=0;

        for(i=0;i<20;i++){
            if(num[b[i]]>=1) continue;/* 该元素b[i]已经统计过了 */
            num[ b[i] ]=1;              /* 本身算一次 */
            for(j=0;j<20;j++){
                if(j==i) continue;  /* 跳过自身已经统计过的一次 */
                if(b[j]==b[i])  num[ b[i] ]++;
            }
        }
}
void main(void){
    int k,aa[4][5]={11,2,3,4,5,6,12,1,3,14,2,3,4,5,0,0,1,12,13,14},
        bb[20],num[20];
```

```
    fun(aa,bb,num);
    for(k=0;k<20;k++)
        printf("%-3d",bb[k]);
    printf("\n");

    for(k=0;k<20;k++)
        printf("%-3d",num[ bb[k] ]);
    printf("\n");
}
```

实践题 11

编写函数 void fun(int m,int *k, int xx[ ])，其功能是：将所有大于 1 小于整数 m 的素数存入 xx 数组中，素数的个数通过 k 传回。如 m=25，则素数为 2,3,5,7,11,13,17,19,23，个数为 9。

```
#include <stdio.h>
#include <math.h>

void fun(int m,int *k,int xx[]){
    int i,flag,j;
    *k=0;

    for(i=2;i<m;i++){
        flag=1;
        for(j=2;j<=(int)sqrt(i);j++)
            if(i%j==0) flag=0;
        if(flag==1) {
                xx[*k]=i;
               (*k)++;
        }
    }
}

void main(void){
    int n,x[100],k;
    fun(25,&n,x);
    for(k=0;k<n;k++)
        printf("%-4d",x[k]);
    printf("\n");
}
```

实践题 12

分析以下程序的运行结果：

```
#include <stdio.h>
void fun(int n,int *s){
    int f1,f2;
    if(n==1||n==2) *s=1;
    else{
        fun(n-1,&f1);
```

```
            fun(n-2,&f2);
            *s=f1+f2;
        }
}
void main(void){
        int x;
        fun(6,&x);
        printf("%d\n",x);
}
```

实践题 13

编写一个函数，通过指向函数的指针调用该函数，并设计程序测试之。

【提示】

请参考本书和配套教材《C 语言程序设计(第 2 版)》中的例题。

实践题 14

调试下面程序的错误，使之能输出 5 个字符串中的最小字符串。

```
#include <stdio.h>
void main(void){
  char* name[5]={"windows","word","excel","foxpro","visualbasic"};
  char temp;
  int i;
  temp=name[0];
  for(i=1;i<5;i++)
    if(temp>(*name[i]) temp=name[i];
  printf("%s\n",*temp);
}
```

【提示】

```
#include <stdio.h>
#include <string.h>

void main(void){
  char* name[5]={"windows","word","excel","foxpro","visualbasic"};
  char temp[20];  int i;

  strcpy(temp,name[0]);
  for(i=1;i<5;i++)
    if( strcmp(temp,name[i]) >0 ) strcpy(temp,name[i]);

  printf("%s\n",temp);
}
```

实践题 15(选做)

上机运行如下程序，试分析其运行结果。

```
#include <stdio.h>
```

```
    #define P(x) printf("%s",x)
    char* c[]={"you can make statement","for the topic","the sentences","How
about"};
    char **p[]={c+3,c+2,c+1,c};
    char***pp=p;
    void main(void){
     P(**++pp);
     P(*--*++pp+3);
     P(*pp[-2]+3);
     P(pp[-1][-1]+3);
    }
```

【提示】

略。

第11章　结构体、共用体、枚举类型

对于结构体、共用体、枚举类型的学习和使用，关键在于要理解和掌握结构体、共用体、枚举类型的基本概念、结构体、共用体、枚举类型的定义与引用方法。下面将讨论其中几个比较重要的、容易混淆的内容(其他内容请读者参考教材)，通过实例加以分析，希望读者能更深入地理解和更好地使用结构体、共用体、枚举类型。

11.1　学习指导

11.1.1　结构体的基本概念、定义与引用方法

结构体是C语言程序设计的重要内容。为了处理更复杂的数据，C定义一些功能强大、使用方便的高级数据类型，结构体就是这样的数据类型。结构体还可以和数组联合使用，构成更复杂的数据类型，如结构体数组。本部分的学习，必须理解和掌握结构体的基本概念(结构体定义、声明结构体变量、结构体成员为结构体的情况、结构体变量的初始化、结构体成员的表示、结构体变量的引用、赋值、输入和输出）

结构体定义的一般形式为：

```
struct 结构体名{
        类型说明符 成员 1;
        类型说明符 成员 2;
        ......;
        类型说明符 成员 n;
}
```

结构体变量的声明有3种方式：先定义结构，再声明变量、在定义结构体类型的同时声明结构体变量、直接声明结构体变量。

结构体成员的表示的一般形式为：

```
结构体变量. 结构体成员名
```

结构体成员被引用出来后，与描述它的类型说明符所对应的变量的用法是一致的。

下面通过一些典型例子，帮助读者更好地理解和掌握这些内容。

【例 11-1】 使用 SID 12345，Name ZhaoXiaokun，Address Building 23，Chinese 95，Math 94，English 89，初始化一个 stu 结构体变量，并打印出结果。

```
#include <stdio.h>
#include <string.h>
void main(void){
```

```
    struct student{
        char SID[10];
        char Name[20];
        char addr[20];
        int score1;
        int score2;
        int score3;
    } stu = {"12345","ZhaoXiaokun","Building 23",95,94,89};
    printf("Student Info:\n");
    printf("SID\t\tName\t\tAddress\t\tChinese\tMath\tEnglish\n");
    printf("%s\t\t",stu.SID);
    printf("%s\t",stu.Name);
    printf("%s\t",stu.addr);
    printf("%d\t",stu.score1);
    printf("%d\t",stu.score2);
    printf("%d\n",stu.score3);
}
```

程序运行结果如图 11.1 所示。

图 11.1　程序运行结果 1

说明：本题初始化结构体变量 stu，然后调用了 stu 的成员。初始化的工作，在定义、声明的时候完成。

【例 11-2】 使用结构体存储一个学生的信息，如学号、姓名、宿舍、语文成绩、数学成绩、英语成绩。键盘输入，屏幕输出。

```
#include <stdio.h>
#include <string.h>
struct student{
    char SID[10];
    char Name[20];
    char addr[20];
    int score1;
    int score2;
    int score3;
}
void main(void){
    struct student stu;
    printf("input student's ID: ");
    gets(stu.SID);
    printf("input student's Name: ");
    gets(stu.Name);
    printf("input student's Address: ");
    gets(stu.addr);
    printf("input student Chinese Score: ");
    scanf("%d",&stu.score1);
    printf("input student Math Score: ");
    scanf("%d",&stu.score2);
```

```
    printf("input student English Score: ");
    scanf("%d",&stu.score3);
    printf("Student Info:\n");
    printf("SID\t\tName\t\tAddress\t\tChinese\tMath\tEnglish\n");
    printf("%s\t\t",stu.SID);
    printf("%s\t",stu.Name);
    printf("%s\t",stu.addr);
    printf("%d\t",stu.score1);
    printf("%d\t",stu.score2);
    printf("%d\n",stu.score3);
}
```

程序运行结果如图 11.2 所示。

```
input student's ID: 12345
input student's Name: ZhaoXiaokun
input student's Address: Building 23
input student Chinese Score: 95
input student Math Score: 94
input student English Score: 89
Student Info:
SID             Name            Address         Chinese Math    English
12345           ZhaoXiaokun     Building 23     95      94      89
```

图 11.2　程序运行结果 2

说明：

(1) 在程序开始时定义了结构体 student。

(2) 每个 student 结构体变量，有 6 个结构体成员。

(3) 在主函数 main()中，使用 scanf 进行键盘输入，使用 printf 进行屏幕输出。

(4) 对于在 scanf()和 printf()函数中，使用结构体成员变量时，它们的格式控制符与使用一般简单数据类型时是相同的：在处理整数时使用“%d”，处理字符串时使用“%s”等。

【例 11-3】 复制 stu 结构体变量到 stu1 中。

```
#include <stdio.h>
#include <string.h>
void main(){
struct student{
    char SID[10];
    char Name[20];
    char addr[20];
    int score1;
    int score2;
    int score3;
} stu = {"12345","ZhaoXiaokun","Building 23",95,94,89},stu1;
    stu1 = stu;
    printf("Student Info:\n");
    printf("SID\t\tName\t\tAddress\t\tChinese\tMath\tEnglish\n");
    printf("%s\t\t",stu1.SID);
    printf("%s\t",stu1.Name);
    printf("%s\t",stu1.addr);
    printf("%d\t",stu1.score1);
    printf("%d\t",stu1.score2);
    printf("%d\n",stu1.score3);
}
```

程序运行结果如图 11.3 所示。

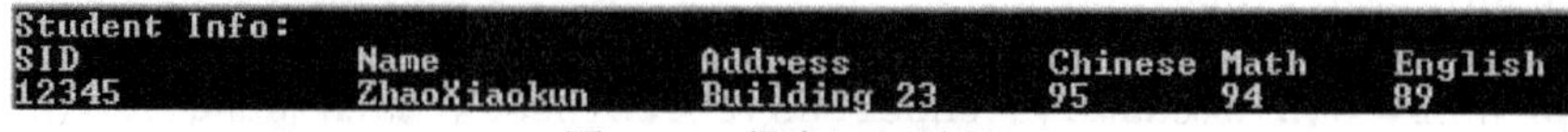
```
Student Info:
SID             Name            Address         Chinese Math    English
12345           ZhaoXiaokun     Building 23     95      94      89
```

图 11.3　程序运行结果 3

说明： 结构体变量之间是可以进行赋值运算的。赋值操作符“=”左右两边分别是同种结构体类型的结构体变量，才可进行结构体变量之间的赋值操作。

11.1.2　结构体数组

数组与结构体可以混合使用，构成结构体数组。结构体数组的每一个元素具有相同的数组名和不同的下标号。可以使用数组来存放具有关联的结构体变量。

【例 11-4】 使【例 11-2】在修改后能以结构体数组存储 10 名学生的信息。

```
#define N 10
struct student{
    char SID[10];
    char Name[20];
    char addr[20];
    int score1;
    int score2;
    int score3;
}
void main(void){
    struct student stu[N];
    int i;
    for(i = 0; i < N; i++){
        printf("input student's ID: ");
        gets(stu[i].SID);
        printf("input student's Name: ");
        gets(stu[i].Name);
        printf("input student's Address: ");
        gets(stu[i].addr);
        printf("input student Chinese Score: ");
        scanf("%d",&stu[i].score1);
        printf("input student Math Score: ");
        scanf("%d",&stu[i].score2);
        printf("input student English Score: ");
        scanf("%d%*c",&stu[i].score3);
    }
    printf("Student Info:\n");
    printf("SID\t\tName\t\tAddress\t\tChinese\tMath\tEnglish\n");
    for(i = 0; i < N; i++){
        printf("%s\t",stu[i].SID);
        printf("%s\t",stu[i].Name);
        printf("%s\t",stu[i].addr);
        printf("%d\t",stu[i].score1);
        printf("%d\t",stu[i].score2);
        printf("%d\n",stu[i].score3);
    }
}
```

说明：

(1) 在程序开始时定义了结构体变量 student。

(2) 使用循环结构，给结构体数组中的 10 个元素进行赋值：使用键盘输入语句依次对结构体数组中结构体元素的成员进行赋值。

(3) 使用循环结果，依次输出 10 个结构体元素中的各个成员。

11.1.3　结构体变量与指针

指针变量可以指向一个结构体变量。这个结构体指针的值，是指向这个结构体变量的首地址。

结构体指针变量的声明形式为：

```
struct 结构体名 *结构体指针名;
```

在结构体数组中使用指针表达指向元素时，具体的使用方法与一般类型的数组一样。加减指针的数值，相当于后移或前移多少个结构体元素。

【例 11-5】 建立一个指针，指向结构体变量 stu，并使用指针形式对结构体成员进行输出。

```
#include <stdio.h>
#include <string.h>
void main(void){
struct student{
  char SID[10];
  char Name[20];
  char addr[20];
  int score1;
  int score2;
  int score3;
} stu = {"12345","ZhaoXiaokun","Building 23",95,94,89}, *pstu;
  pstu = &stu;
  printf("Student Info:\n");
  printf("SID\t\tName\t\tAddress\t\tChinese\tMath\tEnglish\n");
  printf("%s\t\t",pstu->SID);
  printf("%s\t",pstu->Name);
  printf("%s\t",pstu->addr);
  printf("%d\t",pstu->score1);
  printf("%d\t",pstu->score2);
  printf("%d\n",pstu->score3);
}
```

程序运行结果如图 11.4 所示。

图 11.4　程序运行结果 4

说明：

(1) 声明指针指向结构体变量时，可以使用取地址运算符“&”来得到一个地址，并把这个地址值赋给指针变量。

(2) 在使用指向结构体变量的指针时，可以使用“->”运算符得到结构体变量的成员。

11.1.4　链表

作为一种动态数据结构，链表可以动态的分配存储单元。处理预先不知道长度的数据组时，数组这样的数据结构很难起到作用，而链表则可以比较灵活的进行处理。链表的 4 种基本操作函数，在教材中已经具体给出，调用函数进行链表操作的例子也已经给出，这里不再重复。

11.1.5　共用体

共用体可以被赋任一成员值，但只能有一个成员被使用，不可能有两个共用体成员同时有效。

定义一个共用体的一般形式如下：

```
union   共用体名{
    类型说明符 共用体成员名 1;
    类型说明符 共用体成员名 2;
    类型说明符 共用体成员名 3;
    ……
    类型说明符 共用体成员名 n;
  }
```

【例 11-6】 观察以下两个程序输出的不同。

```
#include <stdio.h>
void main(){
    union t{
        int i;
        char c;
    };

    union t temp = {0x5561};
    printf("%x\n",temp.i);
    printf("%c\n",temp.c);
    temp.c = 'A';
    printf("%x\n",temp.i);
    printf("%c\n",temp.c);
}

#include <stdio.h>
void main(void){
    union t{
        char c;
        int i;
    };

    union t temp = {0x5561};
    printf("%x\n",temp.i);
    printf("%c\n",temp.c);
    temp.c = 'A';
    printf("%x\n",temp.i);
    printf("%c\n",temp.c);
}
```

程序运行结果如图 11.5 所示。

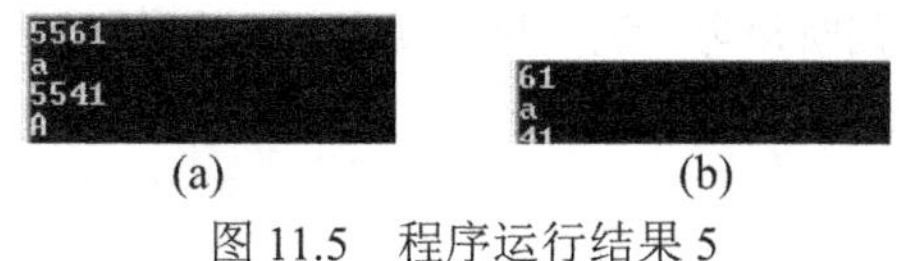

(a) (b)

图 11.5 程序运行结果 5

说明：

(1) 共用体定义时，成员的位置不一样。前一个例子是 int 在前，后一个例子是 char 在前

(2) 在对共用体类型变量定义初始化时，只能对第一个成员赋值。如果第一个成员占用两个字节，则赋值的 0x5561 全部有效；如果第一个成员只占用一个字节，则只有 0x61 有效。前面的 0x55 则被去掉。

(3) 在对共用体成员赋值时，如果只对后一个字节进行了赋值，则前一个字节内的内容不变。

11.1.6 枚举类型

枚举类型是有限个整型符号常量的集合，每个枚举类型都必须进行类型定义。定义时必须将所有的枚举常量列出来，限定枚举类型的取值范围。显式定义与隐式定义的枚举常量有各自的规则。

【例 11-7】 使用枚举类型，创建一个非真即假的 bool 变量，使用这个变量，控制循环，计算 1 至 100 的累加值。

```
#include <stdio.h>
void main(){
    enum bool{false, true};
    int i = 1, sum = 0;
    enum bool flag = true;
    printf("flag = %d\n",flag);
    do{
        sum = sum + i;
        i++;
        if(i <= 100)
            flag = true;
        else
            flag = false;
    }while(flag);
    printf("flag = %d, sum = %d\n", flag, sum);
}
```

程序运行结果如图 11.6 所示。

```
flag = 1
flag = 0, sum = 5050
```

图 11.6 程序运行结果 6

说明：

(1) bool 是定义出的一个枚举类型，flag 则是一个枚举类型变量， bool 取值范围，只有 false 和 true 两种。false 对应的是整数 0，true 对应的是整数 1。

(2) 在 do…while 循环语句中，flag 被作为标志位，只要 flag 的值为 true，循环就不断进行下去。一旦 flag 的值被赋了 false，循环就结束。

(3) 循环进行过程中的判断语句，就是用来处理 flag 值由 true 变 false 的。一旦 i<=100 不成立，标志 flag 就由 true 变成 false。

11.2　上机实践：结构体、共用体、枚举类型

结构体、共用体、枚举类型作为构成 C 程序的重要部分，应熟练掌握和使用。即要熟练地定义和使用各种结构体、共用体、枚举类型。这必须通过大量的上机实践环节来加深理解和巩固。

11.2.1　实验目的

(1) 理解和掌握结构体、共用体和枚举类型函数的基本概念和思想。

(2) 理解和掌握结构体等类型的定义和简单调用方法。

(3) 加深学生对结构体、共用体概念的理解和使用，并能灵活运用结构体、共用体和枚举类型解决一些常见的实际问题，提高学生实际解决问题的水平和能力。

11.2.2　实验学时

2 学时。

11.2.3　实验内容和步骤

实践题 1

为饭店编写一个信息系统的数据类型原型，要求既能输入输出员工信息，又能输入输出住店客户信息。员工的信息包括身份证号、姓名、住址、所属部门、工资。住店客户信息包括身份证号、姓名、住店客房号、住店日期、住店天数。

实验注意事项：

(1) 使用结构体、共用体来构建符合题目描述要求的数据类型。结构体中，具有相同类型的需要处理的结构体成员集中起来作为结构体的成员，如员工的身份证号、姓名、住址和顾客的身份证号、姓名、住店客房号，不同性质的数据类型作为共用体成员。

(2) 注意调用结构体、共用体成员的方法。使用“.”运算符还是使用“->”运算符，是由声明的是变量还是指针所决定的。

(3) 因为使用了共用体类型的变量，所以处理不同的共用体成员时会用到不同的方法。所以需要在结构体成员中设置一项开关，以此开关来决定以何种方法处理数据。

(4) 此题为比较复杂的结构体共用体例子。结构体中的数据类型包括共用体。仔细分析定义的结构体中的结构体成员。

```
#include <stdio.h>
#include <string.h>
struct person{
    char ID[18];
```

```
    char Name[20];
    char addr[20];
    struct{
        char CorE;
        union{
            struct{
                char dep[20];
                int salary;
            }emp;
            struct{
                struct{
                    int year;
                    int month;
                    int day;
                }date;
                int stay;
            }cust;
        }diff;
    }other;
}

void main(void){
    struct person per;
    printf("input a person's ID: ");
    gets(per.ID);
    printf("input a person's Name: ");
    gets(per.Name);
    printf("input a person's Addr: ");
    gets(per.addr);
    printf("input a person's type, Customer or Employee(c or e): ");
    per.other.CorE = getchar();
    getchar();
    if(per.other.CorE == 'c' || per.other.CorE == 'C'){
        printf("now, input the date of a customer in.\n");
        printf("input the year: ");
        scanf("%d", &per.other.diff.cust.date.year);
        printf("input the year: ");
        scanf("%d", &per.other.diff.cust.date.month);
        printf("input the day: ");
        scanf("%d", &per.other.diff.cust.date.day);
        printf("now, input how many days this customer will stay: ");
        scanf("%d",&per.other.diff.cust.stay);
    }
    else if(per.other.CorE == 'e' || per.other.CorE == 'E'){
        printf("now, input this Employee's department: ");
        gets(per.other.diff.emp.dep);
        printf("input this Employee's salary: ");
        scanf("%d", &per.other.diff.emp.salary);

    }else{
        printf("Error input\n");
```

```
        exit(0);
    }
    if(per.other.CorE == 'c' || per.other.CorE == 'C'){
        printf("%s\t%s\t%s\t%d-%d-%d\t%d\n", per.ID, per.Name,
        per.addr, per.other.diff.cust.date.year,
        per.other.diff.cust.date.month,
        per.other.diff.cust.date.day,  per.other.diff.cust.stay);
    }else (per.other.CorE == 'e' || per.other.CorE == 'E'){
        printf("%s\t%s\t%s\t%s\t%d\n", per.ID, per.Name, per.addr,
       per.other.diff.emp.dep, per.other.diff.emp.salary);
    }
    printf("\n");
}
```

实践题 2

已知一个足球队胜一场积 3 分，平一场积 1 分，输了以后没有积分。键盘输入一支球队的胜负平场数，求这支球队的积分。

【提示】

参考配套教材《C 语言程序设计(第 2 版)》例题。

第12章　文　　件

文件的学习和使用，关键在于要理解和掌握文件的基本概念、文件的定义与引用方法。下面将讨论其中几个比较重要的、容易混淆的内容(其他内容请参考教材)，通过实例加以分析，希望读者能更深入地理解和更好地使用文件。

12.1　学习指导

12.1.1　文件的基本概念、定义与引用方法

文件是C语言程序设计的重要内容。C语言的文件分为两大类：普通文件和设备文件，如显示器是设备文件，键盘也是设备文件。本部分的学习必须理解和掌握文件分类(二进制码文件与ASCII码文件)。在C语言中，声明了指针变量指向文件，通过对文件指针的操作，来对这个指针所指向的文件进行操作。

文件指针声明的一般形式为：

```
FILE *指针变量名;
```

一旦声明了文件指针，就可以使用fopen()函数打开文件。打开方式有12种，由r，w，a，t，+组合完成。关于这些内容的详细说明，在这里不再详细展开，只作简单总结，详细内容请参考教材。

在使用fopen()函数打开文件后，如果不再需要使用文件，则一定要使用fclose()函数关闭文件。

使用fopen()函数后成功后，返回的是文件指针。

一般形式为：

```
FILE *fp;
fp = fopen(文件名，文件打开方式);
```

fclose()函数的一般使用方式：

```
fclose(fp);
```

下面通过一些典型例子，帮助读者更好地理解和掌握这些内容。

【例12-1】 使用fputc()函数，把键盘输入的字符存入文本文件c:\test.txt中。

```
#include <stdio.h>
void main(void){
    FILE *fp;
```

```
    char c;

    if((fp=fopen("c:\\test.txt","w+")) == NULL){
        printf("open error on writing in");
        exit(0);
    }
    printf("input strings, ended by ctrl + z\n");
    while((c = getchar()) != -1){
        fputc(c, fp);
    }
    fclose(fp);
}
```

说明：

(1) 声明了文件指针后，使用 fopen()函数，以 w+方式打开 c:\test.txt 文件。w+表达的是如果文件不存在，则新建文件；如果文件存在，则覆盖掉原有文件。

(2) 把 fopen()函数放在 if 语句中，是为了防止操作失败的意外发生。如果操作失败发生了，则以 exit()函数退出程序。

(3) while 循环语句中，只要 getchar()函数没有得到 ctrl+z(−1)的输入，则不停地循环，将一个个的字符写入缓冲区。一旦缓冲区满，或者结束循环，就写入到文件中。

(4) 文件使用完成，利用 fclose()函数关闭文件。

【例 12-2】 使用 fgetc()函数，把文本文件 c:\test.txt 中的内容显示到显示器上。

```
#include <stdio.h>
void main(void){
    FILE *fp;
    char c;

    if((fp=fopen("c:\\test.txt","r+")) == NULL){
        printf("open error on writing in");
        exit(0);
    }
    printf("content:\n");
    while((c = fgetc(fp)) != -1){
        putchar(c);
    }
    fclose(fp);
}
```

说明：

(1) 声明了文件指针后，使用 fopen()函数，以 r+方式打开 c:\test.txt 文件。r+表达的是若文件打开不成功，则返回 NULL；如果文件打开成功，以读方式将文本文件打开

(2) 把 fopen()函数放在 if 语句中，是为了防止操作失败的意外发生。如果操作失败发生了，则以 exit()函数退出程序。

(3) while 循环语句中，只要 fgetc ()函数没有得到 ctrl+z(−1)的输入，则不停地循环，将一个个的字符赋给 c，再使用 putchar()函数，将 c 一个个字符打印出来。

(4) 文件使用完成，利用 fclose()函数关闭文件。

【例 12-3】 使用 fgetc()和 fputc()函数，实现文本文件的复制功能，将 c:\test.txt 内容复制到 c:\test2.txt 中。

```
#include <stdio.h>
void main(void){
    FILE *fp1, *fp2;
    char c;

    if((fp1=fopen("c:\\test.txt","r+")) == NULL){
        printf("open error on writing in");
        exit(0);
    }
    if((fp2=fopen("c:\\test2.txt","w+")) == NULL){
        printf("open error on writing in");
        exit(0);
    }
    printf("content:\n");
    while((c = fgetc(fp1)) != -1){
        putchar(c);
        fputc(c, fp2);
    }
    printf("\nfinished!\n");
    fclose(fp1);
    fclose(fp2);
}
```

说明：

(1) 使用 fopen()函数以 r 方式打开一个文件，以 w 方式打开另外一个文件。

(2) 使用 fgetc()函数，从要复制的文档中一个个读出字符，再使用 fputc()函数一个个写入到新的文件中去

(3) 操作结束后，使用 fclose()函数关闭文件。

12.1.2　fread()函数与 fwrite()函数

fread()与 fwrite()是用来整块地读写数据的。

fread()的一般形式为：

```
fread(buffer, size, n, fp);
```

若操作成功，从 fp 所指向的文件中，读取 n 个数据项，存放到 buffer 指针所指向的内存区域，并返回读出的数据项个数；若文件结束或操作失败，则返回 0。

fwrite()的一般形式为：

```
fwrite(buffer, size, n, fp);
```

若操作成功，则将 buffer 指针所指向的内存区域中的 n 个数据项，写入 fp 所指向的文件中；若操作失败，则返回 0。

fread()与 fwrite()一般用来处理文件中的结构体、共用体变量。

【例 12-4】 使用 fwrite()函数，对已经存在的 c:\student.txt 文件进行操作，使得一个学生的学生信息可以写入文件，并可在文件后追加新的学生信息。

```
#include <stdio.h>
#include <string.h>
struct student{
    char SID[10];
    char Name[20];
    char addr[20];
    int score1;
    int score2;
    int score3;
}
void main(void){
    struct student stu;
    FILE *fp;
    printf("input student's ID: ");
    gets(stu.SID);
    printf("input student's Name: ");
    gets(stu.Name);
    printf("input student's Address: ");
    gets(stu.addr);
    printf("input student Chinese Score: ");
    scanf("%d",&stu.score1);
    printf("input student Math Score: ");
    scanf("%d",&stu.score2);
    printf("input student English Score: ");
    scanf("%d",&stu.score3);

    if((fp=fopen("c:\\student.txt","a+")) == NULL){
        printf("open error on writing in");
        exit(0);
    }
    fwrite(&stu,sizeof(stu),1,fp);
    fclose(fp);
}
```

说明：

(1) 在程序开始时定义了结构体变量 student。

(2) 使用键盘输入，对 student 结构体变量 stu 的各个成员进行赋值。

(3) 使用 fopen()函数，以 a 方式打开指定文件。

(4) 使用 fwrite()函数，将结构体变量 stu 写入文件。

(5) 使用 sizeof(stu)来计算 stu 所占字节数。

(6) 操作结束后，使用 fclose()函数关闭文件。

【例 12-5】 使用 fread()函数，读出 c:\student.txt 中所有的学生信息。假设 c:\student.txt 文档中存储了至多 20 个学生的信息。

```
#include <stdio.h>
#include <string.h>
#define N 20
struct student{
```

```
        char SID[10];
        char Name[20];
        char addr[20];
        int score1;
        int score2;
        int score3;
    }
    void main(void){
        struct student stu[N];
        FILE *fp;
        int j=0;
        int k;
        if((fp=fopen("c:\\student.txt","r+")) == NULL){
            printf("open error on writing in");
            exit(0);
        }
        printf("SID\t\tName\t\tAddress\t\tChinese\tMath\tEnglish\n");
        while(fgetc(fp)!= -1){
            j++;
        }
        k = j/sizeof(struct student);
        rewind(fp);
        fread(stu,sizeof(struct student),k,fp);
        for(j = 0;j < k;j++){
            printf("%s\t\t",stu[j].SID);
            printf("%s\t",stu[j].Name);
            printf("%s\t",stu[j].addr);
            printf("%d\t",stu[j].score1);
            printf("%d\t",stu[j].score2);
            printf("%d\n",stu[j].score3);
        }

        fclose(fp);
    }
```

说明：

(1) 在程序开始时定义了结构体变量 student。

(2) 使用 fopen()函数，以 r 方式打开指定文件。

(3) 使用 while 语句，计算文件总字节数 j，然后以 j/sizeof(struct student)得到文件中存储了多少个结构体变量，记为 k。

(4) 使用 fread()函数，将 k 个结构体变量写入 stu 数组中。

(5) 使用 for 循环语句，打印出所有的结构体数组中的元素。

(6) 操作结束后，使用 fclose()函数关闭文件。

12.2　上机实践：文件

文件作为构成 C 程序的重要部分，大家应该熟练掌握和使用它。即要熟练地掌握各种写入与读取方法；熟记打开与关闭文件函数，这必须通过大量的上机实践环节来加深理解和巩固。实际上，教材中的例题和指导书中的所有例题，都是很好的上机实践题目，希望读者能一一上机实践，观察结果。

12.2.1　实验目的

(1) 理解和掌握文件的基本概念。

(2) 理解和掌握文件的基本操作方法：打开、读写和关闭。

(3) 加深学生对文件概念的理解和使用，并能灵活解决一些常见的实际问题，提高实际解决问题的水平和能力。

12.2.2　实验学时

2 学时。

12.2.3　实验内容和步骤

实践题 1

往一个文件中写入 Hello!World!。

实验步骤：

(1) 使用 fopen 中的 w 方法写入一个文件。

(2) 打开一个文件后需要关闭这个文件。

(3) 打开生成的文件，观察 Hello!World!是否已经写入这个文件。

【提示】

请参考本书和配套教材《C 语言程序设计(第 2 版)》中的类似例题。

实践题 2

从刚才【实践题 1】写好的文件中读出文件内容，并显示在屏幕上。

【提示】

请参考本书和配套教材《C 语言程序设计(第 2 版)》中的类似例题。

实践题 3

编写一个综合型的简易数据库，以一个学校的学生信息管理为目标，将所有信息记录到文件中。

【提示】

请参考本书和配套教材《C 语言程序设计(第 2 版)》中的类似例题。

第13章　编译预处理

C 程序员可以在 C 源程序中插入传给编译程序的各种指令。虽然这些称为预处理器指令(preprocessor directives)的内容实际上不是 C 语言的组成部分，但它们扩充了 C 程序设计环境。

预处理指令有许多非常有用的功能，例如宏定义、条件编译、在源代码中插入语定义的环境变量、打开或关闭某个编译选项等。对使用 C 语言的程序员来说，深入了解预处理指令的各种特征，也是编写高效程序的关键之一。

下面就几个最常用的、重要的预处理指令加以说明，希望读者能理解它们的作用，并能在程序设计中加以使用。如果需要更多的其他预处理指令的使用，可参考教材或其他工具书。

13.1　学习指导

13.1.1　#define

【例 13-1】 编写程序，使用#define 指令。

```
#include <stdio.h>
#define PI 3.14
void main(void){
 float radius=2.0f;
 printf("Circle=%f\n",PI*radius);
}
```

程序运行情况如图 13.1 所示。

```
Circle=6.280000
Press any key to continue
```

图 13.1　程序运行结果 1

说明：

(1) 预处理指令#define PI 3.14 导致编译器将源代码文件中的所有 PI 替换为 3.14。但是要注意，如果 PI 在双引号中，则不被替换。

(2) 这种功能相当于使用编译器的“查找并替换”功能。当然，#define 也并不局限于创建数值符号常量(有些作者也称为宏)。如可以使用以下语句：

```
#define OUTPUT printf
OUTPUT("Hello the world.\n");
```

【例 13-2】 分析下面程序的运行结果。

```
#include <stdio.h>
#define HALFOF(x) ((x)/2)
```

```
void main(void){
 float a=10;
 int b=20;
 printf("half of a is %f\n",HALFOF(a));
 printf("half of b is %d\n",HALFOF(b));
}
```

程序运行情况如图 13.2 所示。

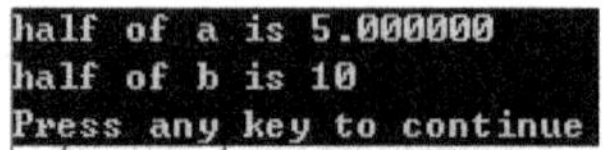

图 13.2　程序运行结果 2

说明：

(1) #define HALFOF(x) ((x)/2)创建了一个函数宏。之所以包含“函数”两字，是因为这种宏能接受参数，就像真正的函数那样。函数宏的优点之一是其参数对类型不敏感，因此，可以将任何数值类型的变量传递给接受数值参数的函数宏。

(2) 函数宏可以有多个参数。如：

```
#define AVERAGE3(x1,x2,x3) ( ((x1)+(x2)+(x3)) /3 )
#define Larger(x,y) ((x)>(y) ? (x): (y) )
```

注意：宏可以有任意数目的参数，但列表中的所有参数都必须出现在替换字符串中。如下面的宏定义是非法的，因为参数 z 没有出现在替换字符串中。

```
#define ADD(x,y,z) ((x)+(y)) /* error */
```

调用宏时，必须传递正确数目的参数。编写宏定义时，宏名后紧跟左括号，中间不能有空白。左括号告诉编译器定义的是一个函数宏，而不是符号常量。如：

```
#define SUM  (x,y,z)  ((x)+(y)+(z))
```

由于 SUM 和(之间有空格，因此预处理器将其视为一个简单的替换宏，将源代码中的每个 SUM 替换为(x,y,z)((x)+(y)+(z))，这显然不是我们所希望的。

另外，值得注意的是，在替换字符串中，每个参数都是用圆括号括起。否则，可能产生不希望的结果。如：

```
#define SQR(x) x*x
```

调用该宏时使用简单变量作为参数，则不会发生问题。但如果将表达式作为参数，则会产生我们不希望的结果。如 result=SQR(x+y);得到的宏扩展为 result=x+y*x+y;，这显然不是我们所期望的。

13.1.2　#include

使用预处理编译指令#include 包含头文件，遇到该指令时，预处理读取指定的文件，并将其插入到该编译指令所在的位置。

在编译指令#include 中指定文件名的方式有以下两种。

(1) 将文件名用尖括号括起，如#include <stdio.h>，则预处理器将首先在标准目录中查找该文件，如果没找到或没有指定的标准目录，则编译器将在当前目录中查找。所谓标准目录，在 DOS 中，是环境变量 include 指定的目录。有关 DOS 环境的完整信息，请参阅 DOS 文档。

通常，使用 SET 命令来设置环境变量(这通常是在 autoexec.bat 文件中设置的)。大多数编译器在安装时，将自动在 autoexec.bat 文件中设置 INCLUDE 变量。

(2) 用双引号将文件名引起来，如#include "my.h"。在这种情况下，预处理器将在被编译的源代码文件所在的目录(而不是标准目录)中查找。一般来说，程序员编写的头文件保存在源代码文件所在的目录中，所以使用双引号将其括起。而标准目录只用于保存编译器自带的头文件。

注意：应避免将头文件包含多次，可使用编译指令。

```
/*  prog.h -该头文件可以检查，避免多次被包含 */
#if defined (prog_h)  /* 该头文件已经被包含 */
#else
 #define prog_h
 /* 该头文件可以包含的命令或声明 */

#endif
```

请理解上面头文件 prog.h 的作用：首先检查 prog_h 是否已经被定义。prog_h 类似于该头文件的名称。如果 prog_h 已被定义，立刻转到#endif 处，因此不执行任何操作。如果没有，则转到#else 语句处执行。在#else 后，首先定义了 prog_h。因此当再包含该文件时，不会执行任何操作。prog_h 头文件中可以包含任意数目的命令或声明。

13.1.3　#if、#elif、#else 和#endif

#if、#elif、#else 和#endif 这 4 个预处理编译指令用于控制有条件的编译。即仅当满足特定的条件时，才对源代码块进行编译。在很多方面，预处理编译指令#if 与 if 语句类似，区别在于，if 语句控制特定的语句是否执行，而#if 控制是否参与编译。

#if 的结构如下：

```
#if 的结构如下：
#if condition_1
 statement_block_1
#elif condition_2
 statement_block_2
...
#elif condition_n
 statement_block_n
#else
 default_statement_block
#endif
```

说明：

(1) #if 使用的测试表达式可以是结果为常量的任何表达式。#if 最常用于检测#define 编译指令创建的符号常量。

(2) 其中每个 statement_block 由一条或多条语句组成，这些语句可以是任何类型的语句，包括预处理器编译指令。无须使用花括号将它们括起，虽然也可以这样做。

(3) 编译指令#if 和#endif 是不可少的，而#elif 和#else 是可选的。可以有任意多个#elif 编译指令，但#else 只能一个。编译器遇到编译指令#if 后，将检测相应的条件。如果为 TRUE(非零)，则对#if 后面的语句进行编译；如果为 FALSE(零)，则编译器依次检测每个#elif 编译指令中的条件，并对第一个满足条件的#elif 编译指令中的语句进行编译。如果任何一个#elif 的条件都为 FALSE，则对#else 编译指令后面的语句进行编译。

(4) #if...#endif 结构中的语句块最多有一个被编译。如果其中没有#else 编译指令，则可能没有任何语句被编译。

#if...#endif 的另一个常见的用途是，用于包含有条件的调试代码。如可以定义一个名为 DEBUG 的符号常量，并将其设置为 0 或 1.然后，在程序中插入调试代码如下：

```
#if DEBUG==1
   调试代码块
#endif
```

这样，在程序调试阶段，将 DEBUG 定义为 1，对代码块进行调试，调试完成后，将 DEBUG 重新定义为 0，并重新编译程序，这样调试代码就不会被包含进来。

(5) 在编写有条件的编译指令时，defined()运算符很有用。该运算符检查某个名称是否已被定义。通过使用 defined()，可以根据名称是否被定义对编译进行控制，而不管该名称的值是多少。如：

```
#if defined ( DEBUG)
  调试代码块
#endif
```

也可以为：

```
#if !define(DEBUG) /* 仅当名称 DEBUG 没有被定义时 */
#define DEBUG      /* 定义 DEBUG */
#endif
```

13.2　上机实践：编译预处理

C 语言与其他高级语言的重要区别之一，就是 C 语言中可以使用预处理编译指令，具有预处理的功能。预处理指令有许多很有用的功能。通过本章的学习，要求读者理解并掌握常用几个预处理编译指令的作用和使用方法。只有通过上机实践，才能加深理解和熟练使用。我们在教材中和本指导书中列举了大量的典型例题，这些都希望读者能一一上机实践，并好好理解和掌握。

13.2.1　实验目的

(1) 理解和掌握宏的定义和使用方法。

(2) 理解文件包含的含义和使用方法。

(3) 了解条件编译的使用方法。

13.2.2　实验参考学时

2 学时。

13.2.3　实验内容和步骤

实践题 1

上机分析下面程序的运行结果，理解其中#define 的用法。

```
#include <stdio.h>
#define HELLO_WORLD printf("hello,world!\n")
#define int double
void main(void){
      int a=10.5;
      double b=10.5;
      printf("a=%f\n",a);
     printf("b=%f\n",b);
      HELLO_WORLD;
}
```

实践题 2

使用#define 创建带参数的函数宏，求 3 个数的最大值。

【提示】

请参考本书和配套教材《C 语言程序设计(第 2 版)》的相关例题。

实践题 3

创建一个头文件 myfile.h，其中包含几个函数的原型说明。使用预处理编译指令#include 包含该头文件，同时又要避免多次包含头文件 myfile.h，并设计程序测试之。

【提示】

请参考本书和配套教材《C 语言程序设计(第 2 版)》的相关例题。

实践题 4

设计程序，使用预处理编译指令#if...#endif 来帮助调试代码块。

【提示】

请参考本书和配套教材《C 语言程序设计(第 2 版)》的相关例题。

实践题 5

设计程序，使用预处理编译指令#if-#elif-#else-#endif 来控制有条件的编译。

【提示】

请参考本书和配套教材《C 语言程序设计(第 2 版)》的相关例题。

第14章　C语言的应用——典型数据结构及其实现

在学完C语言的基本语法成分、基本结构和基本应用之后，这只是使用C语言的第一步。要想进一步提高C语言的编程能力和应用水平，必须把C语言应用到各种场合中去。本章用C语言实现了几个典型的数据结构及其操作，通过这些示例性的应用举例，让大家清楚地意识到，C语言的应用是非常广泛的，也是变化无穷的。只有通过不断实践，不断地分析和总结，才能不断加深对C语言的理解，从而不断提高自己的C语言编程能力。

14.1　学习指导

14.1.1　顺序表的C语言实现

在实际应用中，经常会遇到线性表这样的抽象数据类型，而这种类型往往是开发平台本身没有提供的，需要利用已有的数据类型进行组合构建得到。这是创建一种新的高级数据类型的基本方法和思想。

借助C语言的结构体类型，可以将顺序表的类型定义如下：

```
typedef  struct {
     ElemType   *elem;  //基地址指针
     int Length;          //线性表的长度
     int Listsize;        //线性表的存储容量为Listsize*sizeof(ElemType)
}SqList;                  //顺序表类型 SqList 的定义
```

在定义了顺序表的类型之后，就可以对它进行一系列的操作，从而可以进一步加深对这种类型结构的理解。

在理解和掌握了数据类型的描述和各种操作的实现方法之后，不难看出，高级数据类型的定义和实现方法，也不是只是一种方法。根据实际的应用场景，完全可以对其进行不同的定义和实现。

【例 14-1】 实现对顺序表的逆置操作，即 $L=(a_1,a_2,...,a_i,a_{i+1},...,a_n)$，经过逆置后，$L=(a_n,a_{n-1},,...a_2,a_1)$。

分析： 逆置的方法具体可以有多种，可以将一前一后的一对对元素依次进行交换位置来完成对整个表的逆置。在实现过程中，要注意表的顺序存储结构特性。

```
#include <stdio.h>
#include<malloc.h>       //也可以为#include<stdlib.h>
```

```
typedef int ElemType;  //假设顺序表中的元素类型为 int
typedef struct{
    ElemType *elem;
    int length;
    int listsize;
}SqList;
void Reverse(SqList *L){
    int i,j,temp;
    if(L->length==0){
        printf("empty list found!\n");
        return;
    }
    i=0,j=L->length-1;
    while(i<j){
        temp=L->elem[i];
        L->elem[i]=L->elem[j];
        L->elem[j]=temp;
        i++,j--;
    }
}
SqList CreateSqList(int n){//创建由 n 个整型元素构成的顺序表，n 个值由键盘输入
    SqList L;
    int k;
    L.listsize=100;
    L.length=n;
    L.elem=(int*)malloc(L.listsize*sizeof(int));
    printf("enter %d integers:",n);
    for(k=0;k<L.length;k++)
        scanf("%d",&L.elem[k]);
    return L;
}
void output(SqList L){//依序输出 L 中的各个元素
    int k;
    if(L.length==0){
        printf("empty list found!\n");
        return;
    }
    for(k=0;k<L.length;k++)
        printf("%d ",L.elem[k]);
}
int main(void){
    SqList list=CreateSqList(10);
    Reverse(&list);
    output(list);
    return 0;
}
```

程序运行情况如图 14.1 所示。

C:\Program Files (x86)\Dev-Cpp\Cons...

enter 10 integers:1 -2 3 -4 5 -6 7 -8 9 0

图 14.1　程序运行结果 1

说明：

(1) 函数 void Reverse(SqList *L)实现了对顺序表的逆置。函数的形参是一个指向顺序表的指针 L，即逆置的是 L 所指向的顺序表。思考一下：如果此参数不是指针，而是使用普通的值参数 L，即函数原型改为 void Reverse(SqList L)，此程序还能正确运行得到所要的结果吗？

(2) 为了能验证程序的运行，我们加上了另外两个函数，其中函数 SqList CreateSqList(int n)实现返回创建的由 n 个整型元素所构成的顺序表，函数 void output(SqList L)实现依序输出顺序表 L 中的各个元素值。请读者自行分析这两个函数的具体实现方法。

【例14-2】 编写函数，实现将顺序表list中的指定序号order1和order2的元素进行交换。

分析：两个元素的交换算法比较简单，只要注意这两个元素是顺序表上的两个元素就好。

```
#include <stdio.h>
#include<malloc.h>
typedef int ElemType;  //假设元素类型为int
typedef struct{
    ElemType *elem;
    int length;
    int listsize;
}SqList;

//将顺序表list中的指定序号order1和order2的元素进行交换
void Exchange(SqList *list,int order1,int order2){
    if(list->length==0){  //是否为空表?
        printf("empty list found!\n");
        return;
    }
    if(order1<1||order1>list->length||order2<1||order2>list->length){
    //参数是否合法?
        printf("illegal order found!\n");
        return;
    }
    ElemType temp=list->elem[order1-1];
   list->elem[order1-1]=list->elem[order2-1];
   list->elem[order2-1]=temp;
}
SqList CreateSqList(int n){//创建由n个整型元素构成的顺序表，n个值由键盘输入
    SqList L;
    int k;
    L.listsize=100;
    L.length=n;
    L.elem=(int*)malloc(L.listsize*sizeof(int));
    printf("enter %d integers:",n);
    for(k=0;k<L.length;k++)
        scanf("%d",&L.elem[k]);
    return L;
}
void output(SqList L){
    int k;
```

```
    if(L.length==0){
        printf("empty list found!\n");
        return;
    }
    for(k=0;k<L.length;k++)
        printf("%d ",L.elem[k]);
    printf("\n");
}
int main(void){
    SqList list=CreateSqList(10);
    printf("before exchange:\n");
    output(list);

    Exchange(&list,1,10); //将表中第 1 个元素和第 10 个元素进行交换
    printf("after exchang:\n");
    output(list);

   return 0;
}
```

程序运行情况如图 14.2 所示。

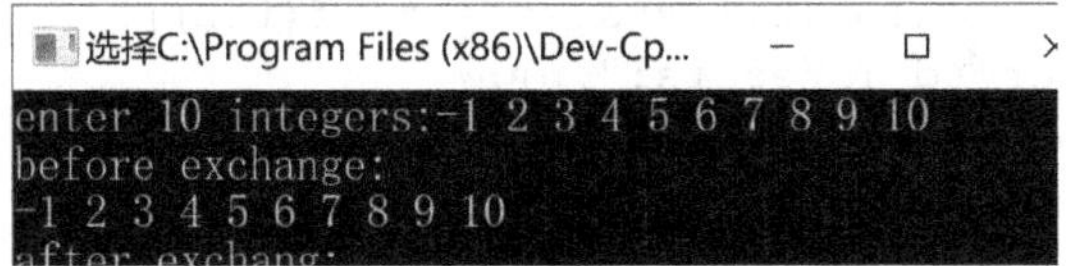

图 14.2 程序运行结果 2

【例 14-3】 编写函数，实现对顺序表中前 m 个元素和后 n-m 个元素的整体交换。

分析：可以利用【例 14-2】两个元素的交换的算法，先对表中前 m 个元素交换，再对表中后 n-m 个，最后再对 n 个元素进行交换，即可以得到想要的结果。

```
#include <stdio.h>
#include<malloc.h>
typedef int ElemType;  //假设元素类型为 int
typedef struct{
    ElemType *elem;
    int length;
    int listsize;
}SqList;

//将顺序表 list 中的指定序号 order1 和 order2 的元素进行交换
void Exchange(SqList *list,int order1,int order2){
    if(list->length==0){  //是否为空表?
        printf("empty list found!\n");
        return;
    }
    if(order1<1||order1>list->length||order2<1||order2>list->length){
    //参数是否合法?
        printf("illegal order found!\n");
        return;
    }
```

```
    ElemType temp=list->elem[order1-1];
    list->elem[order1-1]=list->elem[order2-1];
    list->elem[order2-1]=temp;
}
//整块交换顺序表中前 m 个元素和后 n-m 个元素
void BlockExchange(SqList *list,int m){
    int i,j;
   for(i=0,j=m-1; i<=j; i++,j--) //先将前 m 个元素逆置
      Exchange(list,i+1,j+1);

   for( i=m,j=list->length-1; i<=j; i++,j--) //再将后 n-m 个元素逆置
      Exchange(list,i+1,j+1);

   for( i=0,j=list->length-1; i<=j; i++,j--) //最后将所有 n 个元素逆置
      Exchange(list,i+1,j+1);
}
SqList CreateSqList(int n){//创建由 n 个整型元素构成的顺序表，n 个值由键盘输入
    SqList L;
    int k;
    L.listsize=100;
    L.length=n;
    L.elem=(int*)malloc(L.listsize*sizeof(int));
    printf("enter %d integers:",n);
    for(k=0;k<L.length;k++)
        scanf("%d",&L.elem[k]);
    return L;
}
void output(SqList L){
    int k;
    if(L.length==0){
        printf("empty list found!\n");
        return;
    }
    for(k=0;k<L.length;k++)
        printf("%d ",L.elem[k]);
    printf("\n");
}
int main(void){
    SqList list=CreateSqList(10);
    printf("before exchange:\n");
    output(list);

    Exchange(&list,1,10);
    printf("after exchang:\n");
    output(list);

     BlockExchange(&list,4); //将前 4 个元素与后面的 6 个元素，整块交换
     printf("after block exchang:\n");
     output(list);

    return 0;
}
```

程序运行情况如图 14.3 所示。

```
C:\Program Files (x86)\Dev-Cpp\Consol...
enter 10 integers:1 2 3 4 5 6 7 8 9 0
before exchange:
1 2 3 4 5 6 7 8 9 0
after exchang:
0 2 3 4 5 6 7 8 9 1
```

图 14.3 程序运行结果 3

说明:

(1) 函数 void BlockExchange(SqList *list,int m)的实现，关键在于算法的设计，由 3 步完成。

(2) 从这个函数的实现可以看出，复杂算法的实现，一般都是基于简单算法的组合叠加来完成的。就像搭积木的方式，通过对基本构件的组合，可以搭建出更为复杂的满足我们需求的“高楼大厦”，这也正是学习数据结构复杂类型设计和实现的“初心”吧。

14.1.2　线性链表的 C 实现

线性表既然可以采用顺序存储结构来实现，那又为什么要研究它的另一种实现方式，即它的链式存储结构呢？当然是有其原因的，一个重要的原因就是不同的存储结构都有其特定的优点和缺点。从这个层面上说，顺序表和链表各有优缺点，对方的优点恰好正是自己的缺点。顺序表适合做随机存取操作，不适合做插入和删除操作，而链表正好相反。总之，一种数据类型存储结构的设计，最重要的方面就是要考虑操作的方便性。

单向链表中结点类型的定义和单链表类型的定义：

```
typedef struct Node {
        ElemType        data ;
        struct Node     *next ;
}*LinkList;  //链表类型 LinkList 的定义
```

结点类型是结构体类型，链表类型是指向这种结构的指针类型。

基于链表这样的存储结构，就可以对其施加大量的操作，通过操作的具体实现，可以进一步提高对链表存储结构的理解。教材上已经有很多这样的操作例子，这里我们再举几个例子，加以说明，希望读者能深入理解，逐步掌握链表存储结构的精髓。

【例 14-4】 编写创建链表的操作函数 Link List　create_linklist(int data[],int n)，函数返回所创建的带头结点的单向链表 L，使链表 L={data[0],data[1],data[2],...,data[n-1]}。

```
#include<stdio.h>
#include<stdlib.h>

typedef struct LinkedNode{
    int data;                   //设元素类型为整型
    struct LinkedNode *next;
}LNode;
typedef LNode*  LinkList;

LinkList create_linklist(int data[],int n){
//建立链表 l，使链表 l={data[0],data[1],data[2],...,data[n-1]}.
```

```
    int i;
    LNode* l;
    l=(LNode*)malloc(sizeof(LNode));
    l->next=NULL;  //建立带头结点的空链表

    LNode* tail=l;

    for(i=0;i<n;i++){
        LNode* t=(LNode*)malloc(sizeof(LNode));
        t->data=data[i];
        t->next=NULL;

        tail->next=t; //每次循环，都将一新结点接到原链表的尾结点之后
        tail=t;       //修改尾结点指针的值
    }
    return l;
   }

void print(LinkList l){
    LNode* t=l->next;
    while(t!=NULL){
        printf("%-3d",t->data);
        t=t->next;
    }
}
int main(void){
    int dataA[]={1,2,3,4,5,6,12,13,14,55,66,88,99},
         dataB[]={1,3,6,8,9,12,13,14,45};
    int lenA=sizeof(dataA)/sizeof(int);
    int lenB=sizeof(dataB)/sizeof(int);
    LNode* A,*B;
    A=create_linklist(dataA,lenA); //建立链表 A
    B=create_linklist(dataB,lenB); //建立链表 A

    printf("list A :\n");
    print(A);
    printf("\nlist B :\n");
    print(B);
    return 0;
}
```

程序运行结果如图 14.4 所示。

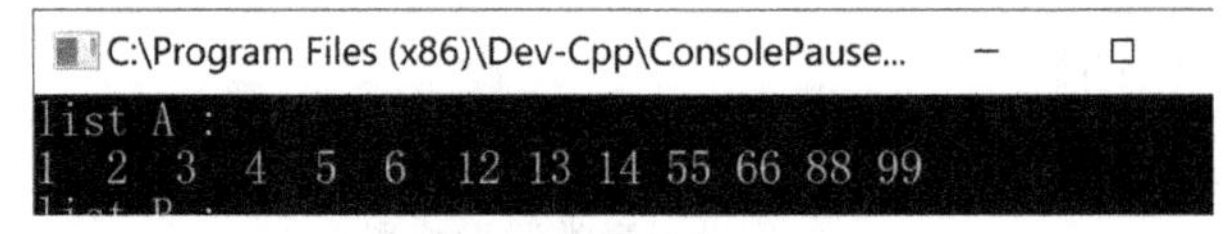

图 14.4　程序运行结果 4

说明：

(1) 函数返回用尾插法建立带头结点的单向链表，表中各元素分别来自数组 data[]中的 n 个元素。在尾插法中，必须时刻保存链表中尾结点的指针。

(2) 为了测试程序，定义函数 void print(LinkList l)，输出链表中各元素值。

【例 14-5】 编写函数，输出两个带头结点的单向链表 A 和 B 的交集，A 保存交集结果。A 和 B 中的元素升序。

分析： 利用两个链表元素有序的特点，分别从头到尾依次扫描表中各元素，各自比较。如果两个对应元素值相同，则为交集中的元素，否则就不是，直到扫描完 B 中各元素，此时依次删除 A 中的后面还剩下的所有元素。

```
#include<stdio.h>
#include<stdlib.h>

typedef struct LinkedNode{
    int data;                   //设元素类型为整型
    struct LinkedNode *next;
}LNode;
typedef LNode*  LinkList;

LinkList create_linklist(int data[],int n){
//建立链表，使链表 l={data[0],data[1],data[2],...,data[n-1]}.
  int i;
  LNode* l;
  l=(LNode*)malloc(sizeof(LNode));
  l->next=NULL;  //建立带头结点的空链表

  LNode* tail=l;

  for(i=0;i<n;i++){
      LNode* t=(LNode*)malloc(sizeof(LNode));
      t->data=data[i];
      t->next=NULL;

      tail->next=t; //每次循环，都将一新结点接到原链表的尾结点之后
      tail=t;       //修改尾结点指针的值
  }
  return l;
 }
void print(LinkList l){
    LNode* t=l->next;
    while(t!=NULL){
        printf("%-3d",t->data);
        t=t->next;
    }
}
void Interaction(LinkList A,LinkList B){
  LNode* preA=A,*pa=preA->next,*preB=B,*pb=preB->next;
  if(pb==NULL){ //如果 B 为空表，则结果交集 A 为空
      A->next=NULL;
      return;
  }
  if(pa==NULL)   return;  //如果 A 为空表，则结果交集 A 也为空
  while(pa!=NULL&&pb!=NULL){
      if(pa->data<pb->data){     //pa 指向的结点元素值<pb 指向的结点元素值
          preA->next=pa->next;  //删除 pa 指向的结点
          free(pa);
```

```
            pa=preA->next;    //改变pa 值
         }//if
        else if(pa->data==pb->data){
         //pa 指向的结点元素值==pb 指向的结点元素值，保留 A 中原来 pa 指向的结点
                preA=pa;
                 pa=preA->next;   //改变 pa 和 preA 的值

                preB=pb;
                 pb=preB->next;   //改变 pa 和 preA 的值
              }
            else{  //pa 指向的结点元素值>pb 指向的结点元素值
                 preB=pb;
                 pb=preB->next; //修改 preB 和 pb 的值，继续比较
            }

    }//endofwhile

    if(pb==NULL){  //删除 pa 指向的结点及其后的所有结点
        preA->next=NULL;
        return;
    }
}

int main(void){
    int dataA[]={1,2,3,4,5,6,12,13,14,55,66,88,99},
        dataB[]={1,3,6,8,9,12,13,14,45};
    int lenA=sizeof(dataA)/sizeof(int);
    int lenB=sizeof(dataB)/sizeof(int);
    LNode* A,*B;
    A=create_linklist(dataA,lenA);  //建立链表 A
    B=create_linklist(dataB,lenB);  //建立链表 A

    printf("list A :\n");
    print(A);
    printf("\nlist B :\n");
    print(B);
    printf("\n");

    Interaction(A,B);
    printf("after interaction:\n");
    print(A);
    return 0;
}
```

程序运行情况如图 14.5 所示。

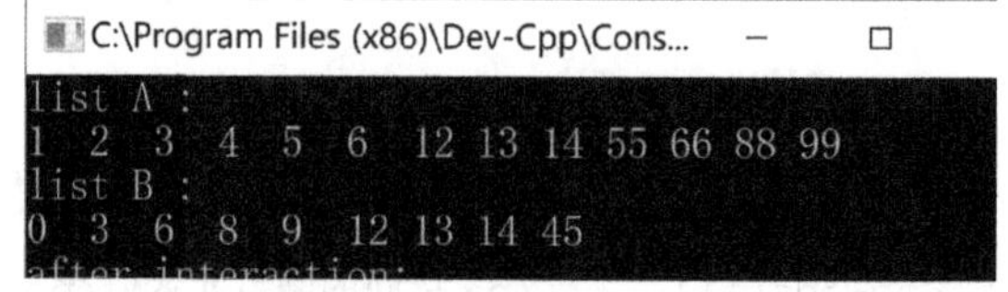

图 14.5　程序运行结果 5

说明：

(1) 求交集函数，关键在于算法的设计，当然，这个算法不是唯一的。

(2) 本例中链表表示了两个有序集，在实际使用中，链表还可以表示更多的具有线性关系的有序元素集。当然，用顺序表结构，也同样可以实现类似的线性表操作。

14.1.3　栈的 C 语言实现——顺序栈与链栈

栈是一种操作受限(插入和删除操作都只能在表尾端)的特殊线性表。类似于线性表，栈也可以采用顺序存储结构和链式存储结构来表示。借助 C 语言的结构体类型，可以将顺序表的类型定义如下：

```
typedef  struct {
     ElemType   *elem;  //基地址指针
     int Length;        //线性表的长度
     int Listsize;      //线性表的存储容量为 Listsize*sizeof(ElemType)
}SqList;                //顺序栈类型 SqList
```

同样地，借助 C 语言的结构体类型，可以将链栈的类型定义如下：

```
typedef struct Node{
        ElemType  data;
        struct Node   *next;
}SNode, *LinkStack;      //链栈类型 LinkStack
```

栈的使用也比较广泛，不管是顺序栈还是链栈，栈的使用特点就在于它的一个重要特性，即“后进先出”。正是栈的这一本质特性，使得栈在很多方面使用频繁。要理解和掌握栈的应用，必须牢牢体会和把握栈的“后进先出”这一重要特性。

教材上已经有一些栈的应用例子，下面再举例说明，希望大家对栈的概念和特性，以及顺序栈和链栈有一个更深的理解。

【例 14-6】 借助顺序栈的基本操作，实现将一个顺序表中的元素逆向输出。

分析： 可以将顺序表中个各个元素依次入栈，再依次出栈输出，就得到顺序表中元素的逆向输出。

```
#include<stdio.h>
#include<stdlib.h>
#define StackSize 100
typedef int ElemType;        //假设顺序表的元素类型为 int
typedef int SElemType;       //设栈的元素类型为 int
typedef struct{
    ElemType *elem;
    int length;
    int listsize;
}SqList;

typedef struct {
    SElemType   *base;       //栈存储空间首地址
```

```
        SElemType   *top;          //栈顶指针
        int     stacksize;         //栈容量
    }SqStack;

    SqList CreateSqList(int n){//创建由n个整型元素构成的顺序表，n个值由键盘输入
        SqList L;
        int k;
        L.listsize=100;
        L.length=n;
        L.elem=(int*)malloc(L.listsize*sizeof(int));
        printf("enter %d integers:",n);
        for(k=0;k<L.length;k++)
            scanf("%d",&L.elem[k]);
        return L;
    }
    SqStack IniSqStack(void) {
        SqStack s;
        s.stacksize=StackSize;
        s.base=(SElemType*)malloc(StackSize*sizeof(SElemType));
        s.top=s.base;
        return s;
    }

    void Push(SqStack *S, SElemType e){
      //插入元素e为新的栈顶元素
      if(S->top-S->base==S->stacksize) {//栈满
          printf("full stack found!\n");
          return;
      }
      *((S->top)++)=e;
    }//Push
    void Pop(SqStack *S, SElemType *e){
      //若栈不空，则删除栈顶元素，用*e返回其值
      if(S->top==S->base){
          printf("empty stack found\n");
          return;
        }
      *e=*(--(S->top));
    }//Pop
    int StackEmpty(SqStack S){
        //若栈空，返回1；否则返回0
        if(S.top==S.base) return 1; //栈空
        else return 0;
    }//StackEmpty

    void revPrintSqList(SqList L){
        int k,x;
        SqStack mystack=IniSqStack();;
        for(k=0;k<L.length;k++){
        Push(&mystack,L.elem[k]);
        }
```

```
    while(!StackEmpty(mystack)){
     Pop(&mystack,&x);

     printf("%d ",x);
    }
}
int main(void){
    SqList mylist;
    mylist=CreateSqList(10);    //创建由 10 个整数构成的顺序表 mylist
    revPrintSqList(mylist);
    return 0;
}//main
```

程序运行情况如图 14.6 所示。

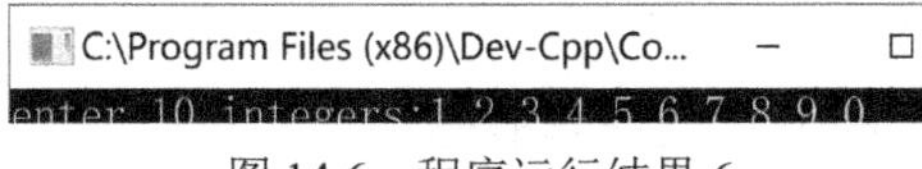

图 14.6　程序运行结果 6

说明：

(1) 函数 void revPrintSqList(SqList L)的功能实现，借助于顺序栈的基本操作。本例中，只是逆向输出顺序表 L 中的各个元素值，并没有对顺序表 L 本身进行逆置。大家可以考虑，如果要使得顺序表 L 逆置，应该怎么实现呢？

(2) 当然，该函数也可以借助于链栈的基本操作来实现，请大家自行思考完成。

【例 14-7】 编写函数，将链栈 s1 逆置，函数返回逆置后的 s2，s1 保持不变。

分析：可以依次扫描 s1 上的各个结点元素，将其依次插入到 s2 中(头插)，直到 s1 的结点元素全部插入完成，就可以得到 s1 的逆置链栈 s2。

```
#include<stdio.h>
#include<stdlib.h>
typedef int SElemType;    //设栈的元素类型为 int
typedef struct Node{
    SElemType   data;
    struct Node* next;
}SNode,*LinkStack;
LinkStack IniLinkStack(void) { //返回带头结点的空链栈 s
        LinkStack s;
        s=(SNode*)malloc(sizeof(SNode));
        s->next=NULL;
        return s;
}
void Push(LinkStack s,SElemType e){//将元素 e 入栈
        SNode* t=(SNode*)malloc(sizeof(SNode));
        t->data=e;
        t->next=s->next;
        s->next=t;
}
void browse(LinkStack s){//遍历栈 s，输出栈中各元素(从栈顶到栈底)
        SNode* p=s->next;
        while(p){
            printf("%d ",p->data);
```

```
            p=p->next;
        }
}
SElemType getTop(LinkStack s){
        if(s->next==NULL){
            printf("empty stack found!\n");
            exit(0);
        }
        return s->next->data;
}
void pop(LinkStack s,SElemType *e){
        SNode* t=s->next;
        if(s->next==NULL){
            printf("empty stack found!\n");
            return;
        }
        s->next=t->next; *e=t->data;
        free(t);
}
int Isempty(LinkStack s){
        if(s->next==NULL) return 1;
        else return 0;
}
LinkStack revlinkStack(LinkStack s1){//将链栈 s1 逆置得到返回的 s2,s1 不变
    LinkStack s2;
    SNode* p,*q;
    p=s1->next;
    q=p->next;
    s2=(SNode*)malloc(sizeof(SNode));
    s2->next=NULL;
    while(q){    //每次将 s1 上的 p 插入到 s2 中(头插)
        p->next=s2->next;
        s2->next=p;
        p=q;
        q=p->next;
    }
    p->next=s2->next;
    s2->next=p;
    return s2;
}
int main(void){
        int data[]={1,2,3,4,5},k;
        LinkStack s1=IniLinkStack();
        LinkStack s2;
        for(k=0;k<5;k++)
            Push(s1,data[k]);
        printf("\n 入栈后 s1 的各元素: \n");
        browse(s1);
        s2=revlinkStack(s1);
        printf("\ns2 的各元素: \n");
        browse(s2);
        return 1;
}
```

程序运行情况如图 14.7 所示。

图 14.7　程序运行结果 7

说明：

(1) 遍历 s1 的各个结点，采用头插法将其分别插入到 s2 中。要注意第一个结点和最后一个结点的处理。

(2) 测试程序构建了一个链栈 s1，调用设计的函数，得到对应逆置后的链栈 s2。

(3) 在程序设计中，应特别注意对一些处于循环“边界状态”点的特殊处理。

14.1.4　二叉树的二叉链表 C 语言实现

二叉树的二叉链表存储结构，是二叉树使用最广泛的一种结构。虽然，二叉树也可以采用顺序存储结构，但是由于二叉树的顺序存储结构，比较适合于“近似满二叉树”(除了最下面一层外，其他层必须都挂满结点，而且最下面一层的结点，自左到右必须连续挂，中间不能断缺)这样的树形。因此，二叉树如果采用顺序存储结构，就会存在比较大的空间浪费(需要补全那些空缺的空结点，才能正确表示出结点间的关系信息)。所以，二叉树通常都采用二叉(或三叉)链表存储结构，这里我们只讲述二叉树的二叉链式存储结构。如果大家需要了解其他存储结构，可以参考相关书籍或参考资料。

借助于 C 语言，二叉树的二叉链式存储结构定义：

```
typedef struct BiTNode{
        TElemType  data;
    struct BiTNode *lchild, *rchild;
    } BiTNode, *BiTree;
    BiTree bt;  //定义二叉链式存储结构的二叉树 bt
```

二叉树的二叉链式存储结构也类似与链表，只是它表示的是一种树形(层次)结构。

二叉树的遍历是二叉树最典型的操作，大家要好好理解和把握。教材上列举了一些遍历的算法及其应用，这里在举例加以说明，希望大家对这种结构有更深一步理解和体会。

【例 14-8】 二叉树采用二叉链表存储结构，编写函数，实现求二叉树中的最大元素值。

分析：可以以先序遍历为框架，用“擂台法”来实现求最大值。

```
#include<stdio.h>
#include<stdlib.h>
typedef char TElemType; //结点数据类型，设为字符类型

typedef struct BiTNode{ // 二叉树的二叉链式存储结构中的结点
    TElemType ch;
    struct BiTNode  *lchild, *rchild;  // 左右孩子指针
}BiTNode,*BiTree;
int max=0;
```

```
BiTree CreateBiTree(void){
    BiTree T;
    char c;
    scanf("%c",&c);
   if(c=='#')
        return NULL;
    else{
            T=(BiTree)malloc(sizeof(BiTNode));
            T->ch=c;                        // 生成根结点
            T->lchild=CreateBiTree();  // 构造左子树
            T->rchild=CreateBiTree();  // 构造右子树
            return T;
        }
}

void getmax(BiTree T){
    if(!T) return;
    else{
        if(T->ch>max)  max=T->ch;
        getmax(T->lchild);
        getmax(T->rchild);
    }
}

int main(void){
    BiTree T=CreateBiTree();
   getmax(T);
   printf("max=%c",max);
   return 1;
}
```

程序运行情况如图 14.8 所示。

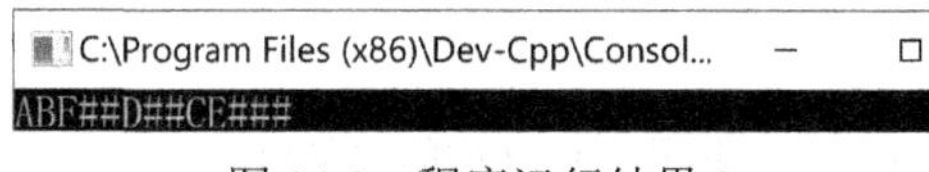

图 14.8　程序运行结果 8

说明：

(1) 以遍历为框架，在遍历过程中进行比较，得到二叉树的最大值。当然，可以使用不同的遍历(中序或后序)方法进行。

(2) 求最大值的算法也可以使用递归函数进行，请读者自行分析。程序修改如下：

```
//采用递归方法实现求二叉树的最大值。
#include<stdio.h>
#include<stdlib.h>
typedef char TElemType; //结点数据类型，设为字符类型

typedef struct BiTNode{ // 二叉树的二叉链式存储结构中的结点
    TElemType ch;
    struct BiTNode  *lchild, *rchild;  // 左右孩子指针
}BiTNode,*BiTree;

BiTree CreateBiTree(void){
```

```
    BiTree T;
    char c;
    scanf("%c",&c);
   if(c=='#')
        return NULL;
    else{
            T=(BiTree)malloc(sizeof(BiTNode));
            T->ch=c;                        // 生成根结点
            T->lchild=CreateBiTree();   // 构造左子树
            T->rchild=CreateBiTree();   // 构造右子树
            return T;
        }
}

char getmax(BiTree T){
    if(!T) return 0;
    if(T->lchild==NULL && T->rchild==NULL) return T->ch;
    else if(T->lchild==NULL)
            return T->ch>getmax(T->rchild)?T->ch:getmax(T->rchild);
    else if(T->rchild==NULL)
                return T->ch>getmax(T->lchild)?T->ch:getmax(T->lchild);
    else
return  (T->ch>getmax(T->lchild)?T->ch:getmax(T->lchild))>
       getmax(T->rchild)?(T->ch>getmax(T->lchild)?
       T->ch:getmax(T->lchild)):getmax(T->rchild);
}
int main(void){
    BiTree T=CreateBiTree();
   getmax(T);
   printf("max=%c",getmax(T));
   return 1;
}
```

(3) 由于二叉树的结构特点，很多操作都可以采用递归的方法来解决，所以大家一定要对递归的方法有较为深刻的理解和把握。

程序运行情况如图 14.9 所示。

图 14.9　程序运行结果 9

【例 14-9】 二叉树采用二叉链表存储结构，编写函数，实现求二叉树中的叶子结点的总数。

分析：类似于【例 14-7】，可以以先序遍历为框架，逐个检查每个结点的方法，进行叶子结点的统计。

```
#include<stdio.h>
#include<stdlib.h>
typedef char TElemType; //结点数据类型，设为字符类型

typedef struct BiTNode{ // 二叉树的二叉链式存储结构中的结点
```

```
    TElemType ch;
    struct BiTNode  *lchild, *rchild;  // 左右孩子指针
}BiTNode,*BiTree;
int num=0;
BiTree CreateBiTree(void){
    BiTree T;
    char c;
    scanf("%c",&c);
    if(c=='#')
        return NULL;
    else{
            T=(BiTree)malloc(sizeof(BiTNode));
            T->ch=c;                          // 生成根结点
            T->lchild=CreateBiTree();   // 构造左子树
            T->rchild=CreateBiTree();   // 构造右子树
            return T;
        }
}
void leaf(BiTree t){
    if(t==NULL) return;
    if(t->lchild==NULL && t->rchild==NULL) num++;
    leaf(t->lchild);
    leaf(t->rchild);
}

int main(void){
    BiTree T=CreateBiTree();
    leaf(T);
    printf("num=%d",num);
    return 1;
}
```

程序运行情况如图 14.10 所示。

图 14.10　程序运行结果 10

说明：

(1) 以先序遍历为框架，在遍历过程中进行叶子结点的统计累加，得到二叉树的叶子结点总数。当然，可以使用不同的遍历(中序或后序)方法进行。

(2) 在程序中，使用了全局变量 num 来存储统计的叶子结点总数。

(3) 也可以使用递归的方法来统计结点总数。程序修改如下：

```
#include<stdio.h>
#include<stdlib.h>
typedef char TElemType; //结点数据类型，设为字符类型

typedef struct BiTNode{ // 二叉树的二叉链式存储结构中的结点
    TElemType ch;
    struct BiTNode *lchild, *rchild;  // 左右孩子指针
```

```
}BiTNode,*BiTree;

BiTree CreateBiTree(void){
    BiTree T;
    char c;
    scanf("%c",&c);
    if(c=='#')
        return NULL;
    else{
            T=(BiTree)malloc(sizeof(BiTNode));
            T->ch=c;                          // 生成根结点
            T->lchild=CreateBiTree();   // 构造左子树
            T->rchild=CreateBiTree();   // 构造右子树
            return T;
        }
}
int leaf(BiTree t){
    if(t==NULL) return 0;
    if(t->lchild==NULL && t->rchild==NULL) return 1;
    return leaf(t->lchild)+leaf(t->rchild);
}

int main(void){
    BiTree T=CreateBiTree();
    printf("num=%d",leaf(T));
    return 1;
}
```

程序运行情况如图 14.11 所示。

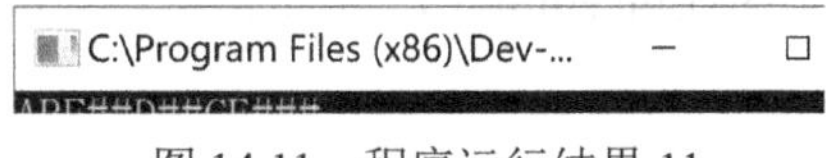

图 14.11　程序运行结果 11

(4) 请读者自行分析该递归算法的思路。

14.2　上机实践：C 语言的应用——典型数据结构及其实现

C 可以在很多领域得到广泛的应用，本章只是对 C 语言的应用做了一点示例，给出了 C 语言在抽象数据类型构造和实现上的几个典型应用场景。试图通过这些示例，让大家明白 C 语言可以在很多地方得到充分的灵活应用。当然，C 语言的应用远远不止这些，数据类型的构造也远不止这里讲解的几种，我们在此只做一个示范。希望读者认真体会教材上的例题和指导书上的所有例题，这些都是很好的上机实践题目，希望读者能一一上机实践，以加深理解。

14.2.1　实验目的

(1) 理解和掌握几种常见的典型数据结构的基本概念。

(2) 理解和掌握 C 语言实现几种典型数据的具体方法。

(3) 熟悉循环结构程序设计的方法和程序执行的流程。

(4) 加深对线性表的两种存储结构的进一步理解和掌握，进一步提高操作顺序表和链表的能力和编程水平，提高学生设计和构造复杂数据结构解决实际问题的水平和能力。

14.2.2　实验学时

3~5 学时。

14.2.3　实验内容和步骤

下面给出几个上机实践题，作为本章学习的上机实践，其中实践题 1 作为必做题，其他为选做题，希望读者能认真完成。

实践题 1

编写算法 Sqlist Changetosqlist(Linkedlist L)，将带头结点的单向链表 L 转换化对应的顺序表 list=(a1,a2,...,an)，设计测试程序测试之。

实验步骤：

(1) 设计和完成实验内容：完成函数的编写，并完成主函数的设计与测试。

(2) 基本要求：能实现函数的功能，完成测试程序，得到正确的结果。

(3) 测试数据：由自己设计数据集来完成。

① 算法 Linkedlist Createlinkedlist(int n)，建立由 n 个整数构成的带头结点的单向链表 L=(a1,a2,...,an),a1,a2,...an 由键盘输入。

② 算法 Sqlist Changetosqlist(Linkedlist L)，将带头结点的单向链表 L 转换化对应的顺序表 list=(a1,a2,...,an)。

```
#include<iostream>
using namespace std;
struct Sqlist{
    int *base,length,listsize;
};
typedef struct LinkNode{
    int data;
    LinkNode* next;
}*Linkedlist;
Linkedlist Createlinkedlist(int n){
    Linkedlist linklist,tail,t;
    linklist=new LinkNode;
    linklist->next=NULL;
    tail=linklist;
    cout<<"Input "<<n<<" integers:";
    for(int i=1;i<=n;i++){
        t=new LinkNode;
        cin>>t->data;
        t->next=NULL;
```

```
        tail->next=t;
        tail=t;
    }
    return linklist;
}

void Output(Sqlist L){
    cout<<"The elements of the list:"<<endl;
    for(int i=0;i<=L.length-1;i++)
        cout<<L.base[i]<<"  ";
    cout<<endl;
}

int Length(Linkedlist L){
    int len=0;
    Linkedlist t=L->next;
    while(t){
        len++;
        t=t->next;
    }
    return len;
}

Sqlist Changetosqlist(Linkedlist L){
    Sqlist sqlist;
    sqlist.listsize=Length(L)+30;
    sqlist.length=Length(L);
    sqlist.base=new int[sqlist.listsize];

    int i=0;
    Linkedlist t=L->next;
    while(t){
        sqlist.base[i]=t->data;
        t=t->next;
        i++;
    }
    return sqlist;
}

void browse(Linkedlist L){
    cout<<"the elememts of the linked list :"<<endl;
    Linkedlist t=L->next;
    while(t){
        cout<<t->data<<"  ";
        t=t->next;
    }
    cout<<endl;
}

void main(void){
    int n=5;
```

```
    Linkedlist link_list=Createlinkedlist(n);
    browse(link_list);
   Sqlist sqlist=Changetosqlist(link_list);
   Output(sqlist);
}
```

实践题 2

编写算法，实现对带头结点的单向链表中的元素进行选择排序，并设计测试程序测试之。

```
#include<iostream>
using namespace std;

typedef int DataType;
typedef struct Node{
    DataType data;
    Node* next;
}LNode,*LinkList;

 void CreateList(LinkList& list,DataType data[],int n){
    list=new LNode;
    list->next=NULL;
    LNode* rear=list;
    for(int i=1;i<=n;i++){
        Node* temp=new LNode;
        temp->next=NULL;
        temp->data=data[i-1];

        rear->next=temp;
        rear=temp;
    }
}//CreatList

void browse(LinkList list){
    LNode* temp=list->next;
    while(temp!=NULL){
        cout<<temp->data<<" ";
        temp=temp->next;
    }
}

void SelectSort(LinkList &L){
   LinkList p,q;
   DataType temp;
   p=L->next;

   while(p!=NULL) {
      q=p->next;
      while(q!=NULL) {
         if( p->data>q->data ){
              temp=p->data;
              p->data=q->data;
              q->data=temp;
```

```
            }
            q=q->next;
         }//while(q!=NULL)
        p=p->next;
      } //while(p!=NULL)
} //SelectSort


void main(void){
    int a[10]={1,2,-3,-4,5,6,-7,8,9,-10};
    LinkList list;
    CreateList(list,a,10);
    cout<<"排序前链表的各元素："<<endl;
    browse(list);
    cout<<endl<<endl;
    SelectSort(list);
    cout<<"排序后的链表各元素："<<endl;
    browse(list);
    cout<<endl;
}
```

实践题 3

(1) 创建一个由 n 个整数构成的带头结点的单向循环链表 L1，n 和 n 个整数由键盘输入；
(2) 将 L1 中的正整数串成另一个带头结点的单向链表 L2(L1 不用改变)，遍历 L2。

```
#include<iostream>
using namespace std;

typedef struct Node{
    int data;
    Node* next;
}*LinkList;

void PrintCircularLink(LinkList L){
    Node* p=L->next;
    while(p!=L){
        cout<<p->data<<" , ";
        p=p->next;
    }
}

void PrintLinkList(LinkList L){
    if(L==NULL) {
        cout<<"empty linklist!"<<endl;
        return;
    }

    Node* t=L->next;
    while(t){
        cout<<t->data<<",";
        t=t->next;
    }
```

```
}

void main(void){
    int n,i;
    LinkList L1,L2;
    L1=new Node;
    L1->next=NULL;
    cout<<"enter n:";
    cin>>n;
    Node* t;
    Node* tail=L1;
    for(i=1;i<=n;i++){ //用尾插法，生成 n 个整数构成的单向循环链表 L1
        cout<<"enter No."<<i<<" data:";
        t=new Node;
        cin>>t->data;
        t->next=NULL;
        tail->next=t;
        tail=t;
    }
    tail->next=L1;

   PrintCircularLink(L1); cout<<endl;
   cout<<"-------------------------------"<<endl;
   L2=new Node;
   L2->next=NULL;
   Node* tail2=L2;

   t=L1->next;
   while(t!=L1)
       if(t->data>0){
           Node* p=new Node;
           p->data=t->data;
           p->next=NULL;
           tail2->next=p;
           tail2=p;
           t=t->next;
       }
       else
           t=t->next;
   PrintLinkList(L2);
   cout<<endl;
}
```

实践题 4

借助栈，设计先序遍历二叉树的非递归算法，在遍历过程中统计叶子结点的个数。

借助栈，设计中序遍历二叉树的非递归算法，在遍历过程中统计含有两个孩子结点的个数。

```
#include<iostream>
using namespace std;
```

```
typedef struct BiTNode{
    char data;
    BiTNode *lchild, *rchild;
}BiTNode,*BiTree;

//静态顺序栈的实现----------------------------------------------

typedef struct{
    BiTree data[100];
    int top;
}SqStack;

void InitStack(SqStack& s){
    s.top=0;
}

int Push(SqStack& s,BiTree e){
    if(s.top==100)  return 0;
    s.data[s.top++]=e;
    return 1;
}//

int Pop(SqStack& s,BiTree &e){
    if(s.top==0)  return 0;
    s.top--;
    e=s.data[s.top];
    return 1;
}//

int StackEmpty(SqStack s){
    if(s.top==0) return 1;
    else return 0;
}//

int GetTop(SqStack s,BiTree& e){
    if(!StackEmpty(s)){
        e=s.data[s.top-1];
        return 1;
    }
    else
        return 0;
}//

//依据扩展的先序遍历序列，创建二叉树
void Create(BiTree& t){
    char ch;
    cin>>ch;

    if(ch=='@') {
        t=NULL;
        return;
```

```
    }
    else{
        t=new BiTNode; t->data=ch;
        Create(t->lchild);
      Create(t->rchild);
    }
}//Create

 //递归遍历二叉树
void Inorder(BiTree t){
     if(t){
         Inorder(t->lchild);
         cout<<t->data;
         Inorder(t->rchild);
     }
 }//Inorer

//先序非递归遍历二叉树，在遍历过程中统计叶子结点的个数
void PreOrderTraverse(BiTree bt,int &num){
    if (!bt) return;
    num=0;
    SqStack S;
    BiTree p;
    InitStack(S);
    Push(S,bt);   //树根的指针进栈
    while (!StackEmpty(S)){
        Pop(S,p);
        while(p){ //沿着左链一路向下
          if(p->lchild==NULL&&p->rchild==NULL) num++; //访问
          if(p->rchild)  Push(S,p->rchild); //右孩子进栈
          p=p->lchild;
        }
    }
}
//中序遍历的非递归算法,在遍历过程中统计含有两个孩子结点的个数
void InOrderTraverse(BiTree bt,int& num){
    SqStack S;
    BiTree p;
    InitStack(S);
    Push(S,bt);
    while (!StackEmpty(S)){  //栈非空时
        while (GetTop(S,p)&&p)
           Push(S,p->lchild); //一直向左走到头，并将所经历的结点入栈
          Pop(S,p); //将空指针退出栈 S
          if (!StackEmpty(S)){  //栈非空时
              Pop(S,p);   //弹出结点 p
              if(p->lchild!=NULL&&p->rchild!=NULL) num++;
                //统计含有两个孩子结点的个数
              Push(S,p->rchild); //将结点 p 的右子树入栈
        } //if
    } //while
```

```
}//InOrderTraverse

 void main(void){
     int leafnum=0;
     BiTree mytree=NULL;
     Create(mytree);
     cout<<"递归的中序遍历：";
     Inorder(mytree);
     cout<<endl;
     cout<<"非递归的先序遍历,统计叶子结点个数:";
     int n;
     PreOrderTraverse(mytree,n);
     cout<<n<<endl;
     cout<<"非递归的中序遍历,统计含有两个孩子结点的个数为:";
     InOrderTraverse(mytree,leafnum);
     cout<<leafnum;
     cout<<endl;
 }
```

实践题 5

(1) 编写函数 Init：构造两个带头结点的有序单链表 L1 和 L2。元素的值分别为：3，5，20，50，80，125 和 10，35，45，85，90，98。

(2) 编写函数 Union：求单链表 L1 和 L2 的并集 L3，并统计单链表 L3 的长度。

(3) 在主程序中调用这两个函数进行测试：输出单链表 L3 中的元素及其长度。

```
#include<iostream>
using namespace std;
typedef int ElemType;
typedef struct LNode{
    ElemType data;
    LNode* next;
}*LinkList;

void Init(LinkList& L1, LinkList& L2){
    int len1,len2,k;
    L1=new LNode;
    L1->next=NULL;
    L2=new LNode;
    L2->next=NULL;
    LNode* p,*tailofL1=L1,*tailofL2=L2;
    cout<<"请输入要构造的单链表 L1 的长度：";
    cin>>len1;
    cout<<"请输入单链表 L1 的各元素：";
    for(k=1;k<=len1;k++){  //将读入的各数据结点，逐个加入链表
            p=new LNode;
            p->next=NULL;
            cin>>p->data;

            tailofL1->next=p;
            tailofL1=p;
```

```
        }//if
    cout<<"\n 请输入要构造的单链表 L2 的长度: ";
    cin>>len2;
    cout<<"请输入单链表 L2 的各元素: ";
    for(k=1;k<=len2;k++){  //将读入的各数据结点，逐个加入链表
            p=new LNode;
            p->next=NULL;
            cin>>p->data;

            tailofL2->next=p;
            tailofL2=p;
        }//if
}//Init

void Display(LinkList L){  //显示单链表 L 中的各元素
    LNode* p;
    p=L->next;
    while(p){
        cout<<p->data<<" ";
        p=p->next;
    }
}//Display

void Union(LinkList& L1,LinkList& L2,LinkList& L3){
    L3=new LNode;
    L3->next=NULL;
    LNode *p1,*p2,*p3,*tailofL3=L3;
    p1=L1->next;
    p2=L2->next;
    while(p1&&p2){
        if(p1->data<p2->data){ //将 p1 结点插入到 L3 中
            p3=new LNode;
            p3->next=NULL;
            p3->data=p1->data;
            tailofL3->next=p3;
            tailofL3=p3;
            p1=p1->next;    //p1 后移
        }
        if(p1->data>p2->data){//将 p2 结点插入到 L3 中
            p3=new LNode;

            p3->next=NULL;
            p3->data=p2->data;

            tailofL3->next=p3;
            tailofL3=p3;
            p2=p2->next;   //p2 后移
        }
        else{  //p1->data==p2->data,摘其中的 p1 或 p2，插入到 L3 中
          p3=new LNode;
            p3->next=NULL;
            p3->data=p1->data;
```

```
                tailofL3->next=p3;
                tailofL3=p3;
              p1=p1->next;  //p1 后移
              p2=p2->next;   //p2 后移
            }
        }//while
        //------------跳出 while 后的处理------------------
        if(p1==NULL)  //将 p2 剩下的各个结点插入到 L3
            while(p2){
                p3=new LNode;
                p3->next=NULL;
                p3->data=p2->data;
                tailofL3->next=p3;
                tailofL3=p3;
                p2=p2->next;   //p2 后移
            }//while
        if(p2==NULL)  //将 p1 剩下的各个结点插入到 L3
            while(p1){
                p3=new LNode;
                p3->next=NULL;
                p3->data=p1->data;
                tailofL3->next=p3;
                tailofL3=p3;
                p1=p1->next;   //p1 后移
            }//while
    }//Union

    int Length(LinkList L){
        int len=0;
        LinkList p=L->next;
        while(p){
            len++;
            p=p->next;
        }
        return len;
    }

    void main(void){
        LinkList L1,L2;
        Init(L1,L2);
        cout<<"\n 所构造的单链表 L1 各元素为:"<<endl;
        Display(L1);
        cout<<"\n\n 所构造的单链表 L2 各元素为:"<<endl;
        Display(L2);  cout<<endl;
        LinkList L3;
        Union(L1,L2,L3);
        cout<<"\n\n 所合并的单链表 L3 各元素为:"<<endl;
        Display(L3);  cout<<endl<<endl;
        cout<<"L3 的长度为: "<<Length(L3)<<endl;

    }//main
```

实践题 6

(1) 编写函数 Init：构造线性顺序表 sq，要求输入初始数据的个数 n 和这 n 个正整数，如 n=7，n 个数为：15，20，80，17，3，30，45

(2) 编写函数 Split：将顺序表 sq 分为两个带头结点的线性单链表 L1 和 L2，分别存储原 sq 中的奇数元素和偶数元素，并统计每个单链表的长度(长度由子程序参数返回)。

(3) 在主程序中调用这两个函数进行测试：输出显示每个单链表的元素及其长度。

```
#include<iostream>
using namespace std;
#define MAX_NUM 100
typedef int ElemType;
typedef struct{
    ElemType *elem;
    int length,listsize;
}Sqlist;

typedef struct LNode{
    ElemType data;
    LNode* next;
}*LinkList;

void Init(Sqlist& sq){
    int num,data,index=0;
    cout<<"Enter the number of elements of sq:";
    cin>>num;
    sq.listsize=MAX_NUM;
    sq.elem=new ElemType[sq.listsize];
    cout<<"Enter "<<num<<" data:"<<endl;
    for(int k=1;k<=num;k++){
        cin>>data;
        sq.elem[index++]=data;
    }
    sq.length=index;
}

void Split(Sqlist sq,LinkList& L1,LinkList& L2,int& lenofL1,int& lenofL2){
    L1=new LNode;
    L1->next=NULL;

    L2=new LNode;
    L2->next=NULL;

    LNode* pnode,*tailofL1=L1,*tailofL2=L2;
    for(int k=0;k<sq.length;k++){  //扫描顺序表中各个元素
        if(sq.elem[k]%2==1){       //当前顺序表中的元素，若为奇数
            pnode=new LNode;
            pnode->data=sq.elem[k];
            pnode->next=NULL;
```

```
            tailofL1->next=pnode;
            tailofL1=pnode;
        }//if
        else{                             //当前顺序表中的元素，若为偶数
            pnode=new LNode;
            pnode->data=sq.elem[k];
            pnode->next=NULL;
            tailofL2->next=pnode;
            tailofL2=pnode;
        }//if
    }//for

    lenofL1=0;           //求 L1 的长度
    pnode=L1->next;
    while(pnode){
        lenofL1++;
        pnode=pnode->next;
    }

    lenofL2=0;           //求 L2 的长度
    pnode=L2->next;
    while(pnode){
        lenofL2++;
        pnode=pnode->next;
    }

}//Split

void Display(LinkList L){  //显示单链表 L 中的各元素
    LNode* p;
    p=L->next;

    while(p){
        cout<<p->data<<" ";
        p=p->next;
    }
}//Display

void main(void){
    Sqlist sq;
    Init(sq);

    cout<<"\n 构造的顺序表 sq 中各元素为: "<<endl;
    for(int k=0;k<sq.length;k++)
        cout<<sq.elem[k]<<" ";
    int len1,len2;

    LinkList L1,L2=NULL;
    Split(sq,L1,L2,len1,len2);
```

```
    cout<<"\n\n 单链表 L1 中的各元素: "<<endl;
    Display(L1);
    cout<<"\n 单链表 L1 的长度为: "<<len1<<endl<<endl;

    cout<<"\n 单链表 L2 中的各元素: "<<endl;
    Display(L2);
    cout<<"\n 单链表 L2 的长度为: "<<len2<<endl<<endl;
}
```

实践题 7

编写算法，实现将带头结点的单链表逆置。

```
#include<iostream>
using namespace std;
struct Node{
    int data;
    Node* next;
};

void print(Node* list) //遍历带头结点的单链表
{
    Node* t=list->next;
    while(t!=NULL){
        cout<<t->data<<", ";
        t=t->next;
    }
}

void create(Node* &l,int data[],int n)
//创建带头结点的单链表 l=(data[0],data[1],...,data[n-1])
{
    l=new Node;
    l->next=NULL;

    Node* tail=l,*t;
    for(int k=1;k<=n;k++){
        t=new Node;
        t->data=data[k-1];
        t->next=NULL;
        tail->next=t;
        tail=t;
    }
}

/*逆置算法 1

void ReverseLinkList2 (Node*  &L )    {
// L 是带头结点的单链表的头指针; p、q、r 是 3 个辅助指针
//在扫描链表的过程中进行逆置操作
   Node* p,*q,*r;
    if (!L->next ) return;          //空表
```

```
    p=L->next;  q=p->next;              //原表中，*p 为*q 的前驱
    p->next=NULL;                       //a1 的 next 置空指针，剥离头结点
    while (q) {   r=q->next ;           //修改 q->next 之前，保存 q->next 到 r
                 q->next=p ;            //逆置表中，*q 为*p 的前驱
                 p=q ; q=r ;            //参与扫描的指针都需后移
     }
     L->next=p;
}  //ReverseLinkList2

*/

void ReverseList(Node* &l)
{
   Node *p,*q,*r;

   p=l->next->next;q=p->next;
   if(p==NULL) return;

   r=l->next;
   r->next =NULL;

   while(p->next!=NULL){
     //每次将未逆置的链表中的首结点*p，挂在部分逆置好的链表首结点*r 之前，
     //在改变 p->next 之前，将 p 的后继结点存储在 q 之中
       p->next=r;
       r=p;
       p=q;q=p->next;

   }

   p->next=r; //最后一结点的处理
   l->next=p;
}

void main(void)
{
    Node* mylist;
    int a[]={1,2,3,4,5,6,7,8,9,10};
    int size=sizeof(a)/sizeof(int);
    create(mylist,a,size);
    print(mylist);
    cout<<endl;
   ReverseList(mylist);
    print(mylist);
}
```

第15章　考试模拟试卷

考试模拟试卷解析

15.1　模拟试卷 1

一、单项选择题(每小题 2 分，共 40 分)

1. (　　)是关于 C 语言数据类型的正确叙述。

A. 变量必须先定义后使用　　B. 不允许使用空类型

C. 结构体类型是基本类型　　D. 数组并不是构造类型

2. (　　)为正确的用户标识符。

A. struct　　B. 5f　　C. _f 0.6　　D. _for

3. 若有定义 int m=6;，则正确的赋值表达式是(　　)。

A. m*7　　B. m*5=8　　C. m-=m*6　　D. double(-m)

4. (　　)是正确的叙述。

A. (int)5.0/6 与 5/6 等价　　B. 'G' 与"G" 等价

C. 5/6 与 5.0/6.0 等价　　D. ++3 与 4 等价

5. 若已定义 double y; ，拟从键盘输入一个值赋给变量 y，则正确的函数调用是(　　)。

A. scanf("%d",&y) ;　　B. scanf("%7.2f",&y) ;

C. scanf("%lf",&y) ;　　D. scanf("%ld",&y) ;

6. 若已定义 int x=5,y=9,z; ，语句 z=x>=y; 运行后 z 的值为(　　)。

A. 1　　B. .t.　　C. 0　　D. .f.

7. 已定义 int m ='A'; 则正确的表达式是(　　)。

A. 2*m=m++　　B. m=int(-3.2)　　C. m%3　　D. m=m-m=m-5

8. 以下程序运行时，若从键盘输入 6，则输出结果是(　　)。

```
#include <stdio.h>
void main(void){
 int x;
 scanf("%d",&x);
 if (x-->6)
   printf("%d\n",x);
 else
   printf("%d\n",--x);
}
```

A. 4　　B. 5　　C. 6　　D. 3

9. 在循环语句的循环体中，break 语句的作用是(　　)。

A. 继续执行 break 语句之后的循环体各语句

B. 提前结束循环，接着执行该循环后续的语句

C. 结束本次循环

D. 暂停程序的运行

10. 若已定义 int arr[10]; 则不能正确引用 arr 数组元素的是(　　)。

A. arr[0]　　B. arr[1]　　C. arr[10-1]　　D. arr[7+3]

11. 若有定义 int s3. [4]={{1,2},{0},{3,4,5}};，则 s[2][1]的值为(　　)。

A. 3　　B. 4　　C. 0　　D. 1

12. 设已定义 char s1[8],s2[8]="Science";，能将字符串"Science"赋给数组 s1 的语句是(　　)。

A. s1=s2;　　B. strcpy(s2,s1);

C. strcpy(s1,s2);　　D. s1="Science";

13. 以下程序运行后的输出结果是(　　)。

```
#include <stdio.h>
int fun(int a, int b){
  return(a-b);
}
void main(void){
  int x=5,y=3,k;
  k=fun(x,y);
  printf("%d-%d=%d\n",x,y,k);
}
```

A. 0　　B. x-y=2　　C. 5-3=2　　D. 2

14. 以下程序运行后的输出结果是(　　)。

```
#include <stdio.h>
#define F(m,n) m*n
void main(void ){
int x=5,y=3,a1,a2;
  a1=F(x+y,x-y);
  a2=F(x-y,x+y);
  printf("%d,%d\n",a1,a2);
}
```

A. 16,16　　B. 16,-16　　C. -7,17　　D. 17,-7

15. 有以下语句：

```
int a[5]={0,1,2,3,4,5},i;
   int *p=a;
```

设 0≤i<5，对 a 数组元素不正确的引用是(　　)。

A. *(&a[i])　　B. a[p-a]　　C. *(*(a+i))　　D. p[i]

16. 以下程序段运行后变量 s 的值为(　　)。

```
int a[]={1,2,3,4,5,6,7};
int i,s=1,*p;
p=&a[3];
for(i=0;i<3;i++)
```

```
  s*=*(p+i);
```

A. 6　　B. 60　　C. 120　　D. 210

17. 以下程序段的运行结果是(　　)。

```
union{
  int n;
  char str[2];
}t;
t.n=80;
t.str[0]='a';
t.str[1]=0;
printf("%d\n", t.n);
```

A. 80　　B. a　　C. 0　　D. 97

18. 若有以下定义：

```
struct node{
  int data;
  struct node *next;
}*p;
```

已建立如下图所示的链表：

p → [data |] → [data |] → … → [data | ∧]

指针 p 指向第一个结点，能输出链表所有结点的数据成员 data 的循环语句是(　　)。

A. while(p!=NULL){
　　printf("%d,",p->data);
　　p++;
　}

B. while(p){
　　printf("%d,", p.data);
　　p=p->next;
　}

C. for(; p!=NULL; p++)
　　printf("%d,", p->data);

D. for(; p; p=p->next)
　　printf("%d,", (*p).data);

19. 错误的枚举类型定义语句是(　　)。

A. enum car {A, B, C};　　B. enum car {1, 2, 3};

C. enum car {X=0, Y=5, Z=9};　　D. enum car {D=3, E, F};

20. 文件操作的一般步骤是(　　)。

A. 打开文件，定义文件指针，修改文件，关闭文件

B. 打开文件，定义文件指针，读写文件，关闭文件

C. 定义文件指针，定位指针，读写文件，关闭文件

D. 定义文件指针，打开文件，读写文件，关闭文件

二、改错题(每题 10 分，共 20 分)

说明：

(1) 修改程序在每对“/**/”之间存在的错误。

(2) 不得删改程序中的"/**/"注释和其他代码。

1. 以下程序实现将键盘输入字符串中的'0'～'8'数字字符逐个转换成比它大 1 的数字字符，遇到'9'数字字符则转换成'0'。例如，

输入：ab56cd89EF12GH43

输出：ab67cd90EF23GH54

```
#include <stdio.h>
#include <string.h>
void main(void){
  char  s1[100], s2[100];
  int i,s_len;
  printf("Please input a string: \n");
  gets(s1);
  s1len = /**/  s1  /**/;
  for(i=0; i<s1len; i++) {
     if(/**/  s1[i] >= '0' || s1[i] <= '8'  /**/ )
         s2[i] = s1[i] + 1;
     else if( s1[i]=='9' )
              s2[i] = s1[i]-9 ;
           else
              s2[i] = s1[i];
  }
     /**/ s2[i+1] /**/ = '\0';
  puts(s2);
 }
```

2. 以下程序实现打印 10～99 之间的整数中，能被 3 整除且至少有一位是 4 的所有整数。

```
#include <stdio.h>
void find(/**/  n  /**/){
  int a1,a2;
  a1=m%10;
  a2=m/10;
  if(m%3==0 &&(/**/ a1==4 && a2==4 /**/))
       printf("%d\n",m);
}
void main(void){
   int k;
   for(k=10;k<=99;k++)
       /**/  fun( k )  /**/;
   }
```

三、填空题(每题 10 分，共 20 分)

说明：

(1) 在每对"/**/"之间的空白处补充程序，以完成题目的要求。

(2) 不得删改程序中的"/**/"注释和其他代码。

1. 补充以下程序，实现求出所有满足 MN+NM=99 的一位整数 M 和 N。

```
#include <stdio.h>
```

```
void main(void){
   int  m,n,k;
   for ( m = 1; m < 10 ; m++)
       for (/**/ (1) /**/ ){
            k = /**/ (2) /**/ ;
            if (k == 99)
                 printf ( "M = %d  N = %d\n", m, n );
           }
}
```

2. 补充以下程序，实现不断输入各个整数，分别统计其中小于零、大于零和最低位为 3 的整数个数，直到输入零时程序结束。

```
#include <stdio.h>
#include <math.h>
void main(void){
  int x,na,nb,nc;
  na=nb=/**/ (1) /**/;
  printf("Please input integer number, end with 0:\n");
  scanf("%d",&x);
  while( x )  {
     if(x<0)
          /**/  (2)  /**/;
     else
          ++nb;
     if( abs(x%/**/ (3) /**/)==3 )
             ++nc;
     printf("Please input integer numbers, end with 0:\n");
     scanf("%d",&x);
   }
   printf("na=%d   nb=%d   nc=%d\n",na,nb,nc);
}
```

四、编程题(每题 10 分，共 20 分)

说明：

(1) 在一对“/**/”之间编写程序，以完成题目的要求。

(2) 不得删改程序中的“/**/”注释和其他代码。

1. 完成以下程序中的 fun()函数，该函数求下面数学表达式的值：

$$\text{fun(x)} = \frac{2x^2 - 1}{\left|e^{2x} - \text{tg}x + 1\right|}$$

```
#include <math.h>
#include <stdio.h>
double fun(double x){
 /**/


 /**/
}
```

```
void main(void){
  double x;
  printf("Pleae input x:");
  scanf("%lf",&x);
  printf("\nfun(%6.3lf) = %6.3lf\n",x,fun(x));
}
```

2. 完成以下程序中的fun(long a[])函数，函数实现找出1～999之间所有“同构数”并依次存放在数组a中，返回找到的个数。所谓“同构数”，是指这个数出现在它的平方数的右侧。

例如：

5 出现在 25 右侧　　5 是同构数

25 出现在 625 右侧　　25 是同构数

76 出现在 5576 右侧　　76 是同构数

```
#include <stdio.h>
int fun(long a[]){
  /**/

  /**/
}

void main(void){
  int i,n;
  long a[20];
  n=fun(a);
  for(i=0;i<n;i++)
  printf("%ld ",a[i]);
  printf("\n");
  printf("n=%d\n",n);
}
```

15.2　模拟试卷 2

一、单项向选择题(每小题 2 分，共 40 分)

1. 在C语言中，合法的字符常量是(　　)。

A. '字'　　B. "A"　　C. "ABC"　　D. '\x41'

2. C 语言的下列运算符中，优先级最高的运算符是(　　)。

A. ++　　B. +=　　C. ||　　D. !=

3. 语句 k=(m=5,n=++m); 运行之后，变量 k、m、n 的值依次为(　　)。

A. 5,5,6　　B. 5,6,5　　C. 6,6,5　　D. 6,6,6

4. 下列语句中，符合 C 语言语法的赋值语句是(　　)。

A. a=7+b+c=a+7;　　B. a=7+b++=a+7;

C. a=7+b,b++,a+7;　　D. a=7=b,c=a+7;

5. 已有定义 char s; ，使用 scanf()函数输入一个字符给变量 s，不正确的函数调用是(　　)。

A. scanf("%c",&s) ;　　B. scanf("%d",&s) ;

C. scanf("%u",&s) ;　　D. scanf("%lf",&s) ;

6. 有以下程序：

```
#include <stdio.h>
void main(void){
 int c;
while((c=getchar())!= '\n') {
 switch(c-'2'){
      case 0 :
      case 1 : putchar(c+4);
      case 2 : putchar(c+4); break;
      case 3 : putchar(c+3);
      default: putchar(c+2); break;
    }
  }
  printf("\n");
}
```

当输入 247<回车>，程序的输出结果是(　　)。

A. 689　　B. 6689　　C. 66778　　D. 66887

7. 已定义 char c = 'A' ; 则正确的赋值表达式是(　　)。

A. c=\028　　B. c=(c++)%4　　C. c+1=66　　D. c+=127--

8. 对于整型变量 a，赋值语句 a=(a%3==0?1:0); 与(　　)语句不等价。

A. if (a%3= =0) a=1; else a=0;　　B. if (a%3!=0) a=0; else a=1;

C. if (a%3) a=0; else a=1;　　D. if (a%3) a=1; else a=0;

9. 以下程序段运行后，循环体中的 n+=3; 语句运行的次数为(　　)。

```
int i,j,n=0;
for(i=1;i<=3;i++)
   for(j=1;j<=i;j++){
      n+=3;
       printf("%d\n",n);
   }
```

A. 6 次　　B. 9 次　　C. 12 次　　D. 1 次

10. 数组元素下标的数据类型为(　　)。

A. 整型常量、字符型常量或整型表达式　B. 字符串常量

C. 实型常量或实型表达式　　D. 任何类型的表达式

11. 不能对二维数组 a 进行正确初始化的语句是(　　)。

A. int a[3] [2]={{1,2,3},{4,5,6}};　　B. int a[3] [2]={{1},{2,3},{4,5}};

C. int a[][2]={{1,2},{3,4},{5,6}};　　D. int a[3] [2]={1,2,3,4,5};

12. 设有下列语句，则(　　)是对 a 数组元素的不正确引用，其中 0≤i<10。

```
int a[10]={0,1,2,3,4,5,6,7,8,9}, *p=a;
```

A. a[p-a]　　B. *(&a[i])　　C. p[i]　　D. *(*(a+i))

13. 以下程序运行后的输出结果是(　　)。

```
#include <stdio.h>
int a=2,b=3,c=5;
int fun(int a, int b){
    int c;
    c=a>b?a:b;
    return(c);
}
void main(void){
  int a=6;
  printf("%d",fun(fun(a,b),c));
}
```

A. 5　　B. 3,5　　C. 6,5　　D. 6

14. 以下叙述正确的是(　　)。

A. 编译预处理命令行必须以分号结束

B. 程序中使用带参数的宏时，参数类型要与宏定义时一致

C. 宏展开不占用运行时间，只占用编译时间

D. 宏名只能包含大写字母和数字字符

15. 若有定义 int a,b, *p1=&a,*p2=&b; 则错误的表达式是(　　)。

A. p1+p2　　B. p1−p2　　C. p1<p2　　D. p1=p2

16. 下面程序的运行结果是(　　)。

```
#include <stdio.h>
void main(void ){
  int a,b;
  int *p1=&a,*p2=&b,*t;
  a=10; b=20;
  t=p1; p1=p2; p2=t;
  printf("%d,%d\n",a,b);
}
```

A. 10,20　　B. 20,10　　C. 10,10　　D. 20,20

17. 关于结构体类型的叙述，错误的是(　　)。

A. 结构体类型是一种构造数据类型

B. 声明结构体类型的变量，首先要定义该结构体类型

C. 函数不能返回结构体类型

D. 函数的参数可以是结构体类型

18. 若有以下定义：

```
struct node{
  int data;
  struct node *next;
}
struct node m,n,k, *head, *p;
```

已建立如下图所示的链表 head:

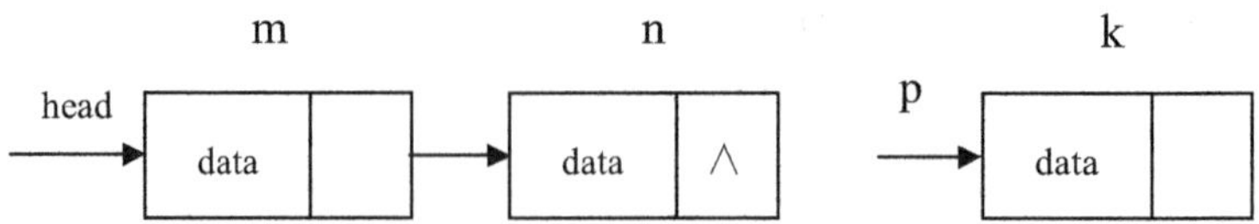

指针 head 指向变量 m, m.next 指向变量 n，p 指向变量 k，不能把结点 k 插到 m 和 n 之间形成新链表的程序段是(　　)。

A. m.next = p; p->next = head->next;

B. (*head).next = p; (*p).next = &n;

C. head->next = &k; p->next = head->next;

D. m.next = &k; k.next = &n;

19. 假定已有如下定义：

```
int k ;
enum colors {red, green, blue, pink} ;
int a[3];
```

(　　)是对以下语句是否符合语法规则的正确判断。

```
a[red]=pink;          /* 语句 1 */
red=1;                /* 语句 2 */
k=green+blue;         /* 语句 3 */
```

A. 语句 1 和语句 2 正确，语句 3 错误

B. 语句 1 和语句 3 正确，语句 2 错误

C. 语句 2 和语句 3 正确，语句 1 错误

D. 语句 1 正确，语句 2 和语句 3 错误

20. 以下程序的功能是(　　)。

```
#include <stdio.h>
void main(void){
FILE *fp;
  long int n;
  fp=fopen("exam.txt","rb");
  fseek(fp,0,SEEK_END);
  n=ftell(fp);
  fclose(fp);
  printf("%ld",n);
}
```

A. 将文件指针从地址为 0 处移动到文件末尾

B. 计算文件指针的当前地址

C. 计算文件 exam.txt 的终止地址

D. 计算文件 exam.txt 的字节数

二、改错题(每题 10 分，共 20 分)

说明：

(1) 修改程序在每对“/**/”之间存在的错误。

(2) 不得删改程序中的“/**/”注释和其他代码。

1. 有一堆零件，已知总数在 1000～2000 之间并且满足：若按 4 个零件分组，则多 2 个零件；若按 7 个零件分组，则多 3 个零件。以下程序求所有满足上述条件的零件总数并保存到数组 num[100]中。

```
#include <stdio.h>
void main(void){
  int i,num[100];
  /**/ int count; /**/
  for( i=1000;i<=2000;i++ )
    if(/**/(i-2)%4 = 0 && (i-3)%7=0/**/){
        num[count]=i;
         count++;
    }
  printf("count=%d\n", count );
  for(i=0;/**/i<=count;/**/i++)
    printf("%d\n", num[i]);
}
```

2. 以下程序实现用递归调用求 1!+3!+5!+7!+9!。

```
#include <stdio.h>
long int fsum(int n){
  long int k;
  if(n==1)   /**/ k=0 /**/;
  else     k=n*fsum(n-1);
  return (/**/  1  /**/);
}
void main(void){
 int i;
   long int sum;
   sum=0;
   for(i=1;i<=9;/**/ i++;i++/**/)
       sum+=fsum(i);
   printf("sum=%ld\n",sum);
}
```

三、填空题(每题 10 分，共 20 分)

说明：

(1) 在每对“/**/”之间的空白处补充程序，以完成题目的要求。

(2) 不得删改程序中的“/**/”注释和其他代码。

1. 补充以下程序，实现从键盘输入一个 5 行 5 列的二维整型数组表示的 5×5 阶矩阵，计算并输出最后一列元素的平均值。

```
#include <stdio.h>
void main(void){
   int i,j,a[5][5];
   float  sum;
```

```
    /**/ (1) /**/
    printf("Please input 25 numbers:\n");
    for(i=0; i<5;i++)
      for(j=0;j<5;j++){
          scanf("%d",&a[i][j]);
          if(/**/ (2) /**/ )
              sum+=a[i][j];
    }
   printf("%f\n",/**/  (3)  /**/  );
}
```

2. 补充以下程序，用冒泡算法实现对数组 a 中的数据按从小到大的顺序排列输出。

```
#include <stdio.h>
#define N 10
void main(void){
  int a[N]={21,56,-9,0,3,17,18,5,-23,11},i,j, /**/ (1) /**/;
  for(i=N-1;i>=1;i--)
        for(j=0;j<=/**/(2)   /**/ ;j++){
            if( /**/ (3)  /**/ ){
                temp=a[j];
                a[j]=a[j+1];
                a[j+1]=temp;
        }
  printf("Sorted numbers:\n");
  for(i=0;i<N;i++)
      printf("%4d ",a[i]);
  printf("\n");
}
```

四、编程题(每题 10 分，共 20 分)

说明：

(1) 在一对“/**/”之间编写程序，以完成题目的要求。

(2) 不得删改程序中的“/**/”注释和其他代码。

1. 完成以下程序中的 fun 函数，该函数求下面数学表达式的值：

$$fun(x)=\begin{cases} x^3+1 & x<0 \\ 3\cos 2x+1 & 0\leqslant x<5 \\ \ln x & x\geqslant 5 \end{cases}$$

```
#include <stdio.h>
#include <math.h>
double fun(float x){
 /**/

  /**/
}
void main(void){
```

```
float x;
  double y;
  printf("Please input a number: ");
  scanf("%f",&x);
  printf("f(%.2f)=%.2f\n",x,fun(x));
}
```

2. 完成以下程序中 fun(int n)函数，该函数根据形参 n，按如下公式计算圆周率 π 的近似值，并返回计算结果：

$$\frac{\pi^2}{6}=1+\frac{1}{2^2}+\frac{1}{3^2}+\frac{1}{4^2}+\ldots+\frac{1}{n^2}$$

如：fun(180)= 3.136298。

```
#include <stdio.h>
#include <math.h>
double fun(int n){
  /**/

 /**/
}

void main(void){
  int n;
  printf("Input n(n>=0): ");
  scanf("%d",&n);
  printf("pi=%lf\n ",fun(n));
}
```

15.3　模拟试卷 3

一、单项选择题(每小题 2 分，共 40 分)

1. 下面错误的叙述是(　　)。

A. 一个 C 语言源程序可由一个或多个函数组成

B. 若一条语句较长，也可分写在下一行上

C. C 程序必须包含一个 main()函数

D. 构成 C 语言源程序的基本单位是算术表达式

2. C 语言基本数据类型包括(　　)。

A. 整型、实型、数组　　B. 整型、实型、字符型

C. 整型、字符型、结构体　　D. 整型、实型、字符串型

3. 语句 x=5%4+(4/5); 运行之后，整型变量 x 的值为(　　)。

A. 1　　B. 2　　C. 3　　D. 0

4. 下面叙述中，错误的是(　　)。

A. C 语言中的表达式求值是按其运算符的优先级先高后低的次序进行的

B. 自增与自减运算符的结合方向为“自右至左”

C. 关系运算符的优先级低于算术运算符

D. C 语言算术运算符不包含模运算符“%”

5. 若已定义 float x; 要从键盘输入数据 36.582 给变量 x，则应选用(　　)语句。

A. scanf("%2.3f",&x) ;　　B. scanf("%6f",&x) ;

C. scanf("%6.3f",&x) ;　　D. scanf("%5.3f",&x) ;

6. 若已定义 int x= -16,y=-12,z; 语句 z=x<=y; 运行后 z 的值为(　　)。

A. .t.　　B. 1　　C. .f.　　D. 0

7. 以下程序运行后，a 的值是(　　)。

```
#include<stdio.h>
void main(void){
  int a,b;
  for(a=1,b=1;a<=100;a++) {
     if(b>=20)  break;
     if(b%3==1) { b+=3; continue; }
     b-=5;
  }
}
```

A. 101　　B. 100　　C. 8　　D. 7

8. 以下程序的运行结果是(　　)。

```
#include<stdio.h>
void main(void){
 int m,n=1,t=1;
 if(t== 0)
    t=-t;
 else
    m=n>=0?7:3;
 printf("%d\n",m);
}
```

A. 3　　B. -1　　C. 7　　D. 1

9. 下列程序段中，非死循环的是(　　)。

A.
```
int i=100;
while(1) {
  i=i%100+1;
  if(i>=100)    break;
}
```

B.
```
int k=0;
do{
  ++k;
}while(k>=0);
```

C.
```
int s=10;
while(++s%2+s%2) s++;
```

D.
```
for(;;)
```

10. 设已定义 char s[ ]="\"Name\\Address\023\n";，则字符串所占的字节数是(　　)。

A. 19　　B. 16　　C. 18　　D. 14

11. 以下程序段执行后 p 的值是(　　)。

```
int a[3][3]={3,2,1,3,2,1,3,2,1};
 int j,k,p=1;
```

```
  for(j=0;i<2;i++)
   for(k=j;k<4;k++) p*=a[j][k];
```

A. 108　　B. 18　　C. 12　　D. 2

12. 以下程序段的输出结果是(　　)。

```
char str[3][2]={ 'a', 'b', 'c', 'd', 'e', 'f'};
str[2][0]= '\0';
printf("%s",str[0]);
```

A. abcd　　B. ab　　C. abcd0　　D. abcd0f

13. 以下程序的运行结果是(　　)。

```
#include<stdio.h>
void fun(int a[4][4]){
  int i;
  for(i=0;i<4;i++)
   printf("%d",a[i][2]);
  printf("\n");
}
void main(void){
  int a[4][4]={1,1,2,2,1,9,0,0,2,4,0,0,0,5,9,8};
  fun(a);
}
```

A. 1905　　B. 2000　　C. 2008　　D. 2009

14. 以下叙述正确的是(　　)。

A. 一个源程序只能有一个编译预处理命令行

B. 编译预处理命令行都必须以#开头

C. #define PRICE=30 定义了与 30 等价的符号常量 PRICE

D. 使用带参数的宏定义时，应说明每个参数的数据类型

15. 以下叙述错误的是(　　)。

A. 存放地址的变量称为指针变量

B. NULL 可以赋值给任何类型的指针变量

C. 一个指针变量只能指向类型相同的变量

D. 两个相同类型的指针变量可以作加减运算

16. 以下程序段的输出结果是(　　)。

```
int a[]={1,2,3,4,5,6,7},*p=a;
int n,sum=0;
for(n=1;n<6;n++) sum+=p[n++];
printf("%d",sum);
```

A. 12　　B. 15　　C. 16　　D. 27

17. 以下程序段的运行结果是(　　)。

```
union{
  int x;
  float y;
  char c;
```

```
}m;
m.x=5;
m.y=7.5;
m.c='A';
printf("%d\n", m.x);
```

A. 5　　B. 7.5　　C. 65　　D. 8

18. 若有以下定义：

```
struct node{
   int data;
   struct node *next;
}
struct node *head,*p;
```

已建立如下图所示的链表：

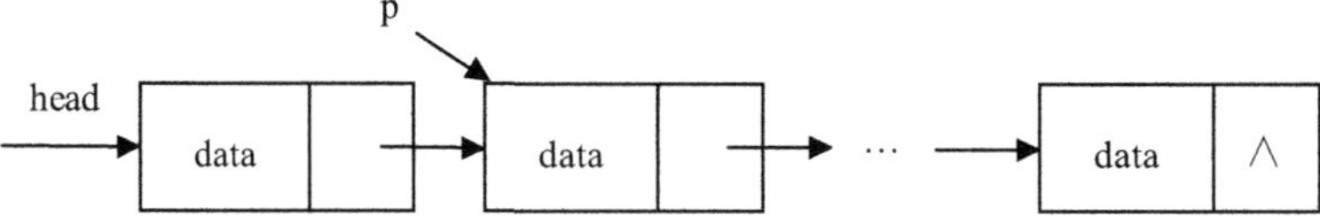

能删除指针 p 所指向结点的程序段是(　　)。

A. p = p->next; head->next=p->next; free(p);

B. free(p); p = p->next; head->next=p->next;

C. head->next = p->next; free(p);

D. free(p); head->next = p->next;

19. 设有如下定义：

```
typedef int *INTEGER;
INTEGER p,*q;
```

下列叙述正确的是(　　)。

A. 程序中可用 INTEGER 代替 int 类型名

B. 不能用 INTEGER 来定义变量

C. p 是 int 型变量，q 是基类型为 int 的指针变量

D. p 是基类型为 int 的指针变量

20. 下面程序的运行结果是(　　)。

```
#include <stdio.h>
void main(void){
  FILE *fp;
  int a=2,b=4,c=6,k,n;
  fp=fopen("test.dat","w");
  fprintf(fp,"%d\n",a);
  fprintf(fp,"%d  %d\n",b,c);
  fclose(fp);
  fp=fopen("test.dat","r");
  fscanf(fp,"%d%*d%d",&k,&n);
  printf("%d  %d\n",k,n);
```

```
  fclose(fp);
}
```

A. 2　4　　B. 2　6　　C. 4　2　　D. 6　2

二、改错题(每题 10 分，共 20 分)

说明：

(1) 修改程序在每对“/**/”之间存在的错误。

(2) 不得删改程序中的“/**/”注释和其他代码。

1. 以下程序计算如下数学表达式的值：

$$s=\frac{x^2+2x+1}{x-1}+\frac{y^2+2y+1}{y-1}+\frac{z^2+2z+1}{z-1}$$

```
#include <stdio.h>
float fun(float a){
  return (a*a+2*a+1)/(a-1);
}
void main(void){
   float x,y,z,result;
   printf("\nPlease input x,y,z: ");
   scanf(/**/"%d%d%d",&x,&y,&z/**/);
   if(x==1 || y==1 || z==1)  {
       printf("divide 0,error!");
       return ;
    }
   result=/**/fun(x,y,z); /**/
   printf("\nresult=%.2f\n",result);
}
```

2. 以下程序，以每行最多 9 个数的方式打印 10～1000 之间所有满足各位数字左右相互对称的数，如 66、181、202、737 等。

```
#include<stdio.h>
void main(void) {
  /**/  int i,n  /**/;
  for(i=10;i<=100;i++)
       if(i/10==i%10){
                printf("%5d",i);
                n++;
                if(/**/  n%9=0 /**/)   printf("\n");
       }
  for(i=100;i<=999;i++)
        if(/**/ i/100==i/10 /**/){
               printf("%5d",i);
               n++;
               if(n%9==0)  printf("\n");
       }
   }
```

三、填空题(每题 10 分，共 20 分)

说明：

(1) 在每对“/**/”之间的空白处补充程序，以完成题目的要求。

(2) 不得删改程序中的“/**/”注释和其他代码。

1. 补充以下程序，输出存储在结构体数组中 5 位学生成绩中最高分的学生姓名和成绩。

```
#include <stdio.h>
struct student {
   char name[10];
   float score;
};
void main(void){
  struct student stu[5]={"Mary",76.1,"John",87.3,"Tom",81,"susa",87.8,
   "wilu",79};
  int i=0,k=0;
  /**/ (1)/**/
  for(i=1;i<5;i++)
     if(stu[i].score>max){
         max=/**/ (2) /**/ ;
         k=i;
     }
     printf("\nname:%s,score:%.2f", /**/ (3)/**/);
}
```

2. 补充以下程序，其中函数 find(int a[],int x)的功能是在一组无序且不重复的数据中查找 x，若有则返回 x 所对应的下标，否则返回 0。

```
#include <stdio.h>
/**/ (1) /**/ N 10
int find(int a[],int x) {
  int i;
  for(/**/ (2) /**/;i<N;i++)
     if(a[i]==x)
          return(i);
  return (/**/ (3) /**/);
}
void main(void){
   int a[N]={21,56,-9,0,3,17,18,5,-23,11},f,f_at;
   printf("Input a number to be searched:");
   scanf("%d",&f);
   if(f_at=find(a,f))
      printf("%d is found,it's at %d\n",f,f_at);
   else
      printf("Not exist.\n");
}
```

四、编程题(每题 10 分，共 20 分)

说明：

(1) 在一对"/**/"之间编写程序，以完成题目的要求。

(2) 不得删改程序中的"/**/"注释和其他代码。

1. 完成以下程序中的 fun 函数，该函数求下面数学表达式的值：

$$\text{fun}(x)=\begin{cases} x\div 2 & x<1000 \\ 0.3(x-1000)+500 & 1000\leqslant x<2000 \\ 0.5(x-2000)+800 & 2000\leqslant x<3000 \\ 0.8(x-3000)+1500 & x\geqslant 3000 \end{cases}$$

```
#include <stdio.h>
#include <math.h>
double fun(float x){
  /**/

  /**/
}
void main(void){
 float x;
  double y;
  printf("Please input a number: ");
  scanf("%f",&x);
  printf("f(%.2f)=%.2f\n",x,fun(x));
}
```

2. 完成以下程序中的函数 fun(float f)，函数利用公式$c=\frac{5}{9}(f-32)$将形参 f 代表的华氏温度转换成摄氏温度 c，并根据以下条件给出相应提示。

c>30 时，输出"Hot"

20<c≤30 时，输出"Room Temperature"

10<c≤20 时，输出"Cool"

c≤10 时，输出"Cold"

```
#include <stdio.h>
void fun(float f){
  /**/

 /**/
}

void main(void){
   float x;
   printf("Input the fahrenheit temperature: ");
   scanf("%f",&x);
   fun(x);
}
```

15.4　模拟试卷 4

一、单项选择题(每小题 2 分，共 40 分)

1. 下列叙述正确的是(　　)。

A. 程序中必须包含有输入语句　　B. 变量按所定义的类型存放数据

C. main 函数必须位于文件的开头　　D. 每行只能写一条语句

2. (　　)为合法的常量。

A. 52686L　　B. E-7　　C. 1.2E-2.1　　D. 'E12'

3. 已知'A'的 ASCII 码的十进制值为 65，'0'的 ASCII 码的十进制值为 48，则以下程序的运行结果是(　　)。

```
#include <stdio.h>
void main(void){
    char ch1,ch2;
    ch1='A'+'5'-'3';
    ch2='A'+'6'-'3';
    printf("%d,%c\n",ch1,ch2);
  }
```

A. 67,D　　B. C,D　　C. C,68　　D. 67,68

4. (　　)是正确的叙述。

A. 表达式 "m"+"M" 是合法的

B. 若变量 x, y 为整型，则(a+b)++是合法的

C. 强制类型转换运算的优先级高于算术运算

D. 表达式 'm' * 'n' 是不合法的

5. 以下程序运行时，若从键盘输入 5，则输出结果是(　　)。

```
#include <stdio.h>
void main(void){
  int a;
  scanf("%d",&a);
  if(a++>5) printf("%d\n",a);
  else printf("%d\n",a--);
}
```

A. 7　　B. 4　　C. 5　　D. 6

6. 判定逻辑值为“真”的最准确叙述是(　　)。

A. 1　　B. 大于 0 的数　　C. 非 0 的整数　　D. 非 0 的数

7. 已定义 double k=3.6; ，则正确的赋值表达式是(　　)。

A. k=double(-3.6)　　B. k%3

C. k=k*(-1.0)=-3.6　　D. k+=k-=(k=1.2)*(k=3)

8. 以下程序段的运行结果是(　　)。

```
int x=3;
do{
```

```
  printf("%3d, ", x-=2 );
}while(!(--x));
```

A. 1　　B. 30　　C. 死循环　　D. 1, −2

9. 若已定义 int a; ，不会产生死循环的语句是(　　)。

A. for(; ;a+= 2);　　B. for(a=10; ;a−−);

C. for(;(a=getchar())!= '\n';　);　　D. while(-1) {a++;}

10. (　　)是正确的数组定义。

A. int n=10,x[n];　　B. int x[10];

C. int N=10;int x[N];　　D. int n;
scanf("%d",&n);
int x[n];

11. 以下程序段执行后输出的结果是(　　)。

```
int a[][4]={1,2,3,4,5,6,7,8,9,10,11,12};
printf("%d\n",a[1][2]);
```

A. 2　　B. 3　　C. 6　　D. 7

12. 有如下定义：

```
char str[10]={ "National"};
```

则分配给数组 str 的存储空间是(　　)个字节。

A. 11　　B. 10　　C. 9　　D. 8

13. 用数组名作为函数的实参时，错误的说法是(　　)。

A. 定义形参数组时，元素的个数必须与实参相同

B. 可以使用数组名作为形参

C. 实参传递给形参的值是数组的首地址

D. 可以使用指针变量作为形参

14. 以下叙述错误的是(　　)。

A. 编译预处理命令行都必须以#号开始

B. 宏名可以用小写字母表示

C. 使用预处理命令#include "头文件名"时，编译系统只在指定的系统目录下查找该文件

D. 宏定义只能放在 main()函数之前

15. 以下程序段运行后，表达式*(p+4)的值为(　　)。

```
char a[]="china";
char *p;
p=a;
```

A. 'n'　　B. 'a'

C. 存放'n'的地址　　D. 存放'a'的地址

16. 若有以下程序段，则不能正确访问数组元素 a[1][2]的是(　　)。

```
int (*p)[3];
int a[][3]={1,2,3,4,5,6,7,8,9};
p = a;
```

A. p[1]+2　　B. p[1][2]

C. (*(p+1))2.　　D. *(*(a+1)+2)

17. 若有定义:

```
struct student{
 int num;
 char name[8];
 char sex;
 float score;
}stu1;
```

则变量 stu1 所占用的内存字节数是(　　)。

A. sizeof(struct student)　　B. 15

C. 16　　D. 19

18. 若有以下定义:

```
struct node{
 int data;
  struct node *next;
} *p,*q;
```

已建立如下图所示的链表:

```
p                                              q
--->[ data |   ]--->[ data |   ]               --->[ data | ∧ ]
```

不能将指针 q 所指结点连到上图所示链表末尾的语句是(　　)。

A. q->next=NULL; p=p->next; p->next=q;

B. struct node* head=p;p=p->next; p->next=q; q->next=NULL;

C. struct node* head=p;p=p->next; q->next=p->next; p->next=q;

D. q->next=p->next; p=p->next; p->next=q;

19. 在对无符号数的位运算中，操作数左移三位相当于(　　)。

A. 操作数除以 6　　B. 操作数乘以 6

C. 操作数除以 8　　D. 操作数乘以 8

20. 文本文件 quiz.txt 的内容为"Programming" (不包含引号)，以下程序段的运行结果是(　　)。

```
FILE *fp;
 char  str[20];
 if((fp=fopen("quiz.txt","r"))!=NULL)
      fgets(str,7,fp);
printf("%s",str);
```

A. Progr　　B. Progra

C. Program　　D. Programming

二、改错题(每题 10 分，共 20 分)

说明：

(1) 修改程序在每对“/**/”之间存在的错误。

(2) 不得删改程序中的“/**/”注释和其他代码。

1. 以下程序求 1～100 之间的整数中含有数字 3 或 5 的整数之和。

```
#include <stdio.h>
void main(void){
    int i,gw,sw,sum=0;
    for(i=1;i<=100;i++)    {
        sw=i/10;
        gw=/**/i-sw/**/;
        if((gw==3 || gw==5)|| (sw==3 ||sw==5))
            /**/sum=i;/**/
    }
    printf("\nThe sum is:%d",sum);
}
```

2. 以下程序中的 fun()函数功能是：用勾股定理判断一个三角形是否为直角三角形。即给定三角形的边长 a,b,c，若能构成直角三角形则返回 1，否则返回 0。

```
#include <stdio.h>
#include <math.h>
int fun( /**/ float a, b, c /**/){
  float t;
  int mk = 0;
  if(c<a) { t = a;  a = c;  c = t; }
  if(c<b) { t = b;  b = c;  c = t; }
  if( fabs( c*c - (a*a+b*b)) < 1.0e-15)
       mk = 1;
 /**/  return  (1);  /**/
}
void main(void){
     float a,b,c;
     printf("Please input three numbers(a b c):\n");
     scanf("%f%f%f",&a,&b,&c);
     if( /**/ fun(a  b  c) /**/== 1)
            printf("Yes\n");
     else
            printf("No\n");
}
```

三、填空题(每题 10 分，共 20 分)

说明：

(1) 在每对“/**/”之间的空白处补充程序，以完成题目的要求。

(2) 不得删改程序中的“/**/”注释和其他代码。

1. 补充以下程序，实现从键盘输入 9 个数，输出其中“小于第 8 个数和第 9 个数的平均值”的数。

```
#include <stdio.h>
void main(void){
  int i;
  float s[9],aver;
  printf("Please input 9 data:\n");
  for(i=0;i<9;i++)
       scanf("%f",/**/ (1) /**/);
  aver=/**/ (2) /**/;
  for(i=0;i<9;i++)
    if(s[i]</**/ (3) /**/ )
         printf("%f\n",s[i]);
}
```

2. 补充以下程序，实现删除输入字符串中所有的'b'字母。
例如：
输入 akcberbbnv
输出 akcernv

```
/**/ (1) /**/<stdio.h>
void main(void){
  char str[100];
  int /**/ (2) /**/;
  printf("Input string :");
  gets(str);
  for(i=j=0; str[i]!='\0'; i++)
     if(str[i]!='b') {
         str[j]=str[i];
         /**/ (3)/**/;
    }
   str[j]='\0';
   printf("Now string is:");
   puts(str);
}
```

四、编程题(每题 10 分，共 20 分)

说明：
(1) 在一对“/**/”之间编写程序，以完成题目的要求。
(2) 不得删改程序中的“/**/”注释和其他代码。

1. 完成以下程序中的 fun 函数，该函数求下面数学表达式的值：

$$\text{fun1}(x)=\frac{3x\cos x^2+\text{tg}x}{1.5+|x-3.5|}$$

例如：fun1(2.5) = 0.901

```
#include <math.h>
#include <stdio.h>
double fun(double x){
```

```
  /**/

  /**/
}
void main(void){
  double x;
  printf("Pleae input x:");
  scanf("%lf",&x);
  printf("\nfun(%6.3lf) = %6.3lf\n",x,fun(x));
}
```

2. 完成以下程序中的 fun(int n)函数，函数根据 n 返回广义斐波那契数：1，1，1，3，5，9，17，31，57…的第 n 项值。递推公式如下：

$$\begin{cases} 1 & n=1 \\ 1 & n=2 \\ 1 & n=3 \\ x_n = x_{n-1} + x_{n-2} + x_{n-3} & n=4 \end{cases}$$

```
#include <stdio.h>
long fun(int n){
    /**/

    /**/
}

void main(void){
  int n;
  printf("Input n(n>=1): ");
  scanf("%d",&n);
  if(n>=4)
    printf("fun(%d) =%ld \n ",n,fun(n));
  else
    printf("fun(%d) =1 \n ",n);
}
```

15.5　模拟试卷 5

一、单项选择题(每小题 2 分，共 40 分)

1. 关于 C 语言的叙述，不正确的是(　　)。

A. C 程序必须包含一个 main()函数

B. C 程序可由一个或多个函数组成

C. C 程序的基本组成单位是函数

D. 注释说明只能位于一条语句的后面

2. 以下(　　)是正确的字符常量。

A. "c"　　B. '\t'　　C. '12'　　D. "\\"

3. 设 char ch='c';，则表达式 ch+1 的值为(　　)。

A. 97　　B. 98　　C. 99　　D. 100

4. 下面关于运算符的叙述，错误的是(　　)。

A. 其运算对象不包含函数表达式

B. 运算符%的运算对象只能为整型

C. 逗号“,”运算符的运算优先级低于赋值运算符“=”

D. 自加和自减运算符的结合方向是"自右至左"

5. getchar()函数的功能是从终端输入(　　)。

A. 一个整型变量值　　B. 一个实型变量值

C. 多个字符　　D. 一个字符

6. 若有定义 int i=7,j=8;，则表达式 i>=j||i<j 的值为(　　)。

A. 1　　B. 变量 i 的值　　C. 0　　D. 变量 j 的值

7. 已知 int a='R';，则正确的表达式是(　　)。

A. a%10　　B. a=int(3e2)　　C. 2*a=a++　　D. a=a+a=a+3

8. 设有定义 int x=5;，则以下语句执行后，变量 x 值为 6 的是(　　)。

A. printf("%d",x++);　　B. if(x=0)　x=6;

C. 2==1? x++:x−−;　　D. if(x++<6)　x++;

9. 在 C 语言中 while 循环和 do～while 循环的主要区别是(　　)。

A. do～while 循环体内可以使用 break 语句，while 循环体内不能使用 break 语句

B. do～while 的循环体至少无条件执行一次，while 的循环体不是

C. do～while 循环体内可以使用 continue 语句，while 循环体内不能使用 continue 语句

D. while 的循环体至少无条件执行一次，do～while 的循环体不是

10. 以下能对一维数组 a 进行正确初始化的语句是(　　)。

A. int a[5]=(0,0,0,0,0);　　B. int a[5]=[0];

C. int a[5]={1,2,3,4,5,6,7};　　D. int a[]={0};

11. 设有如下程序段

```
int a[3][3]={1,0,2,1,0,2,1,0,1},i,j,s=0;
for(i=0;i<3;i++)
  for(j=0;j<i;j++)
     s=s+a[i][j];
```

则执行该程序段后，s 的值是(　　)。

A. 0　　B. 1　　C. 2　　D. 3

12. 若有定义 int a=2;，则语句 a=strcmp("miss","miss");运行后 a 的值为(　　)。

A. 1　　B. 0　　C. −1　　D. 2

13. 以下程序的运行结果是(　　)。

```
void fun(int array[4][4]){
int j;
  for(j=0;j<4;j++)  printf("%-2d",array[2][j]);
  printf("\n");
```

```
}
void main(void){
int a[4][4]={0,1,2,0,1,0,0,4,2,0,0,5,0,4,5,0};
  fun(a);
}
```

A. 2005　　B. 1004　　C. 0120　　D. 0450

14. 若有以下宏定义:

```
#define MOD(x,y) x%y
```

则执行以下程序段后，z 的值是(　　)。

```
int z,a=15,b=100;
z=MOD(b,a);
```

A. 100　　B. 15　　C. 11　　D. 10

15. 以下程序段运行后*(++p)的值为(　　)。

```
char a[5]="work";
char *p;
p=a;
```

A. 'w'　　B. 存放'w'的地址　　C. 'o'　　D. 存放'o'的地址

16. 若函数 fun 的函数原型为:

```
int fun(int i, int j);
```

函数指针变量 p 定义为:

```
int (*p)(int i, int j);
```

则要使指针 p 指向函数 fun 的赋值语句是(　　)。

A. p=*fun;　　B. p=fun;　　C. p=fun(i,j);　　D. p=&fun;

17. 若有定义:

```
struct teacher{
int num;
  char sex;
  int age;
}teacher1;
```

则下列叙述不正确的是(　　)。

A. struct 是结构体类型的关键字

B. struct teacher 是用户定义的结构体类型

C. num,sex,age 都是结构体变量 teacher1 的成员

D. teacher1 是结构体类型名

18. 若有定义:

```
struct node{
int data;
  struct node *next;
};
```

及函数：

```
void fun(struct node *head){
   struct node *p=head;
   while(p){
     struct node *q=p->next;
     free(p);
     p=q;
  }
}
```

函数 fun()的功能是(　　)。

A. 删除整个单向链表

B. 删除单向链表中的一个结点

C. 显示单向链表中的所有数据

D. 创建单向链表

19. 在对于无符号数的位运算中，操作数右移一位相当于(　　)。

A. 操作数除以 2　　B. 操作数乘以 2

C. 操作数除以 4　　D. 操作数乘以 4

20. 以下程序的可执行文件名为 tt.exe，若程序运行后屏幕显示：3, We are，则在 DOS 提示符下输入的命令是(　　)。

```
void main(int argc, char * argv[]){
  int i;
  printf("%d,",argc);
  for(i=1;i<argc;i++)
       printf("%s ",argv[i]);
}
```

A. tt　　B. tt We　　C. tt We are　　D. tt We are happy!

二、改错题(每小题 10 分，共 20 分)

说明：

(1) 修改程序中每对 “/**/” 之间存在的错误。

(2) 不得删改程序中的 “/**/” 注释和其他代码。

1. 以下程序的功能是从键盘输入三角形的三边长，求其面积，若 3 个边长不能构成三角形，则提示。

例如：

输入 6　9　11

输出 26.98

```
#include <stdio.h>
#include <math.h>
void main(void){
    float a,b,c;
    double s,area;
    printf("Please input 3 numbers:\n");
```

```
    /**/  scanf("%f%f%f",a,b,c);  /**/
    /**/  if( a+b>c || b+c>a || a+c>b )  /**/
         {
           s = (a+b+c)/2;
           area = sqrt(s*(s-a)*(s-b)*(s-c));
           printf("area is %.2f\n",area);
         }
         else
           printf("error.\n");
}
```

2. 以下程序的功能是求解百马百担问题。有 100 匹马，驮 100 担货，大马驮 3 担，中马驮 2 担，两匹小马驮 1 担，问大、中、小马数可分别为多少？有多少种解决方案？

```
#include <stdio.h>
/**/  void  fun(void)  /**/
{
  int large,middle,small,n=0;

  for( large=0;large<=33;large++ )
    for( middle=0;middle<=50;middle++ )
     {
       small = 2*(100-3*large-2*middle);
       /**/ if( large+middle+small=100 )  /**/
       {
         n++;
         printf("%d-->large:%d,middle:%d,small:%d\n",n,large,middle,
           small);
       }
     }
  return n;
}

void main(void)
{
  int num;
  num = fun();
  printf("\nThere are %d solutions.\n",num);
}
```

三、填空题(第 1 题 6 分，第 2 题 7 分，第 3 题 7 分，共 20 分)

说明：

(1) 在每对“/**/”之间的空白处补充程序，以完成题目的要求。

(2) 不得删改程序中的“/**/”注释和其他代码。

1. 补充下面程序，对函数 $f(x) = x^2 - 2x + 6$，分别计算 $f(x+8)$ 和 $f(\sin x)$ 的值。如 x=2.0，则输出：

f(x+8)=86.000

f(sinx)=5.008

```
#include <stdio.h>
/**/            /**/
double fun(double x)
{
  /**/     /**/
}
void main(void)
{
  double x,y1,y2;
  printf("Please input x:");
  scanf("%lf",&x);
  y1=fun(x+8);
  y2=fun(/**/    /**/);
  printf("\nf(x+8)=%.3lf",y1);
  printf("\nf(sinx)=%.3lf",y2);
}
```

2. 补充下面的程序，计算 $p=\frac{m!}{n!(m-n)!}$，其中 m、n 为整数且 $m>n\geqslant 0$。

```
#include <stdio.h>
double fun(unsigned m, unsigned n)
{
  unsigned i;
  double p=1.0;
  for(i=1;i<=m;i++)
   /**/      /**/
  for(i=1;i<=n;i++)
   /**/     /**/
  for(i=1;i<=m-n;i++)
    p=p/i;
  return p;
}
void main(void)
{
  printf("p=%f\n",fun(2,1));
}
```

3. 补充下面程序，函数 findmax 返回数组中的最大元素。

```
#include <stdio.h>
int findmax(int* array,int size);
void main(void)
{
  int a[]={33,91,23,45,56,-12,32,12,5,90};
  printf("The max is %d\n",
  /**/   /**/
}
int findmax(int *array,int size)
{
  int i, /**/   /**/ ;
```

```
  for(i=1; i<size; i++)
    if(array[i]>max)
       max=array[i];
  return max;
}
```

四、编程题(每小题 10 分，共 20 分)

说明：

(1) 在一对“/**/”之间编写程序，以完成题目的要求。

(2) 不得删改程序中的“/**/”注释和其他代码。

1. 完成以下程序中的 f(x)函数，使其对输入的一个月工资数额，求应交税款。设应交税款的计算公式如下：

$$f(x)=\begin{cases}0 & x\leqslant 1600\\(x-1600)\times 5\% & 1600<x\leqslant 2100\\(x-1600)\times 10\%-25 & 2100<x\leqslant 3100\\(x-1600)\times 15\%-125 & x>3100\end{cases}$$

例如：

输入 1825　　输出 f(1825)=11.25

输入 2700　　输出 f(2700)=85.00

输入 5655　　输出 f(5655)=483.25

```
#include <stdio.h>
#include <math.h>
double f(float x)
{
 /**/

 /**/
}
void main(void)
{
  float x;
  double y;
  printf("Please input a number:\n");
  scanf("%f",&x);
  y = f(x);
  printf("f(%.2f)=%.2f\n",x,y);
 }
```

2. 完成下面程序中的 fun()函数，该程序输出 4 阶矩阵 $\boldsymbol{A}$ 中各行中 0 之前的所有正数，遇到 0 则跳过该行，并计算这些输出正数之和。如矩阵 $\boldsymbol{A}$ 为 $\begin{bmatrix}1 & 2 & -3 & -4\\0 & -12 & -13 & 14\\-21 & 23 & 0 & -24\\-31 & 32 & -33 & 0\end{bmatrix}$，则输出 1，

2，23，32 的和值 58。函数将这些正数按行列次序依次存储于数组 b 中(从低地址到高地址)，并返回和值。

```
#include <stdio.h>
#define ROW 4
#define COL 4
int fun(int a[][COL],int row,int b[])
{
 /**/

 /**/
}
void main(void)
{
  int sss=0, b[16]={0};
  int a[ROW][COL]={{1,2,-3,-4},{0,-12,-13,14},
  {-21,23,0,-24},{-31,32,-33,0}};
  sss=fun(a,ROW,b);
  printf("Sum of positive elements is %d\n",sss);
}
```

15.6　模拟试卷 6

一、单项选择题(每小题 2 分，共 40 分)

1. 以下正确的叙述是(　　)。

A. 在 C 语言源程序中，main()函数必须位于文件的开头

B. 在 C 语言源程序中，每行只能写一条语句

C. 在 C 语言源程序中，变量必须先定义之后才能使用

D. 在 C 语言源程序中，标识符的大小写字母没有区别

2. 若有定义 char s[100]; 则以下能正确实现字符串输入的语句是(　　)。

A. scanf("%s",&s);　　B. getchar(s);

C. gets(&s);　　D. scanf("%s",s);

3. 在 C 语言中，以下不正确的实型常量是(　　)。

A. -1.2e-12　　B. +1.2e+12　　C. -1.2e-1.2　　D. 1.2E-06

4. 用语句 static int a[5]; 定义整型数组后，数组 a 中所有元素的初值为(　　)。

A. 不确定值　　B. 0　　C. 1　　D. -1

5. 若有定义 double f; int i; ，则下列表达式的类型分别为(　　)。

① f*5+i　　② f && (i+6)

A. float, float　　B. float,int　　C. double,int　　D. double,double

6. 运行以下程序段时，由键盘输入 123.456,abcde 并按 Enter 键，则输出：i=12，f=3.456，s=abcde。

在程序段中应填入的正确选项是(　　)。

```
int i;
char s[100];
double f;
scanf (_______);
printf("i=%d,f=%6.3f,s=%s\n", i, f, s);
```

A. "%2d%f,%s", &i, &f, s　　B. "%2d%lf%s", &i, &f, &s
C. "%d%lf,%s", &i, &f, s　　D. "%2d%lf,%s", &i, &f, s

7. 以下程序段的输出结果是(　　)。

```
int a = 0, b = 2, c;
switch(a)
{ case 0 : c = b++;
  case 1 : switch(b)
      {  case 1 : c++;   break;
         case 2 : c *= b; break;
         default: c += b;
      }
      break;
 default : c--;
}
printf("%d\n", c);
```

A. 5　　B. 4　　C. 6　　D. 不确定

8. 若有定义 int a3. ={ 1, 2, 3 }, *p; ，则下列语句中不正确的是(　　)。

A. p = a[0];　　B. p = a;　　C. p = &a[0];　　D. p = a+2 ;

9. 以下程序的运行结果最接近(　　)。

```
#include <stdio.h>
void main(void )
{ struct tp
   { char name[10];
     int num;
     union
    {  float data;
       double score[3];
    }da;
   };
   printf( "%d\n", sizeof(struct tp) );
}
```

A. 4　　B. 10　　C. 36　　D. 50

10. 以下各语句或语句组中，不正确的操作是(　　)。

A. char s[ ]="abcde";　　B. char *s="abcde";
C. char s[100]; s="abcde";　　D. char s[20]="abcde";

11. 若 typedef int IntArray[10]; IntArray a; ，则 a 是(　　)。

A. 整型变量　　B. 整型数组变量
C. 结构体变量　　D. 整型指针变量

12. 以下程序运行结果是(　　)。

```
#include <stdio.h>
long fun(unsigned n )
{
    if( n==2 || n==1 )  return 1;
    return ( fun(n - 1) + fun(n - 2) );
}
void main(void)
{
    printf("%ld\n", fun(6));
}
```

A. 8　　　　B. 6　　　　C. 12　　　　D. 10

13. 以下程序的运行结果是(　　)。

```
#include "stdio.h"
main()
{ int a=3,b=2;
  {int b=8;
    a += b++;
    printf( "%d,%d\n", a, b );
  }
  printf( "%d,%d\n", a, b );
}
```

A. 5,3　　　　B. 5,3　　　　C. 11,9　　　　D. 11,9
　5,2　　　　　5,3　　　　　11,2　　　　　11,9

14. 以下不能对二维数组 a 进行正确初始化的语句是(　　)。

A. int a[3] [4] = { 0 };

B. int a[][4] = { {1}, {2}, {3} };

C. int a[3] [] = { {1}, {2, 3, 4}, {5} };

D. int a[3] [4] = { 1, 2, 3, 4, 5};

15. 定义 compare(char *s1, char *s2) 函数，以实现比较两个字符串大小的功能。以下程序运行结果为-32，则在程序横线处应填入的正确选项是(　　)。

```
#include "stdio.h"
main()
{ printf( "%d\n", compare("abCd","abc") ) ;
}
int compare( char *s1, char *s2 )
{ while ( *s1 && *s2 && _______ )
   { s1++;
     s2++;
  }
  return *s1-*s2;
}
```

A. *s1 != *s2　　　　B. *s1 == *s2　　　　C. *s1 = *s2　　　　D. s1 != s2

16. 以下程序的运行结果是(　　)。

```
#include "stdio.h"
main()
```

```
{
  #ifndef _NO2_
     printf("no1\n");
 #else
     printf("no2\n");
 #endif
}
```

A. 程序没有语法错误，但没有输出　B. no1

C. 程序有语法错误　D. no2

17. 若从键盘输入 abcxyz 回车，则下面程序的运行结果是(　　)。

```
#include "stdio.h"
void main(void)
{ char s[100], *ps = s, *ps1 = "acy", *ps2 = "yac";
   int i;
   gets(s);
   for(; *ps; ps++)
   { for(i = 0; i < 3 ; i++)
      if(*ps == *(ps1 + i))
      { *ps = *(ps2 + i);
         break;
      }
   }
   printf("%s\n", s);
}
```

A. xyzabc　B. ybaxcz　C. abxcyz　D. yzxcab

18. 以下程序运行结果是(　　)。

```
#include "stdio.h"
void main(void)
{ int i,j,n=3;
  for( i=1; i<=n; i++)
  {  for( j=1; j<=n-i; j++) printf("%c", 32);
       for( j=1; j<=2*i-1; j++)
         if( (i+j) % 2 = = 0 ) printf("%d", i);
         else printf("%d", j);
      printf("\n");
  }
}
```

A.	B.	C.	D.
1	1	1	1
123	123	123	223
32343	13335	12345	31333

19. 执行 printf("%d\n" , strlen("a\n\x41")); 后的输出结果是(　　)。

A. 7　B. 6　C. 4　D. 3

20. 以下程序的运行结果是(　　)。

```
#include "stdio.h"
int z = 3;
int fun(int x)
{ z = 2 * x++;
```

```
  return z;
}
main()
{ int x = 2, y;
  y = fun( x ) - 3;
  printf("%d,%d,%d\n",x,y,z);
}
```

A. 2,1,3　　　　B. 3,1,4　　　　C. 3,1,3　　　　D. 2,1,4

二、改错题(每小题 10 分，共 20 分)

说明：

(1) 修改程序在每对“/**/”之间存在的错误。

(2) 不得删改程序中所有的“/**/”注释和其他代码。

1. 下面程序的功能是：从键盘上输入两个整数，及一个运算符(＋，－，*，/或%)，进行相应的运算后输出运算结果。

例如：

输入 1＋2

输出 1＋2＝3

```
#include <stdio.h>
void main()
{ int m,n,result,flag=0;
 /**/ char ch, /**/
  printf("Input an expression: ");
  scanf("%d%c%d",&m,&ch,&n);
 /**/ switch ch /**/
  { case '+': result=m+n; break;
    case '-': result=m-n; break;
    case '*': result=m*n; break;
    case '%': result=m%n; break;
    case '/': result=m/n; break;
    default: { printf("Error!\n"); flag=1; }
  }
  if (!flag) printf("%d %c %d = %d\n",m,ch,n,result);
 }
```

2. 下面程序的功能是：输出 201～300 之间的所有素数，统计总个数。

```
#include <stdio.h>
#include <math.h>
void main()
{ int num;
  printf("\n");
  num=fun();
  printf("\nThe total of prime is %d",num);
  getch();
}
int fun()
{ int m,i,k,n=0;
```

```
    for(m=201; m<=300;m+=2)
    { k=sqrt(m+1);
      for(i=2;i<=k;i++)
      /**/ if(m/i==0) /**/
        break;
      /**/ if(i==k) /**/
      { printf("%-4d",m);
        n++;
        if(n%10==0) printf("\n");
      }
    }
    return n;
  }
```

三、填空题(第 1 题 6 分，第 2 题 7 分，第 3 题 7 分，共 20 分)

说明：

(1) 编写程序，补充在每对“/**/”之间的空白处，以完整题目的要求。

(2) 不得删改程序中所有的“/**/”注释和其他代码。

1. 完成下面的程序，使其用牛顿迭代法求方程 $2x^3-4x^2+3x-6=0$ 在 1.5 附近的根。

```
#include <stdio.h>
#include <math.h>
/**/          /**/
{ float x,x0,f,f1;
  x=1.5;
  do
  { x0=x;
    f=((2*x0-4)*x0+3)*x0-6;
    f1=(6*x0-8)*x0+3;
    x=x0-f/f1;
  } /**/       /**/ (fabs(x-x0)>=1e-6);
  printf("the root is: %.2f\n",x);
}
```

2. 补充下面的程序，该程序的功能是将输入的一行字符串中的大写字母转变为相应的小写字母，小写字母则转变为相应的大写字母，其余字符不变。

```
#include <stdio.h>
void main()
{ char s[80];
  int i;
  printf("Please input a string: ");
  for(i=0;((s[i]=getchar())!='\n')&&(i<80);i++);
  s[i]='\0';
  for(i=0;s[i]!='\0'; /**/       /**/ )
  {
    if(s[i]>='a'&&s[i]<='z')
      s[i]=s[i]-32;
    else if ( /**/              /**/ )
      s[i]=s[i]+32;
```

```
    printf("%c",s[i]);
  }
}
```

3. 补充下面的程序，其中 main()函数通过调用 average()函数计算数组元素的平均值。

```
#include <stdio.h>
float average(int *pa,int n)
{
  int k;
  /**/              /**/
  for(k=0;k<n;k++)
    avg=avg+/**/       /**/;
  avg=avg/n;
  return avg;
}
void main()
{ int a[5]={20,30,45,64,23};
  float m;
  m=average(/**/    /**/, 5);
  printf("Average=%f\n",m);
}
```

四、编程题(每小题 10 分，共 20 分)

说明：

(1) 在一对“/**/”之间编写程序，以完成题目的要求。

(2) 不得删改程序中所有的“/**/”注释和其他代码。

1. 完成下面程序中的函数 fun1()，该函数的数学表达式是：

$$fun1(x)=\begin{cases} 1.2 & \text{当 } x<3 \text{ 时} \\ 10 & \text{当 } x=3 \text{ 时} \\ 2x+1 & \text{当 } x>3 \text{ 时} \end{cases}$$

例如：

fun1(0.76)＝1.200

fun1(3.00)＝10.000

fun1(3.76)＝8.520

```
#include <math.h>
#include <stdio.h>
double fun1(double x)
{
  /**/




  /**/
}
void main()
{
```

```
    printf("fun1(0.76) = %8.3lf\n", fun1(0.76));
    printf("fun1(3.00) = %8.3lf\n", fun1(3.00));
    printf("fun1(3.76) = %8.3lf\n", fun1(3.76));
}
```

2. 完成下面程序中的函数 fun(char *s)，使程序实现统计输入字符串中空格的个数。

```
#include <stdio.h>
int fun(char *s)
{ /**/





  /**/
}
void main()
{
  char str[255];
  gets(str);
  printf("%d\n",fun(str));
}
```

15.7　模拟试卷 7

一、单项选择题(每小题 2 分，共 40 分)

1. 以下标识符中正确的是(　　)。

A. 3f　　B. f3　　C. f#3　　D. _f.3

2. 在C语言中，合法的字符串常量是(　　)。

A. "123abc"　　B. 'abc123'　　C. '\n'　　D. 2

3. 若有 int a=3,b=4,c=5; ，则表达式 (a>b) && (++b == c) 的值为(　　)。

A. 0　　B. 1　　C. 4　　D. 5

4. 以下程序运行结果是(　　)。

```
#include<stdio.h>
void main()
{ int i = -1;
  printf("%5x,%-8u,%5d\n", i, i, i);
}
```

A. FFFF ,　　65535,　　−1　　B. -0x3 ,65535　　, −1

C. ffff,65535　　,　　−1　　D. 1　　,00065535,　　−1

5. 以下程序的运行结果是(　　)。

```
#include<stdio.h>
void main()
```

```
{ unsigned char a = 0x5b, b = 0xf0;
  printf("%x\n", (a & b) >> 4 );
}
```

A. 50　　B. b　　C. b0　　D. 5

6. 以下程序的运行结果是(　　)。

```
#include "stdio.h"
void main()
{
  int i=0, j=0;
  while( ++i )
  { if( i%3==0 ) continue;
    else   j += i;
    if( i > 5 ) break;
  }
  printf("%d\n", j);
}
```

A. 21　　B. 19　　C. 12　　D. 7

7. C 语言中关于用户变量定义与使用的不正确描述是(　　)。

A. 系统在编译时或在运行程序时为变量分配相应的存储单元

B. 通过类型转换可更改变量存储单元的大小

C. 定义整型局部静态变量时不赋初值，编译时自动赋初值 0

D. 变量必须先定义后使用

8. 以下程序在数组 w 中插入一元素 x，w 数组中插入前有 n 个元素，且这 n 个元素已按由大到小的顺序存放。要求插入 x 后数组 w 中的数仍有序(由大到小存放)。

在程序横线处应填入的正确选项是(　　)。

```
#include "stdio.h"
void main()
{ int w[15]={55, 19, 13, 8, 5, 5, 1}, n=7, x=15, i, pos=0;
  while( x < w[pos] ) pos++;
  for( i=n; i>pos; i-- ) w[i] =______;
  w[pos]=x;
  n++;
  for( i=0; i<n; i++)  printf("%d, ", w[i] );
  printf("\n");
}
```

A. w[i-1]　　B. w[i+1]　　C. w[i--]　　D. w[i++]

9. 若有定义 int a[3] [4];，则以下定义的指针经赋值后，不能正确存取数组 a 中的元素的是(　　)。

A. int (*p)[4]; p = a;　　B. int *p3. ,i = 3; while(--i >= 0) p[i] = a[i];

C. int *p; p = &a[0][0];　　D. int (*p)(); p = a;

10. 以下程序的运行结果是(　　)。

```
  void fun(int * x )
   {  static int a;
```

```
    *x = ++a;
  }
  main()
  { int i, t;
    for( i=0; i<10; i++)
       fun( &t );
    printf( "%d\n", t );
  }
```

A. 1　　B. 10　　C. 5　　D. 不确定

11. 以下程序利用宏定义取两个表达式 x, y 的较大者，下列宏定义中正确的是(　　)。

```
#iclude<stdio.h>
...宏定义...
void main()
{ int a = 5, b = 8, c = 20;
  printf("%d\n",MAX( a-b , b+c ? a : b ) );
}
```

A. #define MAX(x,y)　((x) > (y)) ? (x) : (y)

B. #define MAX(x,y)　x > y ? x : y

C. #define MAX(x,y)　x < y ? x : y

D. #define MAX(x,y)　((x) < (y)) ? (x) : (y)

12. 以下程序运行结果是(　　)。

```
#include "stdio.h"
void main()
{ int i;
  for(i = 3; i < 10; i++)
  { if( i * i / 20 > 1 )  break;
    printf( "%d ", i );
  }
  printf("\n");
}
```

A. 3 4 5 6 7　　B. 3 4　　C. 3 4 5　　D. 3 4 5 6

13. 若有定义 int x=5, y=2; ，则表达式 y=2+x, x++, 2*y 的结果是(　　)。

A. 4　　B. 7　　C. 14　　D. 6

14. 以下程序的运行结果是(　　)。

```
#include "stdio.h"
double fun ( double x ) { return x * x; }
void main()
{ double x = 1.2,y;
  y = fun(x);
  printf("%6.2f",y);
}
```

A. 1.44　　B. 不确定　　C. 1.00　　D. 2.00

15. 当前目录下有一数据文件 data.txt，该文件中存有若干个实型数据，各实型数据之间用一个逗号隔开，以下程序的空白处补充(　　)可输出 data.txt 中所有实型数据的平均值。

```
#include "stdio.h"
void main()
{ FILE *fp;
  float f, average=0.0;
  int n=0;
  fp=fopen("data.txt", "r");
  while( !feof(fp) )
  { n++;
   _____;
    average += f;
  }
  average = average / n;
  printf("%f\n", average);
  fclose(fp);
}
```

A. fscanf(fp, "%f", &f);　　B. fprintf(fp, "%f", &f);

C. fscanf(fp, "%f,", &f);　　D. fprintf(fp, "%f,", &f);

16. 调用以下 4 个函数时，(　　)不能交换两个实参变量的值。

A. swapa(int *p, int *q)
```
{ int *t;
  t=(int*)malloc(sizeof(int));
  *t=*p;*p=*q;*q=*t;
}
```

B. swapb(int *p, int *q)
```
{ int t;
    t=*p;   *p=*q;   *q=t;
}
```

C. swapc(int *p, int *q)
```
{ int a, *t=&a;
   *t=*p; *p=*q; *q=*t;
}
```

D. swapd(int *p, int *q)
```
{ int *t;
    t=p;   p=q;   q=t;
}
```

17. C 语言的规定，函数返回值的类型由(　　)所决定。

A. return 语句中，表达式的类型

B. 调用该函数时，主调函数的类型

C. 调用该函数时，实参的类型

D. 定义该函数时，函数返回值的类型

18. 若 int a[][3]={ 1, 2, 3, 4, 5, 6, 7, 8 }; 则 a 数组第一维的大小是(　　)。

A. 2　　B. 3　　C. 4　　D. 无确定值

19. 以下程序的运行结果是(　　)。

```
enum  color {red, blue = -3, yellow, green};
enum  color cr = green;
printf("%d\n",cr);
```

A. green　　B. −1　　C. 1　　D. 不确定

20. 以下程序段中函数 fun 的功能是用来(　　)。

```
struct node
{ int data;
  struct node *next;
};
```

```
void fun(struct node * head)        /* head 指向链表首结点 */
{ struct node *  p = head;
  while( p != NULL)
  {   printf("%d  ", p->data );
      p = p->next;
  }
}
```

A. 建立单向链表　　　　　　　　B. 向单向链表中插入一个结点
C. 显示单向链表中的所有数据　　D. 删除单向链表

二、改错题(每小题 10 分，共 20 分)

说明：

(1) 修改程序在每对“/**/”之间存在的错误。

(2) 不得删改程序中所有的“/**/”注释和其他代码。

1. 下面程序要求从键盘上任意输入一个正整数，求其各位上的数字和及各位上的数字积。例如，如果输入的是 127，则各位数字和=l+2+7=10，各位数字积=l*2*7=14；如果输入的是 l02，则各位数字和 =l+0+2=3，各位数字积=l*0*2=0。

```
#include <stdio.h>
void main()
{ int n, yw, s=0, /**/ t=0 /**/;
   printf("input a positive integer:\n");
   scanf("%d",&n);
   while(n!=0)
   { yw=n%10;
      s=s+yw;
      t=t*yw;
      /**/ n=yw%10; /**/
   }
   printf("s=%d,t=%d\n",s,t);
}
```

2. 下面程序中函数 find_str()用来返回字符串 s2 在字符串 s1 中第一次出现的首地址；如果字符串 s2 不是 s1 的子串，则该函数返回空指针 NULL。

```
#include <stdio.h>
#include <string.h>
char *find_str(char *s1,char *s2)
{ int i,j,ls2;
  ls2=strlen(s2);
  for(i=0;i<=strlen(s1)-ls2;i++)
  {  for(j=0;j<ls2;j++) if (s1[j+i]!=s2[j]) break;
     if(j==ls2) /**/ return(s1+j) /**/;
  }
  return NULL;
}
void main()
```

```
{ char *a="dos6.22 windows98 office2000",*b="windows",/**/ c /**/;
  c=find_str(a,b);
  if(c!=NULL) printf("%s\n",c);
  else printf("未找到字符串%s\n",b);
}
```

三、填空题(第 1 题 6 分，第 2 题 7 分，第 3 题 7 分，共 20 分)

说明：

(1) 编写程序，补充在每对“/**/”之间的空白处，以完整题目的要求。

(2) 不得删改程序中所有的“/**/”注释和其他代码。

1. 补充下面程序，该程序用于精确计算 2 的 100 次方。程序中用一整型数组 a 来存储计算结果，假设计算结果有 n 位，则 a[0]保存计算结果的个位，a[1]保存计算结果的十位，……，a[n-1]保存计算结果的最高位。

```
#include "stdio.h"
#define N 100
main()
{ int i, j, n, a[N]={0};
   n=1; a[0]=1;
   for(i=1; i<=N; i++)
   { for(j=n-1; j>=0; j--)   a[j] *= 2;
      for(j=0; j<n; j++)
      {  a[j+1] += a[j]/10;
         a[j] %= /**/      /**/;
      }
      if( a[n] ) /**/      /**/;
  }
  for(i=n-1; i>=0; i--)
     printf("%d", a[i]);
  printf("\n");
}
```

2. 桥牌使用 52 张扑克牌，以下程序是一个模拟人工洗牌的程序，并把洗好的牌发给 4 个人。其算法为：首先在一维数组 a 中存放 52 个整数(0～51)，分别对应每一张扑克牌，然后由计算机随机产生 51 个整数来决定洗好后每张扑克牌的位置，最后将其按每行 4 个数进行输出，实现模拟摸牌。

```
#include "stdlib.h"
#include"stdio.h"
void main()
{ int i, k, a[52],temp;
  for(i=0; i<52; i++)  /**/       /**/ = i;
  randomize();            /* 初始化随机数产生函数 */
  for(i = 51; i>0; i--)
  { /**/      /**/ = random(i);    /*产生一个 0 到 i-1 之间的随机数 */
     temp = a[i];
     a[i] = a[k];
```

```
    a[k] = temp;
  }
  printf("洗好后扑克牌的顺序为：\n");
  for(i=0; i<52; i++)
    printf("%5d%c", a[i], ((i+1)%4) ? ' ': /**/        /**/);
  /* 每四个数换行，即每列数对应一人所摸的扑克牌 */
}
```

3. 已知如下两个库函数的相关信息：

```
typedef unsigned size_t;
```

函数原型：　void * malloc(size_t size);

功　　能：　在内存的动态存储区中分配一个指定长度 size(以字节为单位)的连续存储空间。

返 回 值：　成功返回所分配空间的首地址，失败返回 NULL。

函数原型：　void free(void* block);

功　　能：　释放由 malloc 或 calloc 函数分配的存储空间。

返 回 值：　没有返回值。

补充下面程序，该程序用来从键盘输入一个整数 n，然后在内存中分配一个大小为 n*n 的整型数组，并让其对角线上的元素全为 1，其他元素全为零，即 n*n 阶的单位矩阵，并将其输出到屏幕，最后在程序结束前将所申请的内存释放。

```
#include "alloc.h"
#include "stdio.h"
void main()
{ int n,i,j,*p;
  do { printf("请输入一个大于 0 的整数：\n");
       scanf("%d",&n);
     }while(n <= 0);
  p = ( /**/       /**/ )malloc( n * n * sizeof(int));
  if( /**/       /**/ )
  { printf("内存不足，程序终止！\n");
    exit(0);
  }
  for(i = 0; i < n*n; i++)  *(p+i) = 0;
  for(i = 0; i < n; i++)
     *(p + n*i + i) = 1;
  for(i=0; i<n; i++)
  { for(j=0; j<n; j++)
       printf("%4d",*(p + n*i + j));
    printf("\n");
  }
  /**/       /**/(p);
}
```

四、编程题(每小题 10 分，共 20 分)

说明：

(1) 在一对“/**/”之间编写程序，以完成题目的要求。

(2) 不得删改程序中所有的 “/**/” 注释和其他代码。

1. 完成下面程序中的函数 sort，该函数用选择法对数组 a 由小到大排序，数组 a 有 n 个元素。

```
#include "stdio.h"
void sort(int a[], int n)
{ /**/





/**/ }
void main()
{ int i, b[]={ 4, 15, 3, 9, 7, 6, 8, 1};
  sort(b, 8);
  for(i=0; i<8; i++)
    printf("%5d", b[i]);
  printf("\n");
}
```

2. 该程序实现输入两个字符串 s1、s2，并从 s1 中删除出现在 s2 中的字符。例如，s1 为"abcaa63akdfk"，s2 为"ayk5"，程序运行后输出 bc63df。

```
void main()
{  char s1[300]="abcaa63akdfk",s2[300]="ayk5";
   fun(s1,s2);
   printf("%s\n", s1);
}
void fun(char *s1, char *s2)
{ /**/




  /**/
}
```

15.8　模拟试卷 8

一、单项选择题(每小题 2 分，共 40 分)

1. 组成 C 程序基本单位的是(　　)。

A. 子程序　　B. 过程　　C. 函数　　D. 主程序和子程序

2. 下列程序的输出是(　　)。

```
#include <stdio.h>
void main ( )
{ printf ("%d", null); }
```

A. 0　　B. 变量无定义　　C. -1　　D. 1

3. 已知字母 a 的 ASCII 十进制代码为 97，则执行下列语句后的输出为(　　)。

```
char a='a';
a--;
printf ("%d, %c\n", a+'2'-'0', a+'3'-'0');
```

A. b, c　　B. a--运算不合法，故有语法错误

C. 98, c　　D. 格式描述符和输出项不匹配，输出无定值

4. 若变量 a 已说明为 float 类型，i 为 int 类型，则能实现将 a 中的数值保留小数点后两位，第三位进行四舍五入运算的表达式是(　　)。

A. a= (a*100+0.5) / 100.0　　B. i=a*100+0.5, a= i / 100

C. a=(int) (a*100+0.5) / 100.0　　D. a= (a / 100+0.5) * 100.0

5. 若给定条件表达式 (M)? (a++):(a --)，则与表达式 M 等价的是(　　)。

A. (M = = 0)　　B. (M = = 1)　　C. (M != 0)　　D. (M != 1)

6. 以下程序的输出是(　　)。

```
#include <stdio.h>
void main ( )
{int i, j, k, a=3, b=2;
 i = (--a = = b++)? --a : ++b;
 j=a++; k=b;
 printf ("i=%d,j=%d,k=%d\n",i, j, k);
}
```

A. i=2, j=1, k=3　　B. i=1, j=1, k=2

C. i=4, j=2, k=4　　D. i=1, j=1, k=3

7. 以下(　　)表达式不能用来表示：当 x 的值为偶数时值为“真”，为奇数时值为“假”。

A. x%2= =0　　B. !x%2!=0　　C. (x /2*2−x)= =0　　D. !(x%2)

8. 在下面给出的 4 个语句段中，能够正确表示出函数关系的语句段是(　　)。

$$y=\begin{cases}-1 & (x<0)\\ 0 & (x=0)\\ 1 & (x>0)\end{cases}$$

A.
```
if (x!=0)
  if (x>0) y=1;
  else y= -1;
  else y=0;
```

B.
```
y=0;
if (x>=0)
  if (x) y=1;
  else y= -1;
```

C.
```
if (x<0) y= -1;
if (x!=0) y=1;
else y=0;
```

D.
```
y= -1;
if (x!=0)
if (x>0) y=1; else y=0;
```

9. 下列程序的输出为(　　)。

```
#include <stdio.h>
void main ( )
{  int i, j, x=0;
   for (i=0; i<2; i++)
   {  x++;
```

```
        for (j=0; j<=3; j++)
        {  if ( j%2)  continue;
           x++;
        }
        x++;
      }
    printf ("x=%d\n",x);
}
```

A. x=4　　B. x=8　　C. x=6　　D. x=12

10. 下列程序的输出为(　　)。

```
#include <stdio.h>
void main ( )
{ int x=1, y=0, a=0 ,b=0;
  switch (x)
  { case 1:
       switch (y)
       {  case 0: a++; break;
          case 1: b++; break;
       }
     case 2: a++; b++; break;
     case 3: a++; b++;
    }
    printf ("a=%d,b=%d\n", a, b);
}
```

A. a=1, b=0　　B. a=2, b=1　　C. a=1, b=1　　D. a=2, b=2

11. 下列程序的输出为(　　)。

```
#include <stdio.h>
void main ( )
{   int y=10;
    while (y--);
    printf ("y=%d\n", y);
}
```

A. y=0　　B. while 构成无限循环

C. y=1　　D. y= −1

12. 下列程序的输出结果为(　　)。

```
#include <stdio.h>
void main ( )
{ int a[ ]={1, 2, 3, 4, 5, 6}, *p;
  p=a; *(p+3)+=2 ;
  printf ("%d, %d\n", *p, *(p+3));
}
```

A. 0, 5　　B. 1, 5　　C. 0, 6　　D. 1, 6

13. 若有定义 int a[4][10]; ，则以下选项中对数组元素 a[i][j](设 0<= i<4, 0<= j<10)的错误引用是(　　)。

A. *(&a[0][0]+10*i+j)　　B. *(a+i)[j]

C. *(*(a+i)+j)　　D. *(a[i]+j)

14. 以下(　　)是不正确的。

A. char s[ ]= "abcde";　　B. char *s, gets(s);

C. char *s; s="abcde";　　D. char s[30]; scanf ("%s", s);

15. 若有以下定义和语句，则输出是(　　)。

```
char *sp="\t\v\\\0will\n";
printf ("%d", strlen(sp));
```

A. 14　　B. 3

C. 9　　D. 字符串中有非法字符，输出值不定

16. 以下程序的输出值是(　　)。

```
# include <stdio.h>
# define M  3
# define N  M+1
# define NN  N*N/2
void main ( )
{
  printf ("%d\n", NN)
  printf ("%d\n", 5*NN);
}
```

A. 3　　B. 4　　C. 6　　D. 8

17　　30　　18　　40

17. 以下程序的运行结果是(　　)。

```
#include <stdio.h>
void main ( )
{ int k=4, m=1, p;
   p=func (k, m);
   printf ("%d,", p);
   p=func (k, m);
   printf ("%d\n", p);
}
int func(int a, int b)
{ static int m, i=2;
  i+=m+1;
  m= i+a+b;
  return (m);
}
```

A. 8, 17　　B. 8, 16　　C. 8, 20　　D. 8, 8

18. 若有以下的说明和语句，已知 int 类型占 2 个字节，double 型占 8 个字节，则输出结果接近(　　)。

```
union un
{ int i;
  double y;
};
struct st
{ char a[10];
  union un b;
```

```
};
printf ("%d\n", sizeof (struct st));
```

A. 18　　B. 28　　C.32　　D. 10

19. 以下程序的输出结果是(　　)。

```
#include <stdio.h>
void main ( )
{  enum team {qiaut, cubs=4, pick, dodger=qiaut-2};
  printf ("%d, %d, %d, %d\n", qiaut, cubs, pick, dodger);
}
```

A. 0, 4, 5, −2　　B. 0, 4, 5, qiaut−2

C. 3, 4, 5, 6　　D. 0, 4, 0, −2

20. C 语言中的文件类型只有(　　)。

A. 索引文件和文本文件两种　　B. ASCII 文件和二进制文件两种

C. ASCII 文件一种　　D. 文本文件一种

二、改错题(每小题 10 分，共 20 分)

说明：

(1) 修改程序在每对“/**/”之间存在的错误。

(2) 不得删改程序中所有的“/**/”注释和其他代码。

1. 下面程序输出如下所示的图形：

```
        *
      * * *
    * * * * *
  * * * * * * *
* * * * * * * * *
```

```
#include <stdio.h>
void main()
{
/**/  int i; j; /**/
   for (i=1;i<=5;i++)
   {
      for (j=1;j<=10-2*i;j++) printf(" ");
/**/  for (j=1;j<=5;j++)  /**/
       printf("* ");
      printf("\n");
    }
}
```

2. 下面程序的功能是求解百元买百鸡问题：

设一只公鸡 2 元，一只母鸡 1 元，一只小鸡 0.5 元。问 100 元买 100 只鸡，公鸡、母鸡和小鸡数可分别为多少？有多少种分配方案？

```
#include <stdio.h>
#include <conio.h>
```

```
/**/int fun();/**/
{ int hen,cock,chicken,n=0;
   for(cock=0;cock<=50;cock+=1)
       for(hen=0;hen<=100;hen=hen+1)
       { chicken=2*(100-hen-2*cock);
         /**/ if(cock+hen+chicken=100) /**/
        {n++;
          printf("%d-->hen:%d,cock:%d,chicken:%d\n",n,hen,cock,chicken);
          }
       }
  return n;
}
void main()
{ int num;
   num=fun();
   printf("\n There are %d solutions.\n",num);
}
```

三、填空题(第 1 题 6 分，第 2 题 7 分，第 3 题 7 分，共 20 分)

说明：

(1) 编写程序，补充在每对“/**/”之间的空白处，以完整题目的要求。

(2) 不得删改程序中所有的“/**/”注释和其他代码。

1. 补充下面程序，使其计算满足下式的一位整数 A 和 B 的值。

$$\begin{array}{r} AB \\ \times\ \ BA \\ \hline 403 \end{array}$$

```
#include <stdio.h>
void main()
{
  int a,b,k;
  int plu = /**/     /**/;
  for(a=1; a<10; a++)
   for(b=1; b<10; b++)
   {
     k = (a*10+b) *  /**/        /**/ ;
     if(k==plu) printf("A = %d, B = %d\n",a,b);
   }
}
```

2. 补充下面程序，使其实现输入若干整数，统计其中大于零和小于零的个数，以零结束输入。

```
#include <stdio.h>
void main()
{
  int n,a,b;
```

```
  /**/


  /**/
  scanf("%d",&n);
  while(/**/        /**/)
  {
    if(n>0) a++;
    else /**/     /**/
    scanf("%d",&n);
  }
  printf("Positive integer: %d, negative integer: %d\n",a,b);
}
```

3. 补充下面程序，该程序可测试哥德巴赫猜想：从键盘上输入一个大于 6 的偶数，总能找到两个素数，使得这两个素数之和正好等于该偶数。

```
#include <stdio.h>
int prime(int n)
{ int k,flag=1;
   for(k=2; k<=n/2+1; k++)
     if (n%k==0) { flag=/**/    /**/ ; break;}
   return flag;
}
void main()
{ int num, a;
   do{
     printf("Please input an even number:");
     scanf("%d", &num);
   }while(num<=6||num%2==1);
  for(a=2;a<=num/2+1;a++)
    if(prime(a) && prime(/**/       /**/))
  printf("\n %d = %d + %d ", num, a, num-a);
}
```

四、编程题(每小题 10 分，共 20 分)

说明：

(1) 在一对“/**/”之间编写程序，以完成题目的要求。

(2) 不得删改程序中所有的“/**/”注释和其他代码。

1. 完成以下程序中的函数 fun1()，该函数的数学表达式是：

$$\text{fun1}(x)=\frac{e^x+|x-6|}{x+1.3}$$

例如：

fun1(0.76)＝3.582

fun1(3.00)＝5.369

fun1(3.76)＝8.931

```
#include <math.h>
#include <stdio.h>
double fun1(double x)
{ /**/




 /**/
}
void main()
{
  printf("fun1(0.76) = %8.3lf\n", fun1(0.76));
  printf("fun1(3.00) = %8.3lf\n", fun1(3.00));
  printf("fun1(3.76) = %8.3lf\n", fun1(3.76));
}
```

2. 补充下面程序中的函数 fun2(char a[ ], char b[ ], char c[ ])，实现：将 3 个字符串 a、b、c 从小到大排序后输出。注意：字符串比较函数为 strcmp(str1, str2)，字符串赋值函数为 strcpy(str1, str2)。

```
#include <string.h>
#include <math.h>
#include <stdio.h>
void fun2(char a[],char b[],char c[])
{
/**/




/**/
}
void main()
{ char str1[15]="Fuzhou",str2[15]="Fujian",str3[15]="China";
  fun2(str1,str2,str3);
  printf("The ordered strings is : %s, %s, %s\n",str1,str2,str3);
}
```

15.9　模拟试卷 9

一、单项选择题(每小题 2 分，共 40 分)

1. 以下关于 C 语言标识符的描述中，正确的是(　　)。

A. 标识符可以由汉字组成　　B. 标识符只能以字母开头

C. 关键字可以作为用户标识符　　D. Area 与 area 是不同的标识符

2. C 语言中，以下(　　)不是正确的常量。

A. 543210L　　B. 05678　　C. -0x41　　D. 12345

3. 使下列程序段输出“123,456,78”，由键盘输入数据，正确的输入是(　　)。

```
int i, j, k;
scanf("%d,%3d%d", &i, &j, &k);
printf("%d,%d,%d\n", i, j, k);
```

A. 12345678　　B. 123,456,78

C. 123, 45678　　D. 123,*45678

4. 若有语句 int a=1, b=2, c=3; 则以下值为 0 的表达式是(　　)。

A. 'a' && 'b'　　B. a <= b

C. ((a>b) || (b<c))　　D. (! (a+b) == c && a)

5. 以下程序的运行结果是(　　)。

```
#include<stdio.h>
void main()
{ int a[][3]={ { 1, 2, 3 }, { 4, 5 }, { 6 }, { 0 } };
    printf("%d,%d,%d\n",a[1][1], a[2][1], a[3][1]);
}
```

A. 1,4,6　　B. 5,0,0　　C. 1,2,3　　D. 不确定的

6. 以下叙述中不正确的是(　　)。

A. 在不同的函数中可以使用相同名字的变量

B. 程序中有调用关系的函数必须放在同一个源文件中

C. 在一个函数内定义的变量只在本函数范围内有效

D. 函数中的形式参数是局部变量

7. 在循环语句的循环体中执行 break 语句，其作用是(　　)。

A. 跳出该循环体，提前结束循环

B. 继续执行 break 语句之后的循环体各语句

C. 结束本次循环，进行下次循环

D. 终止程序运行

8. 以下程序的运行结果是(　　)。

```
#include<stdio.h>
void main()
{ char *pc="#Fujian##Province#";
   while( *pc )
   { while( *pc == '#' ) pc++;
    if( *pc=='\0' ) break;
    printf("%c", *pc);
    pc++;
   }

   printf("\n");
}
```

A. FujianProvince　　B. Fujian　Province

C. #Fujian##Province#　　D. ####

9. 以下程序的运行结果是(　　)。

```
#include <stdio.h>
void fun( int *i )
{ static int a=1;
  *i += a++;
}
main()
{ int k=0;
   fun(&k);
   fun(&k);
   printf("%d\n",k);
}
```

A. 0　　B. 1　　C. 2　　D. 3

10. 以下语句中，指针 s 所指字符串的长度为(　　)。

```
char *s="\\Hello\tWorld\n";
```

A. 16　　B. 15　　C. 14　　D. 13

11. 以下程序的运行结果是(　　)。

```
#include<stdio.h>
void main()
{ int a=12, b;
   b = 0x1f5 & a << 3;
   printf("%d,%d\n", a, b);
}
```

A. 12,96　　B. 12,32　　C. 96,96　　D. 32,32

12. 若有以下定义，则正确的赋值语句为(　　)。

```
struct complex
{ float real;
   float image;
};
struct value
{ int no;
   struct complex com;
}val1;
```

A. com.real=1;　　B. val1.complex.real=1;

C. val1.com.real=1;　　D. val1.real=1;

13. 以下程序的运行结果是(　　)。

```
#include<stdio.h>
void main()
{ enum color{ red, green=4, blue, white=blue+10 };
   printf("%d  %d  %d\n", red, blue, white);
}
```

A. 1　4　14　　B. 0　5　15

C. 0　3　13　　D. 0　5　6

14. #include "文件名"，寻找被包含文件的方式为(　　)。

A. 直接按系统设定的方式搜索目录

B. 仅搜索源程序所在目录

C. 先搜索源程序所在目录，再按系统设定的方式搜索目录

D. 仅搜索当前目录

15. 已知 TEST.C 的源程序如下：

```
#include<stdio.h>
void main( int argc, char *argv[] )
{ while(argc>1) printf("%s ", argv[--argc]);
  printf("\n");
}
```

将该文件编译后，在命令行输入 test abc 123，则该程序的运行结果为(　　)。

A. abc 123　　　　B. 123 abc

C. test.exe abc 123　　　　D. 123 abc test.exe

16. 若有语句组 typedef int AR[5]; AR a; ，则以下叙述正确的是(　　)。

A. a 是一个新类型名　　　　B. a 是一个整型变量

C. a 是一个整型数组　　　　D. AR 是一个变量名

17. 以下与库函数 strcpy(char *s1, const char *s2)功能不相等的函数是(　　)。

A.
```
funa(char *s1, const char *s2)
{ while( *s1++ = *s2++);
}
```

B.
```
funb(char *s1, const char *s2)
{ while( *s2 )   *s1++ = *s2++;
}
```

C.
```
func(char *s1, const char *s2)
{ while( *s1 = *s2)
   { s1++;
     s2++;
   }
}
```

D.
```
fund(char *s1, const char *s2)
{ while( (*s1++ = *s2++) != '\0');
}
```

18. 以下程序的运行结果是(　　)。

```
#include<stdio.h>
void main()
{ struct stype
   { int i;
     struct stype *next;
    } a[]={ { 1 }, { 3 }, { 5 }, { 7 } }, *p = a;
    int j;
    for(j=1; j<4; j++, p++) p->next = &a[j];
```

```
    p->next=NULL;
    printf("%d,", a[0].next->i);
    printf("%d,", ++(*a[1].next).i);
    printf("%d\n", a[2].i);
}
```

A. 3,6,6　　B. 1,3,5　　C. 3,5,7　　D. 1,4,5

19. 以下程序的运行结果是(　　)。

```
#include<stdio.h>
void main()
{    char *str[]={"AA", "BB", "CC"};
     str[1]=str[2];
     printf("%s,%s,%s\n", *str, str[1], *(str+2) );
}
```

A. AA,BB,CC　　B. AA,BB,BB　　C. AA,CC,CC　　D. A,B,C

20. 要求函数的功能是在一维数组 a 中查找 x 的值，被查找的数据放在数组的 a[1]到 a[n]的 n 个元素中；若找到则把该元素的下标存入 a[0]，若未找到则 a[0]的值为 0。下列函数中不能正确实现此功能的是(　　)。

A.
```
void funa(int a[],int n,int x)
{ int *p=a+n;
  a[0] = x ;
  while( *p != x   ) p--;
  a[0] = p-a;
}
```

B.
```
void funb(int a[], int n, int x)
{ int *p=a+n;
  while( p > a )
     if( *p == x ) break;
  a[0] = p-a;
}
```

C.
```
void func(int *a, int n, int x)
{
  *a = x;
   while( a[n] != x ) n--;
  a[0] = n;
}
```

D.
```
void fund(int *a, int n, int x)
{ int k;
  for(k=1; k<=n; k++)
   if( a[k] == x ) break;
  a[0] = k>n ? 0 : k;
}
```

二、改错题(每小题 10 分，共 20 分)

说明：

(1) 修改程序在每对“/**/”之间存在的错误。

(2) 不得删改程序中所有的“/**/”注释和其他代码。

1. 下面程序的功能是：从键盘上输入 10 个自然数，然后将它们存入数组 a 中。统计数组 a 中所有素数的和，其中函数 isprime()用来判断自变量是否为素数。

```
#include <stdio.h>
void main()
{ int i,a[10],*p=a,sum=0;
   printf("input 10 positive integers:\n");
   for(i=0;i<10;i++) scanf("%d",&a[i]);
   for (i=0;i<10;i++)
```

```
  /**/ if(isprime(*p)==1) /**/
        { printf("%d",*(a+i));
          sum+=*(a+i);
        }
   printf("\nThe sum=%d\n",sum);
 }
int isprime(int x)
{ int i=2;
   for(;i<=x/2;i++)
    /**/ if(x/i==0) return(0); /**/
   return(1);
}
```

2. 下面程序的功能是：删除一维整型数组 a 中的下标为 d 的那个数组元素。程序中先后调用了 getindex()、arrout()和 arrdel()这 3 个自定义函数，其中函数 arrout()用来输出数组中的全部元素，函数 arrdel()进行所要求的删除运算，而函数 getindex()则用来输入被删数组元素所在的下标值，如果输入的下标越界，还会被要求重新输入，直到输入正确为止。例如，删除前数组 a 有 10 个元素，分别是{21，22，23，24，25，26，27，28，29，30}，此时如果输入的被删下标值为 5，则删除后的结果是{21，22，23，24，25，27，28，29，30}。

```
#include <stdio.h>
#define NUM 10
void arrout(/**/ int w /**/,int m)
{ int k;
   for (k=0;k<m;k++) printf("%4d",w[k]);
   printf("\n");
}
int arrdel(int *w,int n,int k)
{  int i;
   for(i=k;i<n-1;i++) /**/ w[i+1]=w[i] /**/;
    n--;
   return n;
}
int getindex(int n)
{ int i;
   do{
      printf("\nEnter the index [0<=i<=%d]:",n-1);
      scanf("%d",&i);
   }while (i<0||i>n-1);
   return i;
}
void main()
{ int n,d,a[NUM]={ 21, 22, 23, 24, 25, 26, 27, 28, 29, 30};
   n=NUM;
   printf("\n\Noutput primary data:\n\n");
   arrout(a,n);
   d=getindex(n);
   n=arrdel(a,n,d);
   printf("\n\Noutput the data after delete:\n\n");
   arrout(a,n);
}
```

三、填空题(第 1 题 6 分，第 2 题 7 分，第 3 题 7 分，共 20 分)

说明：

(1) 编写程序，补充在每对“/**/”之间的空白处，以完整题目的要求。

(2) 不得删改程序中所有的“/**/”注释和其他代码。

1. 补充下面程序，该程序的功能是显示如下图形：

```
1  0  0  0  0
2  1  0  0  0
3  2  1  0  0
4  3  2  1  0
5  4  3  2  1
```

```
#include<stdio.h>
void main()
{    int a[5][5], i, j;
     for(i=0; i<5; i++)
     { for( j=0; j<5; j++ )
       {     if(/**/      /**/ ) a[i][j]=0;
              else a[i][j] = /**/        /**/;
              printf("%3d", a[i][j]);
       }
       printf("\n");
     }
}
```

2. 补充下面程序，该程序输入学生姓名，查询其学习成绩。查询可连续进行，直到键入 0 时结束。

```
#include <stdio.h>
#include <string.h>
struct student
{  int no;                /* 学号 */
    char name[8];         /*  姓名 */
    int score;            /*  学习成绩 */
 };
 /**/    /**/ stu[]={ {10,"Tom",90}, {11,"Jerry",80}, {12,"Harold",70} };
void main()
{ char str[10];
  int i;
  do  {
    printf("Enter a name:");
    scanf( "%s", str );
    for(i=0; i<3; i++)
      if  (/**/        /**/ )
      { printf("No     :%d\n",  stu[i].no);
        printf("Name   :%8s\n",  /**/       /**/ );
        printf("Score  :%d\n",  stu[i].score);
        break;
      }
    if (i >= 3 ) printf("Not Found\n");
```

```
    }while ( strcmp(str,"0") != 0 );
}
```

3. 补充下面程序，其中 dtoh(int d, char s[])函数将十进制正整数 d 转换成十六进制数，并将转换后的结果以字符串的形式保存在字符数组 s 中。

```
#include "stdio.h"
void convert( char s[] )      /* 将字符串 s 逆序存放 */
{  int i, j, t;
   for( i=0, j=strlen(s)-1; i<j; i++, /**/     /**/)
   {  t = s[i];
      s[i] = s[j];
      s[j] = t;
   }
}
void dtoh( int d, char s[] )
{ int i, k;
  i = 0;
  do
  { k = d % /**/     /**/;
    if( k < 10 ) s[i] = '0' + k;
    else s[i] = 'a' + k - 10;
    i++;
    d /= 16;
  }while( d );
  s[i]= /**/     /**/;
  convert( s ) ;
}
void main()
{ char s[100];
  dtoh( 18976, s);
  printf("%s\n", s);
}
```

四、编程题(每小题 10 分，共 20 分)

说明：

(1) 在一对“/**/”之间编写程序，以完成题目的要求。

(2) 不得删改程序中所有的“/**/”注释和其他代码。

1. 完成下面的程序，该程序的功能是从键盘上输入一个正数 N 表示月份，要求显示与之对应的第 N 个月的英文单词，其中 N 的值介于 1 到 12 之间。例如，如果输入 8，则显示 august；若输入的 N 值有错误，则显示 illegal month 的提示信息。

```
#include <stdio.h>
char *month_name(int n)
{ /**/




/**/ }
void main()
```

```
{ int n;
   printf("Please input n: ");
  scanf("%d",&n);
   printf("\nMonth NO.%d means %s\n",n, month_name(n));
}
```

2. 完成下面程序，该程序从键盘上输入一个数字字符串，将该串转换为一个整数后输出，其中程序中数字字符串转换为整数的操作是由用户自定义函数 long fun(char *p)来完成的，不得调用 C 语言提供的将数字字符串转换为整数的库函数来完成。请写出完整的 C 语言程序。

例如，若输入的字符串为"-1234"，则函数 fun()把它转换为整数值-1234。

```
#include <stdio.h>
long fun(char *p)
{/**/



/**/ }
void main()
{ char s[10];
  long n;
  printf("Enter a string:\n");
  gets(s);
  n=fun(s);
  printf("%ld\n",n);
}
```

15.10　模拟试卷 10

一、单项选择题(20 小题，每题 2 分，共 40 分)

1. 以下不属于 C 语言关键字的是(　　)。

A. case　　B. byte　　C. enum　　D. sizeof

2. 以下不正确的转义字符是(　　)。

A.'\\'　　B.'0101'　　C.'\n'　　D.'\x1f'

3. 判断 char 类型的变量 c1 是否为数字字符的正确表达式为(　　)。

A. (c1>=0) && (c1<=9)　　B. (c1>='0') && (c1<='9')

C. '0' <= c1 <= '9'　　D. (c1>='0')||(c1<='9')

4. 以下 4 个运算符，按优先级由高到低的排列顺序是(　　)。

A. !、/、=、==　　B. /、!、==、=

C. /、=、==、!　　D. !、/、==、=

5. 以下各语句或语句组中，不正确的操作是(　　)。

A. char s[]="abcde";　　B. char *s; gets(s);

C. char *s; s="abcde";　　D. char s[300]; scanf("%s", s);

6. 以下程序的运行结果是(　　)。

```
#include<stdio.h>
void main()
{ int i, v1 = 0, v2 = 0, v3 = 0;
  for( i=5; i<15; i++)
  { switch( i%3 )
    { case 1 : v1++;
      case 2 : v2++; break;
      default : v3++;
    }
  }
  printf("%d,%d,%d\n", v1, v2, v3);
}
```

A. 3,7,3　　B. 3,4,3　　C. 1,4,6　　D. 3,10,7

7. 执行语句 for(i=10;i>0;i--); 后，变量 i 的值为(　　)。

A. 10　　B. 9　　C. 0　　D. 1

8. 以下对 C 语言函数的描述中，不正确的是(　　)。

A. C 语言中，函数可以嵌套定义　　B. C 语言中，函数可以递归调用

C. C 语言中，函数可以不返回值　　D. C 语言程序由函数组成

9. 以下程序的运行结果是(　　)。

```
#include <stdio.h>
int a;
int fun( int i )
{ a += 2*i;
  return a;
}
void main()
{ int a=10;
  printf("%d,%d\n", fun(a), a);
}
```

A. 10,10　　B. 20,10　　C. 30,10　　D. 30,30

10. 运行下列程序，当输入字符序列 AB$CDE 并回车时，程序的输出结果为(　　)。

```
#include <stdio.h>
void rev()
{ char c;
  c=getchar();
  if (c=='$') printf("%c",c);
  else
  {
     rev();
     printf("%c",c);
   }
}
void main()
{
 rev();
}
```

A. AB$CD　　B. $CDE　　C. $ABCDE　　D. $BA

11. 下列程序段的输出为(　　)。

```
int **pp, *p, a=20, b=30;
pp=&p; p=&a; p=&b;
printf("%d,%d\n", *p, **pp );
```

A. 20,30　　　　B. 20,20　　　　C. 30,20　　　　D. 30,30

12. 以下程序的运行结果是(　　)。

```
#include<stdio.h>
void main()
{ union u_type
  { int i;
    char ch[6];
    long s;
  };
  struct st_type
  { union u_type u;
    float score[3];
  };
  printf("%d\n", sizeof(struct st_type));
}
```

A. 24　　　　B. 12　　　　C. 2　　　　D. 18

13. 以下程序的运行结果是(　　)。

```
#include<stdio.h>
#define MAX(x, y) (x)>(y)?(x):(y)
void main()
{ int a=1, b=2, c=3, d=2, t;
  t=10*(MAX(a+b, c+d));
  printf("%d\n",t);
}
```

A. 50　　　　B. 30　　　　C. 5　　　　D. 3

14. 以下程序的运行结果是(　　)。

```
#include<stdio.h>
void main()
{ int i,j;
  for(i=1; i<=2; i++)
  { for(j=2*i-1; j>0; j--)
      if( j%2 ) printf("*");
      else break ;
    printf("#");
  }
  printf("$\n");
}
```

A. *#*#$　　　　B. *#*#*#*#$　　　　C. $　　　　D. **#$

15. 以下程序的运行结果是(　　)。

```
#include<stdio.h>
void main()
{ int a=1, b=3, c;
   c = (a += ++b, b += a);
   printf("%d,%d,%d\n", a, b, c);
}
```

A. 4,5,6　　B. 4,5,5　　C. 5,9,9　　D. 5,9,5

16. 已有定义语句 int *p; ，以下能动态分配一个整型存储单元，并把该单元的首地址正确赋值给指针变量 p 的语句是(　　)。

A. *p=(int*)malloc(sizeof(int));　　B. p=(int*)malloc(sizeof(int));

C. p=*malloc(sizeof(int));　　D. free(p);

17. 以下程序的运行结果是(　　)。

```
#include <stdio.h>
int f(int b[],int n)
{ int i,t;
    t=0;
    for(i=1;i<=n;i++) t=t+b[i];
    return t;
 }
void  main()
{    int x,a[]={1,2,3,4,5};
     x=f(a,3);
     printf("%d\n",x);
}
```

A. 10　　B. 6　　C. 9　　D. 15

18. 如果要以只读方式打开一个文本文件，应使用的打开方式是(　　)。

A. r+　　B. w　　C. r　　D. rb

19. 以下函数 utoh(n)将无符号十进制整数 n 转换成十六进制数并输出，程序横线处应选择(　　)来完成函数功能。

```
utoh( unsigned n )
{ int h;
   char ch;
   h = n % 16;
   ch = h<=9 ? h+'0' : h+'A'-10;
   if( n/16 > 0 ) utoh( ________ );
   printf("%c", ch);
}
```

A. n/16　　B. ch　　C. n　　D. n%16

20. 已定义下面的结构体，指针变量 p, q 定义如下：

```
struct node
{ int data;
   struct node *next;
} *p, *q;
```

若已经建立了如下图所示的单向链表，指针变量 p, q 分别指向图中所示的结点，则不能将 q 所指的结点插入到链表末尾仍组成单向链表的一组语句是(　　)。

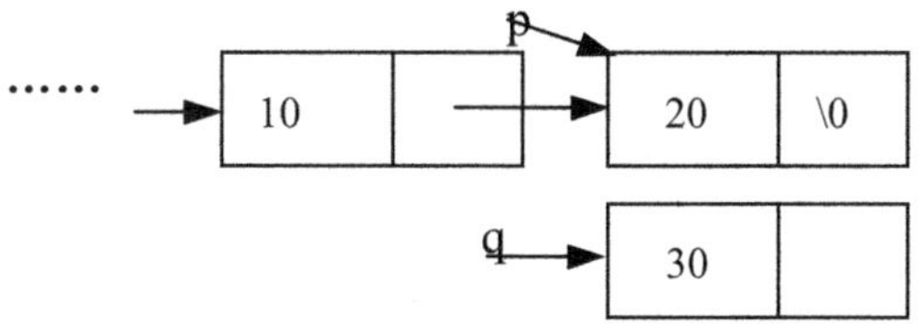

A. (*p).next=q;
(*q).next=NULL;

B. q->next=p->next;
p->next=q;

C. q->next=NULL;
p->next=q;

D. p->next=q;
q->next=p->next;

二、改错题(每小题 10 分，共 20 分)

说明：

(1) 修改程序在每对“/**/”之间存在的错误。

(2) 不得删改程序中所有的“/**/”注释和其他代码。

1. 下面程序的功能是：从字符串数组 str1 中取得 ASCII 码值为偶数且下标为偶数的字符依次存放到字符串 t 中。

例如：若 str1 所指的字符串为 4AZ18c?Ge9a0z!，则 t 所指的字符串为 4Z8z。

注意，数组下标从 0 开始。

```
#include <math.h>
#include <stdio.h>
#include <string.h>
void main()
{ char str1[100], t[200];
  int i, j;
 /**/ i = 0; /**/
  strcpy(str1, "4AZ18c?Ge9a0z!");
  for (i = 0; i<strlen(str1); i++)
  {
  /**/ if((str1[i]%2==0) && (i%2!=0)) /**/
      {
        t[j] = str1[i];
        j++;
      }
    }
   t[j] = '\0';
  printf("\n Original string: %s\n", str1);
  printf("\n  Result string: %s\n", t);
}
```

2. 下面程序中函数 fun(int n)的功能是：根据参数 n，计算大于 10 的最小 n 个能被 3 整除的正整数的倒数之和。例如：

$$fun(8)=\frac{1}{12}+\frac{1}{15}+\frac{1}{18}+\frac{1}{21}+\ldots+\frac{1}{33}=0.396$$

```
#include <stdio.h>
#define M 50
double fun(int n)
{ double y = 0.0;
  int i,j;
  j=0;
  for(i=1;;i++)
  {
  /**/ if((i<10)&&(i%3==0)) /**/
     {
     /**/ y+=1/i; /**/
        j++;
     }
     if(j==n) break;
   }
  return y;
}
void main()
{
  printf("fun(8) = %8.3lf\n", fun(8));
}
```

三、填空题(第 1 题 6 分，第 2 题 7 分，第 3 题 7 分，共 20 分)

说明：

(1) 编写程序，补充在每对“/**/”之间的空白处，以完整题目的要求。

(2) 不得删改程序中所有的“/**/”注释和其他代码。

1. 补充下面的程序，使其计算 $f(x)=\frac{|x|-2}{x^2+1}$。

```
#include <stdio.h>
#include <math.h>
void main()
{
  int x;
  /**/            /**/
  printf("Input an integer: ");
  scanf("%d",&x);
  f = /**/                /**/ ;
  printf("F(x)=%f\n",f);
}
```

2. 补充下面程序，该程序用公式 $\pi \approx 4\times(1-\frac{1}{3}+\frac{1}{5}-\frac{1}{7}+\ldots+\frac{1}{10001})$ 计算圆周率的近似值。

```
#include <stdio.h>
void main()
{ double pi=0;
  long i, sign=1;
  for(i=1;i<=10001;i+=2)
```

```
  {
    pi+=1.0*sign/i;
    sign=/**/          /**/;
  }
  pi*=/**/      /**/;
  printf("%f\n",pi);
}
```

3. 补充下面程序，该程序实现从 10 个数中找出最大值和最小值。

```
#include <stdio.h>
int max,min;
void find_max_min(int *p,int n)
{
  int *q;
  max=min=*p;
  for(q=p; q</**/         /**/; q++)
    if(/**/         /**/ ) max=*q;
    else if(min>*q) min=*q;
}
void main()
{
  int i,num[10];
  printf("Input 10 numbers: ");
  for(i=0;i<10;i++) scanf("%d",&num[i]);
  find_max_min(/**/       /**/,10);
  printf("max=%d,num=%d\n",max,min);
}
```

四、编程题(每小题 10 分，共 20 分)

说明：

(1) 在一对“/**/”之间编写程序，以完成题目的要求。

(2) 不得删改程序中所有的“/**/”注释和其他代码。

1. 完成下面程序中的函数 fun1()，该函数的数学表达式是：

$$\mathrm{fun1}(x)=\frac{1+\sin x+e^{x}}{1+x}$$

例如：

fun1(0.76)＝2.175

fun1(3.00)＝5.307

fun1(3.76)＝9.111

```
#include <math.h>
#include <stdio.h>
double fun1(double x)
{ /**/
```

```
  /**/
}
void main()
{
  clrscr();
  printf("fun1(0.76) = %8.3lf\n", fun1(0.76));
  printf("fun1(3.00) = %8.3lf\n", fun1(3.00));
  printf("fun1(3.76) = %8.3lf\n", fun1(3.76));
}
```

2. 完成下面程序中的函数 fun2(int a[ ], int n, int b[ ], int c[ ])，实现：

(1) 将数组 a 中大于-20 的元素，依次存放到数组 b 中；

(2) 将数组 b 中的元素按照从小到大的顺序存放到数组 c 中；

(3) 函数返回数组 b 中的元素个数。

```
#include <string.h>
#include <math.h>
#include <stdio.h>
int fun2(int a[],int n,int b[],int c[])
{
  /**/



  /**/
}
void main()
{ int n = 10, i, nb;
  int aa[10] = {12, -10, -31, -18, -15, 50, 17, 15, -20, 20};
  int bb[10], cc[10];
  printf("There are %2d elements in aa.\n", n);
  printf("They are: ");
  for(i=0; i<n; i++) printf("%6d", aa[i]);
  printf("\n");
  nb = fun2(aa, n, bb, cc);
  printf("Elements in bb are: ");
  for (i=0; i<nb; i++) printf("%6d", bb[i]);
  printf("\n");
  printf("Elements in cc are: ");
  for(i=0; i<nb; i++) printf("%6d", cc[i]);
  printf("\n");
  printf("There are %2d elements in bb.\n", nb);
}
```

第16章　自 测 试 卷

16.1　自测试卷 1

自测试卷参考答案

一、选择题(每题 2 分，共 40 分)

1. 结构化程序设计的三种基本结构是(　　)。

A. 函数结构、判断结构、选择结构

B. 平行结构、嵌套结构、函数结构

C. 顺序结构、选择结构、循环结构

D. 判断结构、嵌套结构、循环结构

2. 以下选项中，合法的实型常数是(　　)。

A. E-3　　B. .2E1　　C. 1E.5　　D. 1.5E

3. 若有定义 int m=4,n=5;float k;，则以下符合 C 语言语法的表达式是(　　)。

A. (m+n)*=k　　B. m=(n==5)　　C. k=float(n)/m　　D. n%2.5

4. 若已定义 int a=2,b=2;，则表达式 (a+(b++), b) 的值是(　　)。

A. 2　　B. 3　　C. 4　　D. 6

5. 以下程序段的运行结果是(　　)。

```
int a=1;
printf("%d, %d, %d\n", a, a&a, a<<1);
```

A. 1,1,2　　B. 2, 2, 1　　C. 1, 2, 1　　D. 1, 2, 2

6. 若有定义 int a=3,b=2,c=3;，则值为 0 的表达式是(　　)。

A. (a-b)==(c/b)　　B. a>=c

C. c-b||a+b&&(b*c-a-c)　　D. (b*c-a-c)&&(b*c-a-b)

7. 若有定义 int x=8; float y=130;char z='A';，则表达式 x+z%(int)y 的值是(　　)。(已知'A'的 ASCII 码的十进制值为 65)

A. 运行时产生错误信息　　B. 8

C. 73　　D. 8.5

8. 以下程序的运行结果是(　　)。

```
#include <stdio.h>
void main(void){
 int n=8;
  switch(n--){
    default: printf("%d  ",n++);
    case 8:
    case 6: printf("%d  ",n); break;
```

```
    case 4: printf("%d   ",n++);
    case 2: printf("%d   ",n);
  }
}
```

A. 8　　B. 8　6　　C. 7　　D. 8　7

9. 以下程序的运行结果是(　　)。

```
void main(){
 int s = 0, i = 0;
 while(i< 8){
   i++;
   if(i%2==0)
     continue;
   s+=i;
 }
 printf("%d\n",s);
}
```

A. 36　　B. 7　　C. 16　　D. 12

10. 下面程序段的运行结果是(　　)。

```
int m[]={5,8,7,6,9,2},i=1;
do{
   m[i]+=2;
  }while(m[++i]>5);
for(i=0;i<6;i++)
  printf("%d  ",m[i]);
```

A. 7　10　9　8　11　4　　B. 7　10　9　8　11　2

C. 5　10　9　8　11　2　　D. 5　10　9　8　11　4

11. 在以下数组定义中，错误的是(　　)。

A. int a[2][]={1,2,3,4,5};　　B. int a[][2]={{0},{1}};

C. int a[2][2]={{1,2},{3}};　　D. int a[][2]={1,2,3,4};

12. 以下程序段运行后，屏幕的输出结果是(　　)。

```
char str[80];strcpy(str,"computer");printf("%d",strlen(str));
```

A. 7　　B. 8　　C. 9　　D. 80

13. 下面程序的输出结果是(　　)。

```
#include <stdio.h>
int num=10;
int func(void){
  int num=4;
  return ++num;
}
void main(void){
  printf("%d\n",func());
}
```

A. 4　　B. 5　　C. 10　　D. 11

14. 下面程序的输出结果是(　　)。

```
#include <stdio.h>
#define MON 1
#define TUE 2*MON
#define WED 3*TUE
void main(void){
 printf("%d\n",WED-TUE);
}
```

A. 2　　B. 3　　C. 4　　D. 5

15. 若已定义 int q=5;，对① int *p=&q;和② p=&q; 这两条语句理解错误的是(　　)。

A. ①是对 p 定义时初始化，使 p 指向 q；而②是将 q 的地址赋给 p

B. ①和②中的&q 含义相同，都表示给指针变量赋值

C. ①是对 p 定义时初始化，使 p 指向 q；而②是将 q 的值赋给 p 所指向的变量

D. ①和②的执行结果都是把 q 的地址赋给 p

16. 以下程序的输出结果是(　　)。

```
#include <stdio.h>
void main(void){
  char *p="ABCDE",*q=p+3;
  printf("%c\n",q[-2]);
}
```

A. A　　B. B　　C. C　　D. D

17. 下面程序的运行结果是(　　)。

```
#include <stdio.h>
union data{
  int i;
  char c;
};
struct{
  char a[2];
  int i;
  union data d;
 }p;
  void main(void){
    printf("%d\n",sizeof(p));
}
```

A. 5　　B. 6　　C. 7　　D. 8

18. 若按如下定义，函数 link 的功能是(　　)。其中 head 指向链表首结点，整个链表结构如下图：

head →	data	next → … →	data	∧

```
struct node{
 int data;
 struct node *next;
```

```
};
void link(struct node* head){
   struct node *p=head;
   while(p!=NULL){
       if(p->data%2==1)
           printf("%d ",p->data);
       p=p->next;
   }
}
```

A. 计算链表head中结点的个数

B. 遍历链表head，输出表中值为奇数的元素

C. 删除链表head中的所有结点

D. 插入一个新元素到链表head中

19. 若按如下类型说明，则(　　)是错误的叙述。

```
typedef struct{
  int no;
  char *name;
  int cj;
}S,*p;
```

A. S是一个结构体类型名

B. p是一个结构体类型名

C. p是指向结构体类型S的指针类型名

D. no是结构体类型S的成员

20. 对下面程序描述正确的是(　　)。

```
#include <stdio.h>
#include <stdlib.h>
void main(void){
  FILE *in,*out;
  if((in=fopen("file1.txt","a+"))==NULL){
      printf("cannot open file1\n");
      exit(0);
  }
  if((out=fopen("file2.txt","a+"))==NULL){
      printf("cannot open file2\n");
      exit(0);
   }
   while(!feof(out))
       fputc(fgetc(out),in);
   fclose(in);
   fclose(out);
}
```

A. 程序实现在屏幕上显示磁盘文件file1.txt的内容

B. 程序实现将磁盘文件file2.txt复制到磁盘文件file1.txt

C. 程序实现将两个磁盘文件file1.txt和file2.txt的内容合二为一

D. 程序实现在屏幕上显示磁盘文件file2.txt的内容

二、改错题(每题 10 分，共 20 分)

说明：

(1) 修改程序在每对“/**/”之间存在的错误。

(2) 不得删改程序中的“/**/”注释和其他代码。

1. 以下程序实现将输入的十进制正整数转换为十六进制数，且用字符串存放该十六进制数。

```
#include <stdio.h>
void main(void){
  int x,b,i,j;
  char s[5];
  printf("Input a number(Dec): ");
  scanf("%d",&x);
  /**/ i=1; /**/
  while(x>0){
      b=x%16;
      if(b>9)
          s[i]=b-10+'A';
       else
          /**/ s[i]=b /**/;
       x=x/16;
       i++;
  }
  printf("\nHex number is: ");
  for(j=i-1;j>=0;j--)
     putchar(/**/ s[i] /**/);
}
```

2. 以下程序中的函数 fmax(float x,float y,float z)返回 x,y,z 中的最大值。

```
#include <stdio.h>
void main(void){
  float a,b,c,max;
  float fmax(float,float,float);
  printf("Please input 3 numbers:\n");
  scanf("%f%f%f",&a,&b,&c);
  max=/**/  fmax(a;b;c) /**/;
  printf("The max number is:%.2f\n", max);
}
/**/ fmax(float x,float y,float z) /**/{
  float m1,m2;
  m1=(y>z)?y:z;
  m2=/**/ (x>y)?x:y; /**/
  return(m2);
}
```

三、填空题(每题 10 分，共 20 分)

说明：

(1) 在每对“/**/”之间的空白处补充程序，以完成题目的要求。

(2) 不得删改程序中的“/**/”注释和其他代码。

1. 补充以下程序，输出用 1 角、2 角和 5 角的硬币组成 1 元钱的所有组成方法。

```
#include <stdio.h>
void main(void){
    int i,j,k,num=0;
    printf("      方法号    1 角硬币个数  2 角硬币个数  5 角硬币个数\n");
    for(k=0;k<=2;k++)
          for(j=0;j<=5;j++)
                for(i=0;i<=10;i++)
                      if(/**/  (1) /**/){
                          /**/  (2)  /**/;
                          printf("%13d%13d%13d%13d\n",num,i,j,k);
                      }
}
```

2. 补充以下程序，编制某公司安排 zhang、wang、zhao、li 这 4 个人轮流值班的 12 天值班人员表。

```
#include <stdio.h>
void main(void){
  enum body{zhang,wang,zhao,li};
  /**/  (1)  /**/ body day[12], j;
  int i;
  j=zhang;
  for(i=0;i<12;i++){
       day[i]=j;
       j++;
       if(j>li)
           j=/**/  (2)  /**/;
  }
printf("List :\n");
for(i=1;i<=12;i++)
     switch(day[i-1]){
         case zhang:
           printf("Day %2d  is  %s \n",i,"zhang");
           break;
         case wang:
           printf("Day %2d  is  %s \n",i,"wang");
           break;
         case /**/  (3)  /**/:
           printf("Day %2d  is  %s \n",i,"zhao");
           break;
         case li:
           printf("Day %2d  is  %s \n",i,"li");
       }
}
```

四、编程题(每题 10 分，共 20 分)

说明：

(1) 在一对“/**/”之间编写程序，以完成题目的要求。

(2) 不得删改程序中的“/**/”注释和其他代码。

1. 完成以下程序中的fun()函数，该函数求下面数学表达式的值：

$$fun(x)=\frac{\sin 2x + 3tgx^2}{\left|\ln x + \sqrt{1+\cos x}\right|}$$

例如：fun(2.5)=-0.777

```
#include <math.h>
#include <stdio.h>
double fun(double x){
 /**/

 /**/
}
void main(void){
  double x;
  printf("Pleae input x:");
  scanf("%lf",&x);
  printf("\nfun(%6.3lf) = %6.3lf\n",x,fun(x));
}
```

2. 完成以下程序中的fun(int a[],int n)函数，函数实现将二维数组 ***a*** 表示的矩阵各元素，每行都按n表示的移动个数进行循环左移。

如$\begin{pmatrix} 1 & 2 & 3 & 4 & 5 \\ 11 & 12 & 13 & 14 & 15 \\ 21 & 22 & 23 & 24 & 25 \end{pmatrix}$(数组 ***a*** 中)循环左移2个数后的结果是$\begin{pmatrix} 3 & 4 & 5 & 1 & 2 \\ 13 & 14 & 15 & 11 & 12 \\ 23 & 24 & 25 & 21 & 22 \end{pmatrix}$。

```
#include <stdio.h>
#define RW 3
#define CL 5
void fun(int a[][CL],int n){
  /**/

  /**/
}

void main(void){
 int arra[RW][CL] = {{1,2,3,4,5},{11,12,13,14,15},{21,22,23,24,25}};
  int i,j,k;
  printf("Original array is:\n");
  for(i=0; i<RW; i++){
    for(j=0;j<CL;j++)
       printf("%6d", arra[i][j]);
    printf("\n");
  }
  printf("\nInput sites of moving: ");
  scanf("%d",&k);
  fun(arra,k);
  printf("\nNow array is:\n");
  for(i=0; i<RW; i++){
    for(j=0;j<CL;j++)
       printf("%6d", arra[i][j]);
```

```
    printf("\n");
  }
}
```

16.2　自测试卷 2

一、选择题(每题 2 分，共 40 分)

1. C 源程序的调试是指对源程序进行(　　)。

A. 录入与编辑　　B. 查错与编译　　C. 查错与排错　　D. 链接与运行

2. 下列 C 语言合法的数据类型关键字是(　　)。

A. Double　　B. unsigned　　C. integer　　D. Char

3. 若有定义 int a=6;，则语句 a*=a-=a/=3; 运行后，a 的值是(　　)。

A. 10　　B. 0　　C. 34　　D. 24

4. 若有定义 int r,x=245;，则语句 r=x/100%9; 运行后 r 的值为(　　)。

A. 2　　B. 5　　C. 0　　D. 27

5. 以下程序的运行结果是(　　)。

```
#include <stdio.h>
void main(void){
 int a=65;
  char c='A';
  printf("%d+%c=%d\n",a,c,a+c);
}
```

A. A+A=AA　　B. 65+A=65A　　C. 65+65=130　　D. 65+A=130

6. 若已定义 int x=4,y=2,z=0;，则表达式 (x-y<=y)|| (y=z)的值是(　　)。

A. 1　　B. 0　　C. 2　　D. 4

7. 若已定义 int m=7,n=4; float x=3.0,y=8.0,k;，则执行语句 k=m/2+n*x/y;后，变量 k 的值是(　　)。

A. 3　　B. 4　　C. 4.5　　D. 5

8. 以下程序的运行结果是(　　)。

```
#include <stdio.h>
void main(void){
 int a;
  if(a=6)
    printf("%d\n",a);
  else if(a>6)
    printf("%d\n",a+2);
  else
    printf("%d\n",a+3);
}
```

A. 运行时产生错误信息　　B. 9

C. 8　　D. 6

9. 以下程序的运行结果是(　　)。

```
#include<stdio.h>
void main(void){
 int s = 0, i = 0;
 while(i< 10){
    i++;
    if(i % 2==0)
       s += i;
  }
  printf("%d\n",s);
}
```

A. 20　　B. 30　　C. 25　　D. 45

10. 下面程序段的运行结果是(　　)。

```
int m[]={5,8,7,6,9,2},i=1;
for(i=0;i<6;i++)
  if(i % 2 !=0)
     m[i]+=10;
for(i=0;i<6;i++)
  printf("%d  ",m[i]);
```

A. 5　18　7　16　9　12　　B. 15　18　17　16　19　12

C. 15　8　17　6　19　2　　D. 5　8　7　6　9　2

11. 若定义 int a[][4]={1,2,3,4,5,6,7,8};，则表达式 sizeof(a[0][1])的值为(　　)。

A. 1　　B. 2　　C. 3　　D. 4

12. 若有定义 char str16. ="ABCDE",*ps,*str2="FEDCBA";，(　　)是错误的。

A. strcpy(str2,str1);

B. 表达式 strcmp(str1,str2)的值小于 0

C. str1=str2;

D. 表达式 strlen(str1)的值为 5

13. 下列关于 C 语言函数的描述中，错误的是(　　)。

A. 函数的定义可以嵌套，但函数的调用不可以嵌套

B. 凡不加类型说明的函数，其返回值默认为整型

C. 函数的返回值可以通过函数中的 return 语句获得

D. 可以定义有参函数，也可以定义无参函数

14. 下面错误的叙述是(　　)。

A. 预处理命令行必须位于 C 源程序的起始位置

B. 在 C 语言中，预处理命令行都以"#"开头

C. C 程序在开头可以不包含预处理命令行：#include <stdio.h>

D. C 语言的预处理可以实现宏定义和条件编译的功能

15. 下面语句错误的是(　　)。

A. int *p; *p=20;　　B. char *s="abcdef"; printf("%s\n",s);

C. char *str="abcdef"; str++;　　D. char *str;str="abcdef";

16. 下面程序执行时，若输入 5　4　3　2　1<回车>，则输出为(　　)。

```
#include <stdio.h>
#define N 5
void main(void){
 int a[N];
 int *p=a;
 while(p<a+N)
   scanf("%d",p++);
 while(p>a)
   printf("%d ",*(--p));
}
```

A. 5 4 3 2 1　　B. 1 2 3 4 5　　C. 3 4 5 1 2　　D. 3 2 1 5 4

17. 以下 C 语言共用体类型数据的描述中，正确的是(　　)。

A. 共用体变量占的内存大小等于所有成员所占的内存大小之和

B. 共用体类型不可以出现在结构体类型定义中

C. 在定义共用体变量的同时允许对第一个成员的值进行初始化

D. 同一共用体中各成员的首地址不相同

18. 以下程序的输出结果是(　　)。

```
#include <stdio.h>
#include <stdlib.h>
typedef struct node{
 int data;
 struct node *next;
}Node;
Node list[4]={{4,&list[1]},{3,&list[2]},{2,&list[3]},{1,0}};
void output(Node *head){
  Node *p=head;
  while(p!=NULL){
      printf("%d ",p->data);
      p=p->next;
   }
 }
void main(void){
  output(list);
}
```

A. 1 2 3 4　　B. 4 3 2 1　　C. 3 2 1 4　　D. 2 1 3 4

19. 下面程序段的运行结果是(　　)。

```
int p=7,q=4;
printf("%d",p&q);
```

A. 4　　B. 5　　C. 6　　D. 7

20. 下列错误叙述的是(　　)。

A. C 语言中的文件是一个字节流或二进制流

B. 可以以只读方式、只写方式或读写方式打开一个文本文件

C. 在程序中对文件进行了写操作后，必须先关闭该文件然后再打开，才能读到第一个数据

D. 当对文件的写操作完成之后，必须将它关闭，否则可能导致数据丢失

二、改错题(每题 10 分，共 20 分)

说明：

(1) 修改程序在每对“/**/”之间存在的错误。

(2) 不得删改程序中的“/**/”注释和其他代码。

1. 以下程序输出存储在结构体数组中 8 位学生成绩的平均分以及最高分学生姓名。

```
#include <stdio.h>
/**/ structure student /**/{
 char name[10];
 float score;
};
void main(void){
struct student stu[8]=
{{"Mary",76},{"John",85},{"Tom",81},{"Susa",87},{"Wilu",79},{"Yili",65},
{"Sonmu",73},{"Lichar",70}};
  int i=0,mrk;
  float total=0,aver,max;
  max=stu[0].score;
  mrk=0;
  while(i<8){
     /**/ total=total+stu[i];  /**/
     if(stu[i].score>max){
         max=stu[i].score;
         mrk=i;
     }
     /**/ i++ /**/
    }
   aver=total/8;
   printf("\naver=%.2f \n Best is %s\n",aver,stu[mrk].name);
}
```

2. 以下程序中的 fun()函数功能是：判断输入的一个点(x,y)是否位于坐标在原点，半径为 r(r>0)的圆内。

```
#include <stdio.h>
#include <math.h>
int fun(/**/ float r, x, y /**/){
if ( sqrt(x*x+y*y) < r )
return ( 1 );
  else
      return (/**/ -1 /**/ );
 }
void main(void) {
   float r=-1,x,y;
   int bIn;
   while(r<0){
      printf("Please input radius r (r>0):\n");
      scanf("%f", &r);
```

```
   }
   printf("Please input the dot(x,y):\n");
   scanf("%f%f",&x,&y);
   bIn = fun(r,x,y);
   if(/**/ bIn = 1 /**/)
      printf("in the circle!\n");
   else
      printf("out of the Circle!\n");
}
```

三、填空题(每题 10 分，共 20 分)

说明：

(1) 在每对“/**/”之间的空白处补充程序，以完成题目的要求。

(2) 不得删改程序中的“/**/”注释和其他代码。

1. 补充以下程序，使其计算并输出 f=1×3×5×7…×11×13 的值。

```
#include <stdio.h>
void main(void){
   long f=/**/ (1)  /**/;
   int i;
   for (i=1;i<=13;i++, /**/ (2)  /**/)
     f=f*i;
   printf("\nf=%ld", f);
}
```

2. 将程序填写完整，该程序将输入的 p 除以 q，输出它们的商以及商的第一位小数。

```
#include <stdio.h>
void main(void){
  int p,q,r;
  float f;
  printf("Please input p q :");
  scanf("%d%d",/**/ (1) /**/);
  f=1.0*p/q;
  r= (int) /**/  (2)  /**/%10;
  printf("\n p/q=%f  The first decimal place is: %d\n",f,r);
}
```

四、编程题(每题 10 分，共 20 分)

说明：

(1) 在一对“/**/”之间编写程序，以完成题目的要求。

(2) 不得删改程序中的“/**/”注释和其他代码。

1. 完成以下程序中的 fun()函数，该函数计算数学表达式的值：

$$f(x,y)=\frac{7.7x+6.9y}{|2.3y+1.3x|}$$

例如：fun(1.1,0.2)= 5.212

```
#include <stdio.h>
#include <math.h>
double fun(double x,double y){
 /**/

  /**/
}

void main(void){
 printf("fun(1.1,0.2) = %6.3lf\n", fun(1.1,0.2));
}
```

2. 补充程序中的函数 fun()，使其实现如下功能：

(1) 将数组 a 中大于变量 x 的元素，依次存放到数组 b 中。

(2) 将数组 b 中的元素按照从大到小的顺序存放到数组 c 中。

(3) 函数返回数组 b 中的元素个数。

```
#include <stdio.h>
int fun(int x,int a[],int n,int b[],int c[]){
  /**/

  /**/
}
void main(void){
  int n=10,i,x,nb,aa[10]={32, -5, -31, -10, 25, 50, 12, 15, -16, 18},
  bb[10],cc[10];
  printf("Please input x:");  scanf("%d",&x);
  printf("Count of array aa:%3d\n",n);
  printf("Element of array aa:");
  for(i=0;i<n; i++)  printf("%5d",aa[i]);
  printf("\n");
  nb=fun(x,aa,n,bb,cc);
  printf("Element of array bb:");
  for(i=0;i<nb;i++)  printf("%5d",bb[i]);
  printf("\n");
  printf("Element of array cc:");
  for(i=0;i<nb;i++) printf("%5d",cc[i]);
  printf("\n");
  printf("Count of array bb:%3d\n",nb);
}
```

16.3　自测试卷 3

一、选择题(每题 2 分，共 40 分)

1. C 语言中，可将一系列语句置于(　　)从而构成复合语句。

A. 一对花括号< >之间　　B. 一对圆括号( )之间

C. 一对花括号{}之间　　D. 一对方框号[ ]之间

2. Virsual C++中，int 型数据占用的字节数(　　)。

A. 由用户自己定义　　B. 为 4 个字节

C. 是任意的　　D. 等于所用计算机的字长

3. 下面关于 C 语言变量的叙述中，错误的是(　　)。

A. 可以用 define 关键字定义变量

B. 变量名用大小写字母是有区别的

C. C 语言允许不同基本类型的变量之间进行混合运算

D. C 语言中要求对变量作强制定义的主要理由是：便于确定类型和分配空间

4. 若已定义 int i=6,t;，则语句 t=3+(--i); 运行后 t 的值为(　　)。

A. 9　　B. 7　　C. 8　　D. 5

5. 若已定义 int x=7;float y=7.0;，以下语句中能输出正确值的是(　　)。

A. printf("%d %d",x,y);　　B. printf("%d %.3f",x,y);

C. printf("%.3f %.3f",x,y);　　D. printf("%.3f %d",x,y);

6. 若有定义 int a=3,b=2,c=1,k;，则表达式 k=a>b>c 的值是(　　)。

A. 0　　B. 1　　C. 2　　D. 3

7. 若有定义 float x=2,y=4,h=3;，下列表达式与代数式不相符的是(　　)。

A. (x+y)*h/2　　B. (x+y)*h*1/2

C. (1/2)*(x+y)*h　　D. h/2*(x+y)

8. 若有定义 int x=10,y=8,a;，则执行语句 a=((--x==y)? x: y);后，变量 a 的值是(　　)。

A. 8　　B. 9　　C. 10　　D. 0

9. 以下程序的运行结果是(　　)。

```
#include <stdio.h>
void main(void){
 int x = 5;
 do{
   printf("%2d", x--);
 }while(!x);
}
```

A. 5 4 3 2 1　　B. 4 3 2 1 0　　C. 5　　D. 4

10. 下面关于数组的叙述中，正确的是(　　)。

A. 定义数组后，数组的大小是固定的，且数组元素的数据类型都相同

B. 定义数组时，可不加类型说明符

C. 定义数组后，可通过赋值运算符"="对该数组名直接赋值

D. 在数据类型中，数组属基本类型

11. 以下程序段运行后 s 的值是(　　)。

```
int a[3][3]={1,2,3,4,5,1,2,3,4};
int i,j,s=1;
for(i=0;i<3;i++)
 for(j=i+1;j<3;j++)
    s+=a[i][j];
```

A. 6　　B. 120　　C. 7　　D. 240

12. 已有定义

```
char str1[15]={"computer"},str2[15];
```

则语句用法正确的是 (　　)。

A. str2=str1;　　　　B. str2="science";

C. scanf("%s",str2);　　　　D. printf("%s",&str1);

13. 以下程序的运行结果是(　　)。

```
#include <stdio.h>
int func(int a,int b){
 int c;
 c=(a>b)?(a-b):(a+b);
 return(c);
}
void main(void){
 int x=7,y=3;
 printf("%d\n",func(x,y));
}
```

A. 3　　B. 4　　C. 7　　D. 10

14. 以下程序的运行结果是(　　)。

```
#include <stdio.h>
#define MUL(r) r*r
  void  main(void){
    int a=2,b=3,c;
    c=MUL(a+b)*2;
    printf("%d",c);
}
```

A. 10　　B. 14　　C. 36　　D. 50

15. 若有定义 int a[2][3],*p=a;，则能表示数组元素 a[1][2]地址的是(　　)。

A. *(a[1]+2)　　B. a[1][2]　　C. p[5]　　D. p+5

16. 下面程序段的运行结果是(　　)。

```
int a[]={1,2,3,4,5,6},*p=a;
int i,sum=0;
for(i=1;i<6;i++) sum+=*(p++);
printf("%d",sum);
```

A. 10　　B. 12　　C. 15　　D. 20

17. 设有如下语句：

```
struct stu{
 int num;
 int age;
};
struct stu s[3]={{101,18},{102,21},{103,19}};
struct stu *p=s;
```

则下面表达式的值为 102 的是(　　)。

A. (p++)->num　　B. (*++p).num

C. (*p++).num　　D. *(++p)->num

18. 若按以下定义：

```
struct node{
 int data;
 struct node *next;
}*head, *p;
```

并已建立如下图所示的链表结构，指针 p 和 q 分别指向图中所示结点:

```
                              p
                               \
head      +------+------+        +------+------+    +------+-----+
--------->| data | next-|--> … ->| data | next-|--->| data |  ∧  |
          +------+------+        +------+------+    +------+-----+

                   q    +------+------+
                  ----->| data |      |
                        +------+------+
```

则可以将指针 q 所指的结点链接到链表末尾的程序段是(　　)。

A. q->next=NULL; p=p->next; p->next=q;

B. q->next=p->next; p=p->next; p->next=q;

C. p=p->next; q->next=p; p->next=q;

D. (*q).next=(*p).next; p=(*p).next; (*p).next=q;

19. 若有以下类型说明，则叙述错误的是(　　)。

```
typedef union{
 char name[10];
 int age;
}ustu,*umy;
```

A. umy 是指向共用体类型 ustu 的指针类型名

B. ustu 是一个共用体类型名

C. umy 是一个共用体类型名

D. age 是共用体类型 ustu 的成员

20. 对下面程序描述错误的是(　　)。

```
#include <stdio.h>
void main(void){
  int c;
  FILE *fp;
  if((fp=fopen("file.dat","rb+"))!=NULL){
        c=fgetc(fp);
        c=c+1;
    }
   fseek(fp,0,SEEK_SET);
   fputc(c,fp);
   fclose(fp);
}
```

A. 将文件中第一个字节的内容加 1
B. 将文件所有字节的内容加 1
C. 以读写方式打开二进制文件 file.dat
D. SEEK_SET 表示文件的开始位置

二、改错题(每题 10 分，共 20 分)

说明：
(1) 修改程序在每对“/**/”之间存在的错误。
(2) 不得删改程序中的“/**/”注释和其他代码。

1. 以下程序实现输入一整型二维数组，计算其中数组元素的最大值与最小值的差。

```
#include <stdio.h>
#define ROW 3
#define COL 4
void main(void){
  int a[ROW][COL],max,min,i,j,result;
  printf("Enter array a:\n");
  for(i=0;i<ROW;i++)
    for(j=0;j<COL;j++)
      scanf("%d",&a[i][j]);
  /**/ max=min=0; /**/
  for(i=0;i<ROW;i++)
    for(j=0;j<COL;j++){
       if(/**/ min<a[i][j] /**/)
         min=a[i][j];
       if(a[i][j]>max)
        /**/ max=a[j][i] /**/
      }
  printf("Result= %d\n",max-min);
}
```

2. 以下程序，将二维数组表示的方阵左下半三角(不含对角线)各元素加 4；右上半三角(含对角线)各元素乘 2。

```
#include <stdio.h>
#define N 5
void main(void){
  int a[N][N],i,j;
  for(i=0;i<N;i++)
    for(j=0;j<N;j++)
       a[i][j]=i*5+j+11;
  printf("\nArray a is:\n");
  for(i=0;i<N;i++){
     for(j=0;j<N;j++)
       printf("%3d ",a[i][j]);
     printf("\n");
   }
  for(i=0;i<N;i++)
```

```
   /**/ for(j=0;j<=i;j++)/**/
       a[i][j]+=4;
  for(i=0;i<N;i++)
   /**/ for( j=i+1 ;j<N;j++) /**/
       a[i][j]*=2;
  printf("\nArray a is turned:\n");
  for(i=0;i<N;i++){
     for(j=0;j<N;j++)
       printf("%3d ",a[i][j]);
     printf("\n");
   }
}
```

三、填空题(每题 10 分，共 20 分)

说明：

(1) 在每对“/**/”之间的空白处补充程序，以完成题目的要求。

(2) 不得删改程序中的“/**/”注释和其他代码。

1. 补充以下程序，根据指定精确度(1e−6)使用二分法求方程 $f(x)=x^3+1.3x^2+1.1x-1.2=0$ 的实根。

```
#include <stdio.h>
#include <math.h>
double f(double /**/ (1)  /**/){
  return (x*x*x+1.3*x*x+1.1*x-1.2);
}

void main(void){
 float x,x1,x2;
 double y,y1,y2;
 do{
    printf("Input x1,x2:");
    scanf("%f,%f",&x1,&x2);
    y1=f(x1);
    y2=f(x2);
 }while(y1*y2>=0);
 do {
    x=(x1+x2)/2;
    y=/**/ (2)  /**/ (x);
    y1=f(x1);
    if(y*y1>0)
      x1=x;
    else
      x2=/**/  (3)  /**/;
   }while(fabs(y)>=1e-6);
 printf("Root of Equation is %8.3f\n",x);
}
```

2. 补充以下程序，该程序实现字符串加密，加密的方法是把每个 ASCII 码字符的最低两位的二进制数取反。如输入 ABDE，则输出 BAGF。

```
#include <stdio.h>
void main(void) {
```

```
    char s[20];
    int i;

    printf("Please input a string:");
    scanf(/**/ (1) /**/,s  );
    i=0;
    while(s[i]) {
      s[i]=/**/ (2) /**/
      /**/ (3) /**/
    }
    printf("\n Target string: %s\n", s);
}
```

四、编程题(每题10分，共20分)

说明：

(1) 在一对“/**/”之间编写程序，以完成题目的要求。

(2) 不得删改程序中的“/**/”注释和其他代码。

1. 完成以下程序中的fun()函数，计算数学表达式的值：

$$\text{fun}(x)=\frac{7.8-\sin x}{e^x+0.3}$$

例如：fun(2.5)= 0.577

```
#include <stdio.h>
#include <math.h>
double fun(double x){
/**/

  /**/
}

void main(void){
 printf("fun1(2.5) = %6.3lf\n", fun(2.5));
}
```

2. 完成程序中fun()函数定义，使其实现：将s所指字符串中下标为奇数同时ASCII码值也为奇数的字符依次存放在t所指的数组中。

例如：s所指字符串为"ABJKE123HGF"，t所指数组的内容应该为"K13G"。

```
#include <stdio.h>
#include <string.h>
void fun(char *s,char t[]){
  /**/

 /**/
}

void main(void){
```

```
    char s[100],t[100];
    printf("\nPlease enter string s: ");
    scanf("%s",s);
    fun(s,t);
    printf("\nThe result is:%s\n",t);
}
```

16.4　自测试卷 4

一、选择题(每题 2 分，共 40 分)

1. 构成 C 源程序的基本单位是(　　)。

A. 语句　　B. 变量　　C. 运算符　　D. 函数

2. Turbo C 中，基本数据类型存储空间长度的排列顺序是(　　)。

A. char<int<long　int<float<double

B. char=int<long　int<float<double

C. char<int<long　int=float=double

D. char=int=long　int<float<double

3. 若有定义 int a=5,b=2;，则表达式 b= (a!=5)的值为(　　)。

A. 5　　B. 0　　C. 3　　D. 2

4. C 语言的 % 运算符按运算对象的个数属(　　)。

A. 单目运算符　　B. 四目运算符

C. 双目运算符　　D. 三目运算符

5. putchar 函数可以向终端输出一个(　　)。

A. 字符或字符型变量值　　B. 整型变量表达式值

C. 实型变量值　　D. 字符串

6. 以下运算符中优先级最高的是(　　)。

A. <=　　B. &&　　C. ||　　D. !

7. 表达式 2+sqrt(16.0)/4 结果的数据类型是(　　)。

A. double　　B. int　　C. char　　D. void

8. 若有定义 int a=2,b=3,c=1;，则以下程序段的运行结果是(　　)。

```
if(a>b)
    if(a>c)
      printf("%d  ",a);
    else
      printf("%d  ",b);
printf("%d  ",c);
```

A. 3　　1　　B. 2　　1　　C. 3　　D. 1

9. 以下程序的运行结果是(　　)。

```
#include <stdio.h>
void main(void){
    int i,j, k=0;
```

```
    for(i= 3;i>=1;i--)
      for(j=i;j<=3;j ++)
         k += i * j ;
     printf("%d\n", k);
   }
```

A. 19　　B. 29　　C. 6　　D. 25

10. 以下程序段的运行结果是(　　)。

```
int a[]={1,2,3,4},i,j;
j=1;
for(i=3;i>=0;i--){
     a[i]=a[i]*j;
     j=j*3;
}
for(i=0;i<4;i++)
    printf("%d  ",a[i]);
```

A. 3 6 9 12　　B. 18 12 9 4　　C. 27 18 9 4　　D. 54 18 9 4

11. 设已定义 static int a[][4]={0,0,0};，则下列描述正确的是(　　)。

A. 数组 a 包含 3 个元素　　B. 数组 a 的第一维大小为 3

C. 数组 a 的行数为 1　　D. 元素 a[0][3]的初值不为 0

12. 设已定义 char str1[20]="Hello ",str2[20]="world!";，若要形成字符串"Hello world!",正确的语句是(　　)。

A. strcpy(str1,str2);　　B. strcat(str1,str2);

C. strcpy(str2,str1);　　D. strcat(str2,str1);

13. 以下程序的运行结果是(　　)。

```
#include <stdio.h>
void main(void){
  int max(float a,float b);
  float x,y;
  int z;
  x=-4.6; y=-3.7;
  z=max(x,y);
  printf("%d\n",z);
 }
 int max(float a,float b){
  float c;
  if(a>b)
     c=a;
  else
     c=b;
  return (c);
 }
```

A. −3.7　　B. −3　　C. −4.6　　D. −4

14. 以下程序的运行结果是(　　)。

```
#define N 10
#define K(x) x*x
#define T(x) (x*x)
```

```
void main(void){
 int a,b;
 a=9%K(N);
 b=9%T(N);
 printf("%d,%d\n",a,b);
}
```

A. 9,9　　B. 9,90　　C. 90,9　　D. 90,90

15. 若已定义 int a=5,*p; 且 p=&a;，则以下表示不正确的是(　　)。

A. &a==&(*p)　　B. *(&p)==a　　C. &(*p)==p　　D. *(&a)==a

16. 以下程序运行结果是(　　)。

```
#include<stdio.h>
void main(void){
  int a[]={1,2,3,4,5},*p,*q,i;
  p=a; q=p+4;
  for(i=1;i<5;i++)
     printf("%d%d",*(q-i),*(p+i));
}
```

A. 24334251　　B. 51423324　　C. 15243342　　D. 42332415

17. 若有下面定义，能打印出字母'L'的语句是(　　)。

```
struct class{
  char name[8];
  int age;
};
struct class s[12]={"Zheng",16,"Lin",18,"Yang",19,"Guo",20};
```

A. printf("%c\n",s[1].name[0]);　　B. printf("%c\n",s[2].name[0]);

C. printf("%c\n",s[1].name);　　D. printf("%c\n",s[2].name);

18. 若有定义：

```
struct node{
 int data;
  struct node *next;
};
float link(struct node *head){
 int m=0,n=0;
 struct node *p=head;
 while(p!=NULL){
    m+=p->data;
    n++;
    p=p->next;
 }
if(n>0)
   return 1.0*m/n;
else
  return 0
}
```

调用 link 函数时 head 是指向链表首结点的指针，整个链表结构如下图所示。

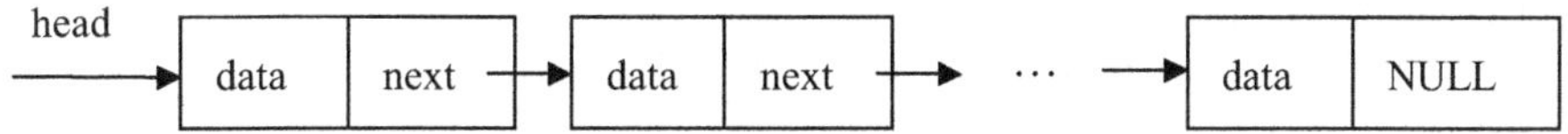

则函数 link()的功能是(　　)。

A. 统计链表 head 中结点的个数

B. 遍历链表 head，计算表中各结点成员 data 的平均值

C. 遍历链表 head，计算表中各结点成员 data 的总和

D. 创建一个新链表 head

19. 定义枚举类型的关键字是(　　)。

A. typedef　　B. include　　C. enum　　D. fnum

20. 若在 fopen 函数中使用文件的方式是"a+"，该方式的含义是(　　)。

A. 以读/写方式打开一个文本文件

B. 以输出方式打开一个文本文件

C. 以读/写方式建立一个新的文本文件

D. 以读/写方式建立一个新的二进制文件

二、改错题(每题 10 分，共 20 分)

说明：

(1) 修改程序在每对“/**/”之间存在的错误。

(2) 不得删改程序中的“/**/”注释和其他代码。

1. 以下程序计算满足以下条件的整数 n 的最大值。

$$2^2+4^2+6^2+8^2+\ldots+n^2 < 1000$$

```
#include <stdio.h>
#include <math.h>
void main(void){
  /**/ int n,sum /**/;
  while (sum<1000){
     /**/ sum+=n^2 /**/;
     n++,n++;
    }
  printf("n=%d\n",n-4);
 }
```

2. 以下程序实现从键盘输入一串字符，并在字符串中从第 m 个字符开始截取 n 个字符。

```
#include <stdio.h>
#include <string.h>
void main(void){
  char str[100],sub[100];
  int m,n,len,i;
  printf("Enter string:");
  gets(str);
  printf("\nEnter m,n:");
  scanf("%d%d",&m,&n);
```

```
  len=strlen(str);
  if( m-1+n>len )
     printf("Can't run with %d and %d!\n",m,n);
  else {
    i=0;
/**/    while( i<=n )    /**/{
      /**/  sub[i]=str[m+i];        /**/
       i++;
    }
  /**/  sub[i]='\n';    /**/
    printf("sub string is:%s\n",sub);
  }
}
```

三、填空题(每题 10 分，共 20 分)

说明：

(1) 在每对"/**/"之间的空白处补充程序，以完成题目的要求。

(2) 不得删改程序中的"/**/"注释和其他代码。

1. 补充以下程序，按每行 6 个数的形式输出 1～1000 之间能被 3 或 7 整除，且个位数字为 3 的所有整数。

```
#include <stdio.h>
void main(void){
int i,n=/**/ (1) /**/ ;
 for(i=1;i<=/**/ (2) /**/ ;i++)
   if( (i%3==0 || i %7==0) && ( i% /**/ (3) /**/ ==3 ) ){
        printf("%5d",i);
        n++;
        if(n%6==0)   printf("\n");
     }
}
```

2. 补充以下程序，使 sort()函数用选择法对数组 a 中 n 个元素按从大到小的顺序排序。

```
#include <stdio.h>
void sort(int a[], int n){
 int i, j, k, temp;
  for( i = 0; i < n-1; i++ ){
     k = i;
     for(/**/ (1) /**/; j< n; j++)
        if(/**/ (2) /**/)  k=j;
     if( k != i ){
       temp= /**/ (3) /**/;
       a[k]= a[i];
       a[i] =temp;
     }
  }
}
void main(void){
  int a[] = {50,25,88,32,2,65,7,64};
  int i,n = sizeof(a)/sizeof(int);
```

```
  sort(a,n);
  for(i=0;i<n;i++)
    printf("%d  ",a[i]);
  printf("\n");
}
```

四、编程题(每题 10 分，共 20 分)

说明：

(1) 在一对“/**/”之间编写程序，以完成题目的要求。

(2) 不得删改程序中的“/**/”注释和其他代码。

1. 完成以下程序中的 fun()函数，计算数学表达式的值：

$$fun(x)=\begin{cases}|1.02x-1.36| & x<2\\ e^x+x^3 & x=2\\ \cos x & x>2\end{cases}$$

```
#include <stdio.h>
#include <math.h>
double fun(float x){
/**/

/**/
}

void main(void){
 float x;
  printf("Please input a num:");
  scanf("%f",&x);
  printf("fun(%.2f)=%.2lf\n",x,fun(x));
}
```

2. 完成程序中的函数 fun(int a,int b,long *c)，实现：将两位正整数 a、b 合并成一个数存在 c 中。合并的规则是：将 a 的十位和个位数依次放在 c 的个位和百位上，b 的十位和个位数依次放在 c 的十位和千位上。

例如：a=30，b=24，则合并后 c=4023。

```
#include <stdio.h>
void fun(int a,int b,long *c){
  /**/

  /**/
}

void main(void){
  int a,b;
  long c;
  printf("Input a,b: ");
  scanf("%d,%d",&a,&b);
  fun(a,b,&c);
```

```
    printf("The result is:%ld",c);
}
```

16.5　自测试卷 5

一、选择题(每题 2 分，共 40 分)

1. 以下叙述正确的是(　　)。

A. C 源程序中注释部分可以出现在程序中任意合适的地方

B. 一对花括号“{}”只能作为函数体的定界符

C. C 源程序编译时注释部分的错误将被发现

D. 构成 C 源程序的基本单位是函数，所有函数名都可以由用户命名

2. 以下叙述正确的是(　　)。

A. 字符常量用一对单撇号' '作为单个字符的定界符

B. 字符常量和字符串常量一样，都是用双引号括起来

C. 字符常量存储时，自动在字符后加一个字符结束符号'\0'

D. 字符常量和字符串常量所分配的内存空间大小是一样的

3. 逗号表达式 (a=15,a*4),a+15 的值为(　　)。

A. 15　　B. 30　　C. 75　　D. 60

4. 若已定义 int a=5,b=9,c=6;，则语句 b++; ++c; a=b−c; 运行后 a 的值为(　　)。

A. 5　　B. 3　　C. 2　　D. 4

5. 若已定义 int a=6;float b=1.5;，要求输出形式为 6 * 1.50=9.00，则选用的正确输出语句是(　　)。

A. printf("%d * %f=%f",a,b,a*b);　　B. printf("%d * %.2f=%.2f",a,b,a*b);

C. printf("%d * %d=%.2f",a,b,a*b);　　D. printf("%.2f * %.2f=%.2f",a,b,a*b);

6. 执行以下语句后，b 的值是(　　)。

```
int a=5,b=6,c=1,x=2,y=3,z=4;
(a=c>x) || (b=y>z);
```

A. 0　　B. 1　　C. −1　　D. 6

7. 若有定义 int a=4,b=5,c=6;，则表达式 (1.0*a+b)/c 的值是(　　)。

A. 1.5　　B. 1　　C. 4　　D. 4.5

8. 以下条件语句中(其中 s1 和 s2 分别表示 C 语言的语句)，(　　)与其他 3 条语句不等价。

A. if(a) s1; else s2;　　B. if(a == 0) s2; else s1;

C. if(a != 0) s1; else s2;　　D. if(a == 0) s1; else s2;

9. 以下程序运行时，循环体的执行次数是(　　)。

```
#include <stdio.h>
void main(void){
 int i,j;
```

```
 for(i=0,j=1;i<=j+1;i=i+2,j--)
   printf("%3d", i);
}
```

A. 3　　B. 2　　C. 1　　D. 0

10. 下面关于字符数组的叙述中，错误的是(　　)。

A. 可以通过赋值运算符“=”对字符数组整体赋值

B. 不可以用关系运算符对字符数组中的字符串进行比较

C. 字符数组中的字符串可以整体输入、输出

D. 字符数组可以存放字符串

11. 在 C 语言中，若定义二维数组 a[2][3]，设 a[0][0]在数组中位置为 1，则 a[1][1]在数组中位置是(　　)。

A. 3　　B. 4　　C. 5　　D. 6

12. 若有字符数组 a[80]和 b[80]，则以下输入语句正确的是(　　)。

A.gets(a,b)　　B. scanf("%c%c",&a,&b);

C.scanf("%s%s",a,b)　　D. gets("a"),gets("b");

13. 根据下面的语句，可以知道 temp 函数的参数个数为(　　)。

```
printf("%d\n",temp((a,b,c),(x,y)));
```

A. 2　　B. 3　　C. 4　　D. 5

14. 以下在任何情况下计算平方数时都不会引起二义性的宏定义是(　　)。

A. #define XPF(x) x*x　　B. #define XPF(x) (x)*(x)

C. #define XPF(x) (x*x)　　D. #define XPF(x) ((x)*(x))

15. 若有以下程序段，则叙述正确的是(　　)。

```
char s[]="computer";
char *p;
p=s;
```

A. s 和 p 完全相同

B. 数组 s 的长度和 p 所指向的字符串长度相等

C. *p 与 s[0]相等

D. 数组 s 中的内容和指针变量 p 中的内容相等

16. 下面程序运行结果是(　　)。

```
#include <stdio.h>
void main(void){
   static char a[]="abcdefg",b[]="adcbehg";
   char *p=a,*q=b;
   int i;
   for(i=0;i<=6;i++)
    if(*(p+i)==*(q+i))
      printf("%c",*(q+i));
}
```

A. geca　　B. aceg　　C. bdf　　D. fdb

17. 若有下面定义，对结构体变量成员不正确引用的语句是(　　)。

```
struct pup{
  char name[20];
  int age;
  int sex;
}p[3],*q;
q=p;
```

A. scanf("%s",p[0].name);　　B. scanf("%d",q->age);

C. scanf("%d",&(q->sex));　　D. scanf("%d",&p[0].age);

18. 若有以下定义：

```
struct node{
 int data;
 struct node *next;
}*p,*q,*t;
```

指针 p、t 和 q 分别指向图中所示节点:

现要将 t 和 q 所指结点的先后位置交换，同时要保持链表的连续，以下错误的程序段是(　　)。

A. t->next=q->next;p->next=q;q->next=t;　　B. p->next=q;t->next=q->next;q->next=t;

C. q->next=t;t->next=q->next;p->next=q;　　D. t->next=q->next;q->next=t;p->next=q;

19. 下面程序段的运行结果是(　　)。

```
#include <stdio.h>
void main(void){
  int a=5,b=3;


  printf("%d",a&b);
}
```

A. 0　　B. 1　　C. 2　　D. 3

20. 当顺利执行了文件关闭操作时，fclose 函数的返回值是(　　)。

A. 1　　B. 0　　C. -1　　D. 一个非 0 值

二、改错题(每题 10 分，共 20 分)

说明：

(1) 修改程序在每对“/**/”之间存在的错误。

(2) 不得删改程序中的“/**/”注释和其他代码。

1. 以下程序用以计算 1～100 之间所有偶数之和。

```
#include <stdio.h>
void main(void){
```

```
  /**/ int i /**/;
  int sum=0;
  while(i++,i<=100){
    if(/**/ i==(i/2)*2 /**/)
      continue;
    sum+=i;
  }
  printf("Sum is %d\n",sum);
}
```

2. 以下程序实现从键盘输入一串字符和一个子串，输出该子串在原字符串中出现的次数。

```
#include <stdio.h>
/**/ #include <math.h> /**/
void main(void){
  int i,j,k,count;
  char s1[100],s2[100];
  printf("Enter main String:");
  gets(s1);
  printf("Enter Sub String:");
  gets(s2);
  count=0;
  /**/  for(i=0;*s1!='\0';i++)  /**/ {
  /**/    for(k=0; (s1[j]==s2[k])&&(s1[j]!='\0'); j++,k++ ); /**/
       if(s2[k]=='\0') count++;
  }
  printf("\nCount=%d\n",count);
}
```

三、填空题(每题 10 分，共 20 分)

说明：

(1) 在每对“/**/”之间的空白处补充程序，以完成题目的要求。

(2) 不得删改程序中的“/**/”注释和其他代码。

1. 补充以下程序，计算矩阵 a 和 b 的差，结果存入矩阵 C 并按矩阵形式输出。

```
#include "stdio.h"
#define ROW 3
#define COL 4
void main(void){
int a[ROW][COL]={2,11,3,5,7,24,8,9,16,10,18,66};
 int b[ROW][COL]={1,9,5,12,6,11,13,2,15,7,25,56};
 int c[/**/ (1) /**/][COL],i,j;
 for(i=0;i<ROW;i++)
   for(j=0;j<COL;j++)
     c[i][j]=/**/ (2) /**/
 for(i=0;i<ROW;i++){
    for(j=0;j</**/ (3) /**/ ;j++)
      printf("%5d",c[i][j]);
    printf("\n");
  }
}
```

2. 补充以下程序，实现统计字符串s中字母a的个数。

```
#include <stdio.h>
int count(/**/ (1) /**/){
  int n=0;
  char *p=/**/  (2)  /**/;
  while(*p){
      if(*p=='a')  n++;
/**/ (3)  /**/;
}
  return n;
}
void main(void){
  char s [255];
  printf("Enter a string:");
  gets(s);
  printf("Count of a is:%d\n",count(s));
}
```

四、编程题(每题10分，共20分)

说明：

(1) 在一对“/**/”之间编写程序，以完成题目的要求。

(2) 不得删改程序中的“/**/”注释和其他代码。

1. 完成以下程序中的fun()函数，实现计算数学表达式的值：

$$\text{fun}(x)=\begin{cases}|x-5.6| & x<5\\ x & x=5\\ x^2-10.2 & x>5\end{cases}$$

```
#include <stdio.h>
#include <math.h>
double fun(float x){
/**/

 /**/
}

void main(void){
 float x;
  printf("Please input a number:");
  scanf("%f",&x);
  printf("fun(%.2f)=%.2lf\n",x,fun(x));
}
```

2. 完成程序中的fun(int n)函数，根据以下公式计算前n项之和s，并将结果作为函数值返回。

$$s=1+\frac{2}{1+3}+\frac{3}{1+3+5}+\frac{4}{1+3+5+7}+\cdots+\frac{n}{1+3+\cdots+(2*n-1)}\qquad(n\geqslant 2)$$

例如：n=6，s=2.450

```
#include <stdio.h>
float fun(int n){
  /**/

 /**/
}

void main(void){
  int n;
  float s;
  printf("Please enter n=");
  scanf("%d",&n);
  s=fun(n);
 printf("\nThe result is:%.3f",s);
}
```

16.6　自测试卷 6

一、选择题(50 分，每小题 2 分)

1. 以下选项中可作为 C 语言合法常量的是(　　)。

A. -80.　　B. -080　　C. -8e1.0　　D. -80.0e

2. 以下叙述中正确的是(　　)。

A. 用 C 语言编写的程序必须要有输入和输出操作

B. 用 C 语言编写的程序可以没有输出但必须要有输入

C. 用 C 语言编写的程序可以没有输入但必须要有输出

D. 用 C 语言编写的程序可以既没有输入也没有输出

3. 以下不能定义为用户标识符是(　　)。

A. Main　　B. _0　　C. _int　　D. sizeof

4. 数字字符 0 的 ASCII 值为 48，若有以下程序

```
#include<stdio.h>
void main()
{
   char a='1',b='2';
   printf("%c,",b++);
   printf("%d\n",b-a);
}
```

程序运行后的输出结果是(　　)。

A. 3,2　　B. 50,2　　C. 2,2　　D. 2,50

5. 有以下程序

```
#include<stdio.h>
void main()
```

```
{
   int m=12,n=34;
   printf("%d%d",m++,++n);
   printf("%d%d\n",n++,++m);
}
```

程序运行后的输出结果是(　　)。

A. 12353514　　B. 12353513　　C. 12343514　　D. 12343513

6. 有以下语句:int b;char c[10];，则正确的输入语句是(　　)。

A. scanf("%d%s",&b,&c);　　B. scanf("%d%s",&b,c);

C. scanf("%d%s",b,c);　　D. scanf("%d%s",b,&c);

7. 有以下程序:

```
#include<stdio.h>
void main()
{
     int m,n,p;
     scanf("m=%dn=%dp=%d",&m,&n,&p); printf("%d%d%d\n",m,n,p);
}
```

若想从键盘上输入数据，使变量 m 中的值为 123，n 中的值为 456，p 中的值为 789，则正确的输入是(　　)。

A. m=123n=456p=789　　B. m=123 n=456 p=789

C. m=123,n=456,p=789　　D. 123 456 789

8. 有以下程序:

```
#include<stdio.h>
void main()
{
   int a,b,d=25;  a=d/10%9;b=a&&(-1);  printf("%d,%d\n",a,b);
}
```

程序运行后的输出结果是(　　)。

A. 6,1　　B. 2,1　　C. 6,0　　D. 2,0

9. 有以下程序:

```
#include<stdio.h>
void main()
{
     int i=1,j=2,k=3;
     if(i++==1&&(++j==3||k++==3))
     printf("%d %d %d\n",i,j,k);
}
```

程序运行后的输出结果是(　　)。

A. 1 2 3　　B. 2 3 4　　C. 2 2 3　　D. 2 3 3

10. 有以下程序：

```
#include<stdio.h>
void main()
{
  int p[8]={11,12,13,14,15,16,17,18},i=0,j=0;
  while(i++<7)
     if(p[i]%2)  j+=p[i];
  printf("%d\n",j);
}
```

程序运行后的输出结果是(　　)。

A. 42　　B. 45　　C. 56　　D. 60

11. 有以下程序：

```
#include<stdio.h>
void main()
{
   char a[7]="a0\0a0\0"; int i,j;
   i=sizeof(a); j=strlen(a);
   printf("%d %d\n",i,j);
}
```

程序运行后的输出结果是(　　)。

A. 2 2　　B. 7 6　　C. 7 2　　D. 6 2

12. 以下能正确定义一维数组的选项是(　　)。

A. int a[5]={0,1,2,3,4,5};　　B. char a[]={0,1,2,3,4,5};

C. char a={'A','B','C'};　　D. int a[5]="0123";

13. 有以下程序：

```
#include<stdio.h>
int f1(int x,int y){return x>y?x:y;}
int f2(int x,int y){return x>y?y:x;}
void main()
{
   int a=4,b=3,c=5,d=2,e,f,g;
   e=f2(f1(a,b),f1(c,d)); f=f1(f2(a,b),f2(c,d));
   g=a+b+c+d-e-f;
   printf("%d,%d,%d\n",e,f,g);
}
```

程序运行后的输出结果是(　　)。

A. 4,3,7　　B. 3,4,7　　C. 5,2,7　　D. 2,5,7

14. 已有定义 char a[]="xyz",b[]={'x','y','z'};，以下叙述正确的是(　　)。

A. 数组 a 和 b 的长度相同　　B. a 数组长度小于 b 数组长度

C. a 数组长度大于 b 数组长度　　D. 上述说法都不对

15. 有以下程序：

```
#include<stdio.h>
void f(int *x,int *y)
```

```
{ int t; t=*x;*x=*y;*y=t; }
void main()
{
   int a[8]={1,2,3,4,5,6,7,8},i,*p,*q;
   p=a;q=&a[7];
   while(p<q){ f(p,q);p++;q--;}
   for(i=0;i<8;i++) printf("%d,",a[i]);

}
```

程序运行后的输出结果是(　　)。

A. 8,2,3,4,5,6,7,1,　　B. 5,6,7,8,1,2,3,4,

C. 1,2,3,4,5,6,7,8,　　D. 8,7,6,5,4,3,2,1,

16. 有以下程序：

```
#include<stdio.h>
void main(){
 int a[3][3],*p,i;  p=&a[0][0];
 for(i=0;i<9;i++) p[i]=i;
 for(i=0;i<3;i++)  printf("%d",a[1][i]);
}
```

程序运行后的输出结果是(　　)。

A. 0 1 2　　B. 1 2 3　　C. 2 3 4　　D. 3 4 5

17. 以下叙述错误的是(　　)。

A. 对于 double 类型数组，不可以直接用数组名对数组进行整体输入或输出

B. 数组名代表的是数组所占存储区的首地址，其值不可改变

C. 在编译源程序过程中，若数组元素的下标超出所定义的下标范围时，编译系统将给出“下标越界”的出错信息

D. 可以通过赋初值的方式确定数组元素的个数

18. 有以下程序：

```
#include<stdio.h>
#define N 20
fun(int a[],int n,int m)  {
   int i,j;
   for(i=m;i>=n;i--) a[i+1]=a[i];
}
void main()  {
   int i,a[N]={1,2,3,4,5,6,7,8,9,10};
   fun(a,2,9);
   for(i=0;i<5;i++) printf("%d",a[i]);
}
```

程序运行后的输出结果是(　　)。

A. 10234　　B. 12344　　C. 12334　　D. 12234

19. 以下与函数 fseek(fp,0L,SEEK_SET)有相同作用的是(　　)。

A. feof(fp)　　B. ftell(fp)　　C. fgetc(fp)　　D. rewind(fp)

20. 有以下程序：

```
#include<stdio.h>
#define P 3
void main()  {
printf("%d\n",F(3+5));
void F(int x){ return(P*x*x); }
}
```

程序运行后的输出结果是(　　)。

A. 192　　B. 29　　C. 25　　D. 编译出错

21. 有以下程序：

```
#include<stdio.h>
void main(){
   int c=35;
   printf("%d\n",c&c);
}
```

程序运行后的输出结果是(　　)。

A. 0　　B. 70　　C. 35　　D. 1

22. 以下叙述正确的是(　　)。

A. 预处理命令行必须位于源文件的开头

B. 在源文件的一行上可以有多条预处理命令

C. 宏名必须用大写字母表示

D. 宏替换不占用程序的运行时间

23. 若有以下说明和定义：

```
union dt {
int a;
char b;
double c;
}data;
```

以下叙述错误的是(　　)。

A. data 的每个成员起始地址都相同

B. 变量 data 所占的内存字节数与成员 c 所占字节数相等

C. 程序段:data.a=5;printf("%f\n",data.c);输出结果为 5.000000

D. data 可以作为函数的实参

24. 以下语句或语句组中，能正确进行字符串赋值的是(　　)。

A. char *sp;*sp="right!";　　B. char s[10];s="right!";

C. char s[10];*s="right!";　　D. char *sp="right!";

25. 设有如下说明

```
typedef struct ST  {
long a;int b;char c[2];
}NEW;
```

则下面叙述正确的是(　　)。

A. 以上的说明形式非法　　B. ST 是一个结构体类型

C. NEW 是一个结构体类型　　D. NEW 是一个结构体变量

二、填空题(30 分，第 1～3 小题，每空 2 分，第 4 小题 6 分)

1. 以下程序输入两个字符串，通过调用函数 fun()比较它们的大小并将比较结果输出，请在划线处填空，完成程序的功能。

```
#include<stdio.h>
 (1)
void main()
{
   char s1[80], (2) ;
   scanf("%s",s1);
   scanf("%s",s2);
   if(fun(s1,s2)>0)  printf("%s>%s",s1,s2);
   if(fun(s1,s2)<0)  printf("%s<%s",s1,s2);
   else printf("%s=%s",s1,s2);
}
int fun(char *a,char *b)
{
   while( (*a!='\0')&&(*b!='\0')&&( (3) ) )
   {  a++;  b++;  }
    (4)
}
```

2. 下面程序按以下形式输出数组 num 的右上半三角元素，请填空完成程序。

```
1   2   3   4
    6   7   8
        11  12
            16
```

```
#include<stdio.h>
void main()
{
  int num[4][4]={{1,2,3,4},{5,6,7,8},{9,10,11,12},{13,14,15,16}},i,j;
  for(i=0;i<4;i++){
    for(j=0;  (1)  ;j++) printf("%4d",' ');
    for(  (2)  ;j<4;j++)   printf("%4d",num[i][j]);
      (3)
   }
}
```

3. 以下程序中函数 huiwen 的功能是检查一个字符串是否是回文，当字符串是回文时，函数返回字符串 yes!，否则函数返回字符串 no!，并在主函数中输出，所谓回文，即正向与反向的拼写都一样，例如 adgda。

```
#include<stdio.h>
char *huiwen(char *str)
```

```
{
  char *p1,*p2;int i,t=0;
 (1) ; p2=str+(strlen(str)-1);
  for(i=0; (2) ;i++)
     if(*p1++!=*p2--){t=1; (3) ;}
  if(!t) return("yes!");
  else  return("no!");
}
void main()
{
    char str[50];
    printf("Input:");
    scanf("%s", (4) );
    printf("%s\n", (5) );
 }
```

4. 给出以下程序的运行结果。

```
#include<stdio.h>
struct NODE
{
  int k;
  struct NODE *link;
};
void main()
{
  struct NODE m[5],*p=m,*q=m+4;
  int i=0;
  while(p!=q){
    p->k=++i;p++;
    q->k=i++;q--;
  }
 q->k=i;
 for(i=0;i<5;i++) printf("%d",m[i].k);
 printf("\n");
}
```

三、编程题(20分，第1题8分，第2题12分)

1. 在主程序中提示输入整数n，编写函数sum( )用递归的方法求1+2+…+n的值。

```
#include <stdio.h>
int sum(int);
void main()
{
  int n;
  printf("Please input n:");  scanf("%d",&n);
  printf("The result is:%d\n", sum(n) );
}
int sum(int n)
{
   ?
}
```

2. 下面程序中，函数 fun()的功能是求 3 行 4 列数组每行元素中的最大值，并将每行的最大值存储在数组 bar 中。请完成函数 fun()。

```
#include<stdio.h>
void fun(int,int(*)[4],int *);
void main()
{
  int k;
  int a[3][4]={{-1,2,3,4},{5,6,-7,8},{9,10,11,-12}};
  int b[3]={0};
  fun(3,a,b);
  for(k=0;k<3;k++)
      printf("The max of line%d is %d\n",k+1,b[k]);
}
void fun(int m,int a[][4],int *bar)
{
  ?
}
```

16.7　自测试卷 7

一、选择题(60 分，每题 2 分)

1. 在 C 语言中，语句以(　　)结尾。

A. 回车　　B. 逗号　　C. 分号　　D. 句号

2. 一个 C 语言程序总是从(　　)开始执行的。

A. main 函数　　B. 程序第一条 include 命令

C. 排在前面的函数　　D. 任意函数

3. 在 C 语言中，变量所分配的内存空间大小(　　)。

A. 均为一个字节　　B. 由用户自己定义

C. 由变量的类型决定　　D. 是任意的

4. 以下不正确的八进制或十六进制数是(　　)。

A. 0x9a　　B. 012　　C. -0x3A　　D. 090

5. 在 C 语言中，下列合法的变量名是(　　)。

A. ab2　　B. b.cat　　C. π　　D. int

6. 现有下列格式的 scanf 语句：scanf("%d,%d",&x,&y);，则正确的输入是(　　)。

A. 2　3　　B. 2[回车]3　　C. 2,3　　D. x=2,y=3

7. 已定义 x 为 float 型变量：x=213.82631;printf("%4.2f\n",x);，则以上程序(　　)。

A. 输出格式描述符的域宽不够，不能输出　　B. 输出为 213.83

C. 输出为 213.82　　D. 213.82631

8. 若执行 printf("%d\n",strlen("a\n\'\x41"))语句，其输出结果是(　　)。

A. 7　　B. 8　　C. 4　　D. 6

9. 以下运算符中，优先级最高的运算符是(　　)。

A. <=　　B. ～　　C. !=　　D. ||

10. 设有语句 int x; float y,z;，则下列合法的表达式是(　　)。

A. x+y=z　　B. x=int(x+y)　　C. y%z　　D. x/y

11. 设有语句 i t x; char ch=1; double d;，则表达式 x=5,ch++,x+1 的值是(　　)。

A. 5　　B. 1　　C. 2　　D. 6

12. 表示关系 x<=y<=z 的 c 语言表达式为(　　)。

A. (x<=y)&&(y<=z)　　B. (x<=y)and(y<=z)

C. (x<=y<=z)　　D. (x<=y)&(y<=z)

13. 若有以下定义：

```
char a; int b;float c; double d;
```

则表达式 a*b+d-c 值的类型为(　　)。

A. float　　B. int　　C. char　　D. double

14. C 语言的程序结构包括(　　)。

A. 顺序结构，循环结构，分支结构　B. 循环结构，函数结构，分支结构

C. 对象结构，顺序结构，分支结构　D. 顺序结构，函数结构，对象结构

15. 在 C 语言中，终止一个死循环的有效语句是(　　)。

A. continue　　B. break　　C. exit　　D. return

16. 定义如下变量：int n=10;，则下列循环的输出结果是(　　)。

```
while(n>7)
{
  n--;
  printf("%d\n",n);
}
```

A.	B.	C.	D.
10	9	10	9
9	8	9	8
8	7	8	7
7	6		

17. 关于一维数组的定义和初始化，以下正确的是(　　)。

A. int a[]={1,2,3,4,5};　　B. int a[4]={1,2,3,4,5};

C. int a[5]={};　　D. int n=5,a[n]={1,2,3,4,5};

18. 设已定义 char a[20];，下面的赋值语句中，正确的是(　　)。

A. a="hello"　　B. a[]="hello"　　C. strcpy(a,"hello");　　D. a[20]="hello"

19. 在 C 语言程序中，数组名作为函数调用的实参时，传递给形参的是(　　)。

A. 数组的首地址　　B. 数组的第一个元素值

C. 数组中全部元素的值　　D. 数组元素的个数

20. 设有如下定义：

```
int arr[]={6,7,8,9,10};
int *ptr;
ptr=arr;
*(ptr+2)+=2;
printf("%d,%d\n",*ptr,*(ptr+2));
```

则下列程序段的输出结果为(　　)。

A. 8，10　　B. 6，8　　C. 7，9　　D. 6，10

21. 若有以下定义和语句，则对 a 数组元素地址的正确引用是(　　)。

```
int a[2][3],(*p)[3];
p=a;
```

A. (p+1)+2　　B. p[1]+1　　C. p[2]　　D. *(p+2)

22. 下列程序的输出结果是(　　)。

```
#include<stdio.h>
void main()
{ char*p1,*p2,str[50]="xyz";
  p1="abcd";
  p2="ABCD";
  strcpy(str,strcat(p1,p2));
 printf("%s",str);
}
```

A. abcd　　B. ABCD　　C. abcdABCD　　D. xyz

23. 设有说明语句 int *s[3];，则 s 表示(　　)。

A. 指针数组　　B. 指针函数　　C. 函数指针　　D. 数组指针

24. 下列程序的输出结果是(　　)。

```
#include<stdio.h>
void main()
{  int x;
   x=fun(4);
   printf("%d\n",x);
}
fun(int n)
{ int s;
  if(n==1)||(n==2) s=2;
  else  s=n+fun(n-1);
  return (s);
}
```

A. 2　　B. 9　　C. 11　　D. 12

25. 运行下列程序，其结果是(　　)。

```
#include<stdio.h>
void main()
{ int k=5;
  { int k=8;
    printf("%2d",k);
  }
  printf("%2d\n",k);
}
```

A. 55　　B. 85　　C. 88　　D. 58

26. 下列程序执行后输出的结果是(　　)。

```
#include<stdio.h>
f(int a)
{ int b=0;static c=3;
  a=b+c++;
  return(a);
}
void main()
{ int a=2,k;
  k=f(a);  k=f(a+1);
  printf("%d\n",k);
}
```

A. 3　　　　　　B. 0　　　　　　C. 5　　　　　　D. 4

27. 设有以下定义：

```
#define N 3
#define Y(n) ((N+1)*n)
```

则执行语句 z=2*(N+Y(5+1));后，z 的值为(　　)。

A. 出错　　　　　B. 42　　　　　C. 48　　　　　D. 54

28. 设有语句 enum days{sun, mon,tue=2,wed,thu,fri,sat};，则语句 printf("%d\n",wed);的执行结果是(　　)。

A. 0　　　　　　B. 1　　　　　　C. 3　　　　　　D. wed

29. 设有以下说明和定义：

```
union DATE{
  long i; int k[5]; char c;};
struct date{
  int cat; union DATE cow; double dog;}too;
```

则下列叙述正确的是(　　)。

A. too 是一个结构体类型的变量，它有一个共用体类型的成员 cow

B. too 是共用体类型的变量，它占用的内存大小与各成员类型无关

C. too 是结构体类型的变量，它占用的内存大小与各成员类型无关

D. 表达式 too.cow.k[0]非法

30. 下面对 typedef 不正确的叙述是(　　)。

A. 用 typedef 可以定义各种类型名，但不能用来定义变量

B. 用 typedef 可以增加新类型

C. 用 typedef 只是将已存在的类型用一个新的标识符表示

D. 使用 typedef 有利于程序的通用和移植

二、填空题(20 分，每空 2 分)

1. 下列程序，求 sum=1+1/2+1/4+…+1/50。

```
#include<stdio.h>
void main()
```

```
{
 int i=2;float sum;
  (1) ;
 while(i<=50)
 { sum+=  (2) ;
   i=i+2;
 }
 printf("sum=%f\n",sum);
}
```

2. 输入 n(如 n=6)值，输出如下图所示的平行四边形。

```
          * * * * * *
         * * * * * *
        * * * * * *
       * * * * * *
      * * * * * *
     * * * * * *
```

```
#include <stdio.h>
void main()
{
 int i,j,n;
 printf("\n请输入n:");
 (3)  ("%d",&n);
for(i=1;i<=n;i++)    /* i控制行 */
  { for(j=1;j<=(4);j++)  printf(" "); /* 输出空格 */
     for(j=1;j<=n;j++)  printf("*"); /* 输出*号 */
    (5)   /* 打印完一行后输出回车 */
 }
}
```

3. 打印出 100～999 之间所有的“水仙花数”。所谓“水仙花数”，是指一个 3 位数，其各位数字立方和等于该数本身。例如 153 是一个水仙花数，因为 $153=1^3+5^3+3^3$。

```
#include <stdio.h>
void main()
{   int i,j,k,n;
     printf("水仙花数是: ");
     for(n=(6);n<1000;n++)
     {
      k=(7);
      j=(n%100)/10;
      i=n/100;
      if(n(8)i*i*i+j*j*j+k*k*k)  printf("%6d",n);
     }
     printf("\n");
}
```

4. 编写程序，实现将命令行中指定的文本文件的内容追加到另一个文本文件的原内容之后。给出以下程序的运行结果。

```
#include <stdio.h>
void main()
{
  FILE *fp; char ch;
  if((fp= (9) )==NULL)
    /* 本例采用追加写入的方式，即输入内容于文件末尾 */
  {  printf("不能打开指定文件! \n");exit(0);  }
   printf("\n 请输入一段文本内容，按 Ctrl+Z 组合键结束：\n");
   while((ch=getchar())!=-1)
       fputc(ch,fp);
    (10)
}
```

三、编程题(20 分，每题 10 分)

1. 输入两个整数，将它们交换存储后输出。

2. 请输入一个双精度实型数 x，然后根据以下分段函数计算双精度实数 y，并输出 y 值。

$$y=\begin{cases}|1.6x-1.56| & x<1\\(x+1)/(2x) & 1\leqslant x<3\\x^3 & x\geqslant 3\end{cases}$$

16.8　自测试卷 8

一、选择题(60 分，每小题 2 分)

1. 以下叙述不正确的是(　　)。

A. 一个 C 源程序可由一个或多个函数组成

B. 一个 C 源程序必须包含一个 main()函数

C. C 程序的基本组成单位是函数

D. 在 C 程序中，注释说明只能位于一条语句的后面

2. 在 C 语言中，变量所分配的内存空间大小(　　)。

A. 均为一个字节　　B. 由用户自己定义

C. 由变量的类型决定　　D. 是任意的

3. 在 C 语言中，下列合法的变量名是(　　)。

A. _ab2　　B. b.cat　　C. Π　　D. int

4. 现有下列格式的 scanf 语句：scanf("%d,%d" ,&x,&y);，则正确的输入是(　　)。

A. 2　3　　B. 2[回车]3　　C. 2,3　　D. x=2,y=3

5. 已知各变量的类型说明如下：int k,a,b; unsigned long w=5; double x=3.14;，则以下不符合 C 语言语法的表达式是(　　)。

A. x%(-3)　　B. w+=-2

C. k=(a=2,b=3,a+b)　　D. a+=a-=(b=4)*(a=3)

6. 若执行 printf("%d\n",strlen("a\n\x41"))语句，其输出结果是(　　)。

A. 2　　B. 3　　C. 4　　D. 5

7. 以下运算符中，优先级最高的运算符是(　　)。

A. <=　　B. ～　　C. !=　　D. ||

8. 设有语句 int x; char ch=1; double d;，则表达式 x=5,ch++,x+1 的值是(　　)。

A. 5　　B. 1　　C. 2　　D. 6

9. 表示关系 x<=y<=z 的 C 语言表达式为(　　)。

A. (x<=y)&&(y<=z)　　B. (x<=y)and(y<=z)

C. (x<=y<=z)　　D. (x<=y)&(y<=z)

10. 若有以下定义：

```
char a; int b;float c; double d;
```

则表达式 a*b+d-c 值的类型为(　　)。

A. float　　B. int　　C. char　　D. double

11. 下面有关 for 循环的正确描述是(　　)。

A. for 循环只能用于循环次数已经确定的情况

B. for 循环是先执行循环体，后判断表达式

C. 在 for 循环中，不能用 break 语句跳出循环体

D. for 循环的循环体可以包含多条语句

12. 设有以下程序段：

```
int x=0,s=0;
while(!x!=0) s+=++x;
printf("%d",s);
```

则(　　)。

A. 运行程序段后输出 0

B. 运行程序段后输出 1

C. 程序段中的循环控制表达式是非法的

D. 程序段出现死循环

13. 关于一维数组的定义和初始化，以下正确的是(　　)。

A. int a[]={1,2,3,4,5};　　B. int a[4]={1,2,3,4,5};

C. int a[5]={};　　D. int n=5,a[n]={1,2,3,4,5};

14. 设已定义 char a[20];，下面的赋值语句中，正确的是(　　)。

A. a="hello"　　B. a[]="hello"

C. strcpy(a, "hello");　　D. a[20]= "hello"

15. 在 C 语言程序中，数组名作为函数调用的实参时，传递给形参的是(　　)。

A. 数组的首地址　　B. 数组的第一个元素值

C. 数组中全部元素的值　　D. 数组元素的个数

16. 以下函数返回 a 数组中的最小元素所在的小标值，在下划线处应填入的是(　　)。

```
int (int *a,int n)
{
  int i,index=0;
  for(i=1;i<n;i++)
    if(a[i]<a[index])___________;
```

```
  return index;
}
```

A. a[i]=a[index]　B. index=i　C. i=index　D. a[index]=a[i]

17. 如下程序段的输出结果是(　　)。

```
int a[]={6,7,8,9,10};
int *p;
p=a;
*(ptr+2)+=2;
printf("%d,%d\n",*ptr,*(ptr+2));
```

A. 8，10　B. 6，8　C. 7，9　D. 6，10

18. 若有以下定义和语句，则对a数组元素地址的正确引用是(　　)。

```
int a[2][3],(*p)[3];
p=a;
```

A. (p+1)+2　B. p[1]+1　C. p[2]　D. *(p+2)

19. 下列程序的输出结果是(　　)。

```
#include <stdio.h>
#include <string.h>
void main(void)
{
  char *p1, *p2, str[50]= "xyz";
  p1="abcd";
  p2="ABCD";
  strcpy(str,strcat(p1,p2));
  printf("%s",str);
}
```

A. abcd　B. ABCD　C. abcdABCD　D. xyz

20. 设有说明语句int *s[3];，则s表示(　　)。

A. 指针数组　B. 指针函数　C. 函数指针　D. 数组指针

21. 已有如下数组定义和f函数调用语句，则在f函数的说明中，对形参数组array的正确定义方式为(　　)。

```
int a[3][4];
f(a);
```

A. f(array[3][4])　B. f(int array[3][])

C. f(int array[][4])　D. f(int array[][])

22. 有以下结构体说明和变量的定义，且指针p指向变量a，指针q指向变量b。则不能把结点b连接在节点a之后的语句是(　　)。

```
struct node{
   char data;
   struct node* next;
}a,b,*p=&a,*q=&b;
```

A. a.next=q;　B. p.next=&b;　C. P->next=&b;　D. (*p).next=q;

23. 不合法的 main 函数命令行参数表示形式是(　　)。

A. void main(int argc,char *argv[])　　B. void main(int a,char *b[])

C. void main(int argc,char *argv)　　D. void main(int argc,char * *argv)

24. 下列程序的输出结果是(　　)。

```
#include<stdio.h>
void main(void)
{
   int x;
   x=fun(4);
   printf("%d\n",x);
}
int fun(int n)
{
   int s;
   if(n==1)||(n==2) s=2;
   else  s=n+fun(n-1);
   return (s);
}
```

A. 2　　B. 9　　C. 11　　D. 12

25. 运行下列程序，其结果是(　　)。

```
#include<stdio.h>
void main(void){
  int k=5;
  {
    int k=8;
    printf("%2d",k);
  }
  printf("%2d\n",k);
}
```

A. 5 5　　B. 8 5　　C. 8 8　　D. 5 8

26. 下列程序执行后输出的结果是(　　)。

```
#include<stdio.h>
int f(int a)
{
int b=0;static c=3;
  a=b+c++;
  return(a);
}
void main(void)
{ int a=2,k;
  k=f(a);  k=f(a+1);
  printf("%d\n",k);
}
```

A. 3　　B. 0　　C. 5　　D. 4

27. 以下程序运行后的输出结果是(　　)。

```
#include<stdio.h>
#define P 3
void F(int x){return(P*x*x);}
void main(void)
{
  printf("%d\n",F(3+5));
}
```

A. 192　　B. 29　　C. 25　　D. 编译出错

28. 设有语句 enum days{sun, mon,tue=2,wed,thu,fri,sat};，则语句 printf("%d\n",wed);的执行结果是(　　)。

A. 0　　B. 1　　C. 3　　D. wed

29. 设有以下说明和定义：

```
union DATE{
  long i; int k[5]; char c;
};
struct date{
  int cat; union DATE cow; double dog;
}too;
```

则下列语句的执行结果是(　　)。

```
printf("%d",sizeof(too));
```

A. 20　　B. 15　　C. 14　　D. 10

30. 以下与函数 fseek(fp,0L,SEEK_SET)有相同作用的是(　　)。

A. feof(fp)　　B. ftell(fp)　　C. fgetc(fp)　　D. rewind(fp)

二、填空题(18 分，每小题 6 分)

(在每题的一对“/* */”之间的空白处补充程序，以完成题目的要求)

1. 补充程序，使其计算

$$f(x)=\frac{|x|-2}{x^2+1}$$

```
#include <stdio.h>
#include <math.h>
void main(void)
{
   int x;
   /**/        (1)        /**/
   printf("input an integer:");
   scanf("%d",&x);
   f=/**/        (2)        /**/;
   printf("F(x)=%f\n",f);
}
```

2. 补充程序，使程序实现从 10 个数中找出最大值和最小值。

```
#include <stdio.h>
#include <stdlib.h>
int max,min;
void find_max_min( int *p, int n)
{
  int* q; max=min=*p;
  for(q=p; q</**/      (1)       /**/; q++)
    if( /**/     (2)      /**/ ) max=*q;
    else if(min>*q) min=*q;
}
void main(void)
{
  int  i, num[10];
  printf("Input 10 numbers:");
  for(i=0;i<10;i++)  scanf("%d", &num[i]);
  find_max_min(/**/     (3)         /**/,10);
  printf("max=%d,min=%d\n", max, min);
 }
```

3. 打印出 100～999 之间所有的“水仙花数”。所谓“水仙花数”，是指一个 3 位数，其各位数字立方和等于该数本身。例如 153 是一个水仙花数，因为 $153=1^3+5^3+3^3$。

```
#include <stdio.h>
void main(void)
{   int i,j,k,n;
    printf("水仙花数是: ");
    for(n=100;n<1000;n++)
    {
     k=/**/      (1)       /**/
     j=(n%100)/10;
     i=n/100;
    if(/**/     (2)       /**/ )  printf("%6d",n);
    }
    printf("\n");
}
```

三、编程题(22 分，每小题 11 分)

(在每题的一对“/* */”之间的空白处补充函数体，以完成题目的要求)

1. 完成函数 fun(char *s)，统计输入字符串中空格的个数。

```
#include <stdio.h>
int fun(char* s)
{
/**/


/**/
}
void main(void)
{
  char str[255];
  gets(str);
```

```
   printf("%d\n ",fun(str));
}
```

2. 完成fun()函数，使程序打印出Fibonacci数列的前20个数。

```
Fibonacci 数列: 1, 1, 2, 3, 5, 8, 13, …
#include <stdio.h>
void fun(int a[],int m)
{
    ?
}
void main(void)
{
  int a[20],i;
  fun(a,20);
  for(i=0;i<20;i++)
    printf("%d ",a[i]);
  printf("\n");
}
```

16.9 自测试卷9

一、选择题(60分，每题2分)

1. 下列叙述中错误的是(　　)。

A. 计算机不能直接执行用C语言编写的源程序

B. C程序经C编译程序编译后，生成后缀为.obj的文件是一个二进制文件

C. 后缀为.obj的文件，经链接程序生成后缀为.exe的文件是一个二进制文件

D. 后缀为.obj和.exe的二进制文件都可以直接运行

2. 按照C语言规定的用户标识符命名规则，不能出现在标识符中的是(　　)。

A. 大写字母　　B. 连接符　　C. 数字字符　　D. 下划线

3. 以下叙述中错误的是(　　)。

A. C语言是一种结构化程序设计语言

B. 结构化程序由顺序、分支、循环3种基本结构组成

C. 使用3种基本结构构成的程序只能解决简单问题

D. 结构化程序设计提倡模块化的设计方法

4. 对于一个正常运行的C程序，以下叙述中正确的是(　　)。

A. 程序的执行总是从main函数开始，在main函数结束

B. 程序的执行总是从程序的第一个函数开始，在main函数结束

C. 程序的执行总是从main函数开始，在程序的最后一个函数中结束

D. 程序的执行总是从程序的第一个函数开始，在程序的最后一个函数中结束

5. 若有代数式$\sqrt{|x^n + e^x|}$(其中 e 仅代表自然对数的底数，不是变量)，则以下能够正确表示该代数式的C语言表达式是(　　)。

A. sqrt(abs(n^x+e^x))

B. sqrt(fabs(pow(n,x)+pow(x,e)))

C. sqrt(fabs(pow(n,x)+exp(x)))

D. sqrt(fabs(pow(x,n)+exp(x)))

6. 设有定义 int k=0;,以下选项的 4 个表达式中与其他 3 个表达式的值不相同的是(　　)。

A. k++　　B. k+=1　　C. ++k　　D. k+1

7. 有以下程序，其中%u 表示按无符号整数输出(　　)。

```
#include<stdio.h>
void main(void)
{
        unsigned int x=0xFFFF;
        printf("%u\n",x);
}
```

程序运行后的输出结果是(　　)。

A. −1　　B. 65535　　C. 32767　　D. 0xFFFF

8. 设变量 x 和 y 均已正确定义并赋值，以下 if 语句中，在编译时将产生错误信息的是(　　)。

A. if(x++);　　B. if(x>y&&y!=0);

C. if(x>y) x−−　　D. if(y<0) {;}　 else y++;

9. 以下选项中，当 x 为大于 1 的奇数时，值为 0 的表达式是(　　)。

A. x%2==1　　B. x/2　　C. x%2!=0　　D. x%2==0

10. 以下叙述中正确的是(　　)。

A. break 语句只能用于 switch 语句体中

B. continue 语句的作用是：使程序的执行流程跳出包含它的所有循环

C. break 语句只能用在循环体内和 switch 语句体内

D. 在循环体内使用 break 语句和 continue 语句的作用相同

11. 有以下程序：

```
#include <stdio.h>
void main(void)
{
   int k=5,n=0;
   do {
     switch(k){
        case 1:
        case 3: n+=1; break;
        default: n=0; k--;
        case 2:
        case 4: n+=2; k--; break;
     }
     printf("%d",n);
   }while( k>0&&n<5);
}
```

程序运行后的输出结果是(　　)。

A. 2345　　B. 0235　　C. 02356　　D. 2356

12. 有以下程序：

```
#include <stdio.h>
void main(void)
{
    int i,j;
    for(i=1;i<4;i++)
    {
      for(j=i;j<4;j++) printf("%d*%d=%d ",i,j,i*j);
      printf("\n");
    }
}
```

程序运行后的输出结果是(　　)。

A. 1*1=1　1*2=2　1*3=3
　2*1=2　2*2=4
　3*1=3

B. 1*1=1　1*2=2　1*3=3
　2*2=4　2*3=6
　3*3=9

C. 1*1=1
　1*2=2　2*2=4
　1*3=3　2*3=6　3*3=9

D. 1*1=1
　2*1=2　2*2=4
　3*1=3　3*2=6　3*3=9

13. 以下合法的字符型常量是(　　)。

A."\x13"　B."\018"　C."65"　D."\n"

14. 在C语言中，函数返回值的类型最终取决于(　　)。

A. 函数定义时在函数首部所说明的函数类型

B. return语句中表达式值的类型

C. 调用函数时主函数所传递的实参类型

D. 函数定义时形参的类型

15. 已知大写字母'A'的ASCII码是65，小写字母'a'的ASCII码是97，以下不能将变量c中存储的大写字母转换为对应小写字母的语句是(　　)。

A. c=c-32　B. c=c+32　C. c=c-'A'+'a'　D. c=('A'+c)-'a'+1

16. 有以下函数：

```
int fun(char *s)
{
 char *t=s;
 while(*t++);
  return(t-s);
}
```

该函数的功能是(　　)。

A. 比较两个字符的大小

B. 计算s所指字符串占用内存字节的个数

C. 计算s所指字符串的长度

D. 将s所指字符串复制到字符串t中

17. 设已有定义，float x;，则以下对指针变量p进行定义且赋初值的语句中正确的是(　　)。

A. float *p=1024;　　B. int *p=(float x);

C. float p=&x;　　D. float *p=&x;

18. 有以下程序：

```
#include <stdio.h>
void main(void)
{
  int n,*p=NULL;
  *p=&n;
   printf("Input n:");
   scanf("%d",&p);   printf("output n:");  printf("%d\n",p);
}
```

该程序试图通过指针 p 为变量 n 读入数据并输出，但程序有多处错误，其中正确的语句是(　　)。

A. int n,*p=NULL;　　B. *p=&n;

C. scanf("%d",&p)　　D. printf("%d\n",p);

19. 以下程序中函数 f 的功能是：当 flag 为 1 时，进行由小到大的排序；当 flag 为 0 时，进行由大到小的排序。

```
#include <stdio.h>
void f(int b[], int n,int flag)
{
 int  i,j,t;
 for(i=0;i<n-1;i++)
    for (j=i+1;j<n;j++)
         if(flag?b[i]>b[j]:b[i]<b[j]){
              t=b[i];b[i]=b[j];b[j]=t;
         }
}
void main(void)
{
  int a[10]={5,4,3,2,1,6,7,8,9,10},i;
  f(&a[2],5,0);  f(a,5,1);
  for(i=0;i<10;i++)   printf("%d ",a[i]);
}
```

程序运行后的输出结果是(　　)。

A. 1,2,3,4,5,6,7,8,9,10　　B. 3,4,5,6,7,2,1,8,9,10

C. 5,4,3,2,16,7,8,9,10　　D. 10,9,8,7,6,5,4,3,2,1

20. 有以下程序：

```
#include<stdio.h>
void f(int b[])
{
  int i;
  for(i=2;i<6;i++)  b[i]*=2;
}
void main(void)
{
int a[10]={1,2,3,4,5,6,7,8,9,10},i;
```

```
f(a);
for(i=0;i<10;i++) printf("%d,",a[i]);
}
```

程序运行后的输出结果是(　　)。

A. 1,2,3,4,5,6,7,8,9,10　　B. 1,2,6,8,10,12,7,8,9,10

C. 1,2,3,4,10,12,14,16,9,10　　D. 1,2,6,8,10,12,14,16,9,10

21. 有以下程序：

```
#include <stdio.h>
typedef struct{int b, p;}A;
void f(A c)
{
  int j;  c.b+=1; c.p+=2;
}
void main(void)
{
  int i;
  A  a={1,2};
  f(a);
  printf("%d,%d\n",a.b,a.p);
}
```

程序运行后的输出结果是(　　)。

A. 2,3　　B. 2,4　　C. 1,4　　D. 1,2

22. 有以下程序：

```
#include <stdio.h>
void f(int *q)
{
   int i=0;
   for(;i<5;i++) (*q)++;
}
void main(void)
{
   int a[5]={1,2,3,4,5},i;
    f(a);
    for(i=0;i<5;i++) printf("%d,",a[i]);
}
```

程序运行后的输出结果是(　　)。

A. 2,2,3,4,5,　　B. 6,2,3,4,5,　　C. 1,2,3,4,5,　　D. 2,3,4,5,6,

23. 有以下程序：

```
#include <string.h>
#include <stdio.h>
void main(void)
{
    char  p[20]={'a','b','c','d'},q[]="abc", r[]="abcde";
    strcpy(p+strlen(q),r);  strcat(p,q);
    printf("%d%d\n",sizeof(p),strlen(p));
}
```

程序运行后的输出结果是(　　)。

A. 20 9　　B. 9　9　　C. 20　11　　D. 11　11

24. 有以下程序：

```
#include <string.h>
#include <stdio.h>
void main(void)
void f(char p[][10], int n )
{ char t[10];      int i,j;
  for(i=0; i<n-1; i++)
    for(j=i+1; j<n; j++)
       if(strcmp(p[i],p[j])>0){
          strcpy(t,p[i]);  strcpy(p[i],p[j]);  strcpy(p[i],t);
       }
}
void main(void)
{
    char p[5][10]={"abc","aabdfg","abbd","dcdbe","cd"};
    f(p,5);
    printf("%d\n", strlen(p[0]));
}
```

程序运行后的输出结果是(　　)。

A. 2　　B. 4　　C. 6　　D. 3

25. 有以下程序：

```
#include <stdio.h>
void main( int argc, char *argv[] )
{
   int n=0,i;
   for(i=1; i<argc; i++)  n=n*10+*argv[i]-'0';
   printf("%d\n",n);
}
```

编译链接后生成可执行文件 tt.exe，若运行时输入以下命令行:

```
    tt  12  345  678
```

程序运行后的输出结果是(　　)。

A. 12　　B. 12345　　C.12345678　　D.136

26. 有以下程序：

```
#include<stdio.h>
int a=4;
int f(int  n)
{
   int  t=0;  static int  a=5;
   if(n%2) { int  a=6;  t+=a++; }
   else {int a=7; t+=a++;}
   return  t+a++;
}
void main(void)
{
   int  s=a,i=0;
```

```
    for(;i<2;i++)    s+=f(i);
    printf ("%d\n",s);
}
```

程序运行后的输出结果是(　　)。

A. 24　　B. 28　　C. 32　　D. 36

27. 有一个名为init.txt的文件，内容如下：

```
#define    HDY(A,B)   A/B
# define    PRINT(Y)     printf("y=%d\n",Y)
```

有以下程序

```
#include "init.txt"
void main(void)
{
int  a=1,b=2,c=3,d=4,k;
 k=HDY (a+c, b+d) ;
 PRINT (k) ;
}
```

下面针对该程序的叙述正确的是(　　)。

A. 编译有错　　B. 运行出错

C.运行结果为y=0　　D. 运行结果为y=6

28. 有以下程序:

```
#include<stdio.h>
struct S {int  n;  int  a[20];};
void  f(struct S  *P)
{
 int  i,j,t;
 for(i=0;i<n-1;i++)
 for(j=i+1;j<n;j++)
 if(p->a[i]>p->a[j]){ t=p->a[i]; p->a[i]=p->a[j]; p->a[j]=t; }
}
void main(void)
{
  int i; struct  S s={10,{2,3,1,6,8,7,5,4,10,9}};
  f(&s);
  for(i=0;i<s.n;i++)  printf("%d",s.a[i]);
}
```

程序运行后的输出结果是(　　)。

A. 1,2,3,4,5,6,7,8,9,10,　　B. 10,9,8,7,6,5,4,3,2,1,

C. 2,3,1,6,8,7,5,4,10,9,　　D. 10,9,8,7,6,1,2,3,4,5,

29. 有以下程序:

```
#include<stdio.h>
void main(void)
{
     unsigned  char  a=2,b=4,c=5,d;
```

```
    d=a|b;  d&=c;  printf("%d\n",d);
}
```

程序运行后的输出结果是(　　)。

A. 3　　B. 4　　C. 5　　D. 6

30. 有以下程序：

```
#include <stdio.h>
void main (void)
{
  FILE  *fp;
  int i,a[6]={1,2,3,4,5,6};
  fp=fopen("d3.dat","w+b");
  fwrite(a,sizeof(int),6,fp);
  fseek(fp,sizeof(int)*3,SEEK_SET);
/*该语句使读文件的位置指针从文件头向后移动 3 个 int 型数据*/
  fread(a,sizeof(int),3,fp);     fclose(fp);
  for(i=0;i<6;i++)     printf("%d,",a[i]);
}
```

程序运行后的输出结果是(　　)。

A. 4,5,6,4,5,6,　　B. 1,2,3,4,5,6,　　C. 4,5,6,1,2,3,　　D. 6,5,4,3,2,1,

二、填空题(16 分，每小题 8 分)

1. 以下程序的功能是：求出数组 x 中各相邻两个元素的和依次存放到数组 a 中，然后输出，请填空。

```
#include <stdio.h>
void main(void)
{
  int x[10],a[9],i;
  for (i=0;i<10;i++)  scanf("%d",(a));
  for( (b)  ;i<10;i++)
     a[i-1]=x[i]+ (c)   ;
  for(i=0;i<9;i++)  printf("%d",a[i]);
  printf("\n");
}
```

2. 以下程序的功能是：利用指针指向 3 个整型变量，并通过指针运算找出 3 个数中的最大值，输出到屏幕上，请填空。

```
#include <stdio.h>
void main(void)
{
  int x,y,z,max,*px,*py,*pz,*pmax;
  scanf("%d%d%d",&x,&y,&z);
  px=&x;
  py=&y;
  pz=&z;
  pmax=&max;
```

```
  ____(a)____ ;
  if(*pmax<*py) *pmax=*py;
  if(__(b)__) *pmax=*pz;
  printf("max=%d\n", ____(c)____);
}
```

三、编程题(24 分，每小题 12 分)

完成其中的函数 fun2(int a[],int n,int b[],int c[])实现：

(1) 将数组 a 中大于−20 的元素，依次存放到数组 b 中，将数组 b 中的元素按照从小到大的顺序存放到数组 c 中，函数返回数组 b 中的元素个数。

```
#include<stdio.h>
int fun1(int a[],int n,int b[],int c[])
{ ? }
void main(void)
{
  int n=10,i,nb;
  int aa[10]={12,-30,22,20,15,-39,11,23,-46,100};
  int bb[10],cc[10];

  printf("There are %2d elements in aa:\n",n);
  printf("\nThey are:");
  for(i=0;i<n;i++) printf("%6d",aa[i]);
  nb=fun2(aa,n,bb,cc);

  printf("\nThere are %2d elements in bb:\n",nb);
  printf("They are:\n");
  for(i=0;i<nb;i++) printf("%6d",bb[i]);

  printf("\n\nThere are %2d elements in cc:\n",nb);
  printf("They are:\n");
  for(i=0;i<nb;i++) printf("%6d",cc[i]);
 }
```

(2) 完成其中函数 fun(char *s)，统计输入字符串中空格的个数。

```
#include <stdio.h>
int fun2(char* s){   ?   }
void main()
{
  char str[255];
  gets(str);
  printf("%d\n ",fun(str));
}
```

16.10　自测试卷 10

一、简答题(10 分，每小题 2 分)

1. 若有 int a=3,b=6;，则表达式(a++) , (--b)的值是多少？

2. 若有 int a; double d; char ch;，则表达式 a+ch+d 的类型是什么？

3. 若 double x;，则应如何使用 scanf()函数输入值给变量 x？如何使用 printf()函数输出变量 x 的值？

4. 简述结构化程序设计的 3 种基本结构。

5. 简述 break 语句使用的场合。

二、阅读下列程序，写出运行结果(25 分，每小题 5 分)

1. 有以下程序：

```
#include <stdio.h>
void main(void)
{
    unsigned int x=0xFFFF;
    printf("%u\n",x);
}
```

程序运行后的输出结果是？

2. 有以下程序:

```
#include <stdio.h>
void main(void)
{
   int k=5,n=0;
   switch(k){
     case 1:
     case 3: n+=1; break;
     default: n=0; k--;
     case 2:
     case 4: n+=2; k--; break;
   }
 printf("n=%d,k=%d\n",n,k);
}
```

程序运行后的输出结果是？

3. 有以下程序:

```
#include <stdio.h>
void mian(void)
{
   int i,j;
   for(i=1;i<4;i++){
     for(j=i;j<4;j++) printf("%d*%d=%d ",i,j,i*j);
     printf("\n");
```

```
    }
}
```

程序运行后的输出结果是?

4. 有以下程序:

```
#include <string.h>
#include <stdio.h>
void main(void)
void f(char p[][10], int n )
{
  char t[10];      int i,j;
  for(i=0; i<n-1; i++)
    for(j=i+1; j<n; j++)
      if(strcmp(p[i],p[j])>0){
          strcpy(t,p[i]);
          strcpy(p[i],p[j]);
          strcpy(p[i],t);
      }
}
void main(void)
{
    char p[5][10]={"abc","aabdfg","abbd","dcdbe","cd"};
    f(p,5);
    printf("%d\n", strlen(p[0]));
}
```

程序运行后的输出结果是?

5. 有以下程序:

```
#include <string.h>
#include <stdio.h>
void main(void)
{
    char p[20]="abcde",q[]="xyz", r[]="lmnopq";
    strcpy(p+1,r);  strcat(p,q);
    printf("%d,%d\n",sizeof(p),strlen(p));
}
```

程序运行后的输出结果是?

三、编程题(65 分)

1. (13 分)编写程序，计算数列 1，1，2，3，5，8，13，21，...的前 20 项之和。

2. (12 分)随机输入 10 个正整数，统计其中素数的个数。所谓素数，指该数只能被 1 和它本身整除。

3. (12 分)用二维数组 data 存储随机输入的(4×5)20 个不重复整数，输出其中的最大整数及其输入的序号(序号可能值为 1，2，3，...，20)。

4. (15 分)完成递归函数 void Output(int a[],int n){ ? }的定义，实现将数组 a 中的 n 个元素逆向输出。即输出 a[n-1],a[n-2],a[n-3],...,a[1],a[0]。

5. (13 分)完成函数 int fun(char *s){ ? }，函数返回字符串 s 中所含空格的个数。

16.11　自测试卷 11

一、单项选择题(50 分，每小题 2 分)

1. 在一个可运行的 C 源程序中，(　　)。

A. 可以有一个或多个主函数　　B. 必须有且仅有一个主函数

C. 可以没有主函数　　D. 必须有主函数和其他函数

2. 以下定义语句中正确的是(　　)。

A. char a='A' b='B';　　B. float a=b=10.0;

C. int a=10, *b=&a;　　D. float *a, b=&a;

3. 以下选项中合法的字符常量是(　　)。

A. "B"　　B. '\101'　　C. 65　　D. W

4. 若有定义 int m=4,n=5; float k;，则以下符合 C 语言语法的表达式是(　　)。

A. m=(n==5)　　B. k=float(n)/m

C. n%2.5　　D. (m+n)*=k

5. 若有定义 int x,y,z;，语句 x=(y=z=3,++y,z+=y); 运行后，x 的值为(　　)。

A. 7　　B. 6　　C. 3　　D. 8

6. 以下程序段运行后 x 的值为(　　)。

```
int a=3,b=6,x;
x=(a==b)?a++:--b;
```

A. 4　　B. 3　　C. 6　　D. 5

7. 若有定义 int a=3,b=4,c=5;，则表达式 !(a−b)||(c−b) 的值为(　　)。

A. 3　　B. 2　　C. 0　　D. 1

8. 若有定义 int a=3,b=5;，要实现输出形式为 3*5=15 正确的 printf( )函数调用语句为(　　)。

A. printf("a*b=%d\n",a*b);　　B. printf("a*b=a*b\n");

C. printf("%d*%d=%d\n",a,b,a*b);　　D. printf("%d*%d=a*b\n",a,b);

9. 以下程序段的运行结果是(　　)。

```
int s=10;
switch(s/4){
    case 1:printf("A");
    case 2:printf("B");
    case 3:printf("C"); break;
     default:  printf("D");
}
```

A. BC　　B. C　　C. B　　D. BCD

10. 在下列数组定义、初始化或赋值语句中，正确的是(　　)。

A. int x[]={1,2,3,4,5,6};　　B. int x[5]={1,2,3,4,5,6};

C. int a8. ; a8. =10;　　D. int n=8; int score[n];

11. 以下程序段运行后，s 的值是(　　)。

```
int a[3][3]={1,2,3,1,2,3,1,2,3};
int i,j,s=0;
for(i=0;i<3;i++)
    for(j=0;j<=i;j++)
        s+=a[i][j];
printf("%d",s);
```

A. 4　　B. 6　　C. 10　　D. 14

12. 若已有定义 int i; char c8. ="Good";，则下列语句中，不正确的是(　　)。

A. puts(c);　　B. for(i=0;c[i]!='\0';i++)　printf("%c",c[i]);

C. printf("%s",c);　　D. for(i=0;c[i]!='\0';i++)　putchar(c);

13. 设已定义 char str1[20]="Hello　",str2[20]="World!";，若要形成字符串"Hello　World!"正确语句是(　　)。

A. strcpy (str2,str1)　　B. strcat(str1,str2)

C. strcpy (str1,str2)　　D. strcat(str2,str1)

14. 以下程序的运行结果是(　　)。

```
#include <stdio.h>
void fun(void ){
     static int a=0;
     a++;
     printf("%d ",a);
}
void main(void){
     int i;
     for(i=1;i<=2;i++)  fun();
}
```

A. 1　2　　B. 0　0　　C. 1　1　　D. 0　1

15. 若已定义 int a[4]={0,1,2,3}, *p=a;，则以下(　　)不能表示数组元素 a[1]。

A. p[1]　　B. *(p+1)　　C. *p+1　　D. *(a+1)

16. 以下程序的输出结果是(　　)。

```
#include <stdio.h>
void main(void){
    int i;
    char *s="ABCD";
    for(i=0;i<3;i++)printf("%s\n",s+i);
}
```

A.	B.	C.	D.
ABCD	AB	CD	ABCD
ABC	ABC	BCD	BCD
AB	ABCD	ABCD	CD

17. 若已定义 int a[][2]={1,2,3,4,5,6} ;，(*p)[2]; p=a;，则*(*(p+1)+1)的值为(　　)。

A. 6　　B. 3　　C. 4　　D. 5

18. 以下各语句或语句组中，正确的是(　　)。

A. char s[4]="abcde";　　B. char *s; gets(s);

C. char *s; s="abcde";　　D. char s[5];scanf("%s",&s);

19. 若有定义 char *lan[]={"TC","VB","JAVA"};，则 lan[1]的值是(　　)。

A. 一个字符　　B. 一个地址　　C. 一个字符串　　D. 不确定

20. C 语言中，数组名作为函数调用的实参时，下列叙述正确的是(　　)。

A. 传递给形参的是数组元素的个数

B. 传递给形参的是数组中全部元素的值

C. 传递给形参的是数组第一个元素的值

D. 形参数组中各元素值的改变会使实参数组相应元素的值同时发生变化

21. 若有以下定义，则下列叙述错误的是(　　)。

```
struct person{
    int num;
    char name[10];
}student;
```

A. num、name 都是结构体变量 student 的成员

B. student 是结构体类型名

C. struct 是定义结构体类型的关键字

D. struct person 是用户定义的结构体类型名

22. 若有以下定义，则表达式 sizeof(s)的值是(　　)。

```
union U_type{
int x;
    float y[2];
    char z;
}s;
```

A. 11　　B.　8　　C. 12　　D. 10

23. 定义枚举类型的关键字是(　　)。

A. enum　　B. define　　C. typedef　　D. include

24. 若有宏定义：#define F 2+4，则表达式 F*F 的值为(　　)。

A. 36　　B. 12　　C. 16　　D. 14

25. C 语言中，对文件操作的一般步骤是(　　)。

A. 打开文件，定义文件指针，读写文件，关闭文件

B. 操作文件，定义文件指针，修改文件，关闭文件

C. 定义文件指针，打开文件，读写文件，关闭文件

D. 定义文件指针，读文件，写文件，关闭文件

二、填空题(26 分，每空 2 分)

1. 下面程序的功能是计算 n!。

```
#include "stdio.h"
void main(void) {
```

```
    int i,n;
    long p;
    printf("Please input a integer:\n");
    scanf("%d",&n);
    p= ___(1)___;
    for(i=2;i<=n;i++)        ___(2)___;
    printf("n!=%ld",p);
}
```

2. 以下程序的功能是：从键盘上输入若干个学生的成绩，统计并输出最高成绩和最低成绩，当输入负数时结束输入，请填空。

```
#include "stdio.h"
void main(void) {
    float x,max,min;
    scanf("%f",&x);
    max=x;  min=x;
    while(___(3)___){
        if(x>max)  max=x;
        if(___(4)___)  min=x;
        ___(5)___;
    }
    printf("\nmax=%f\nmin=%f\n",max,min);
}
```

3. 以下定义的函数 fun 的功能是：将 p2 所指字符串复制到 p1 所指内存空间。

```
#include "stdio.h"
void fun(___(6)___,const char *p2){
    while((*p1=___(7)___)!='\0'){
        p1++;
        p2++;
    }
}
```

4. 以下程序中函数 reverse 的功能是将数组 a 中的 n 个元素进行倒置。下面程序的运行结果为：

0　1　2　3　4　5　6　7　8　9

9　8　7　6　5　4　3　2　1　0

```
#include <stdio.h>
void reverse(int a[], int n){
    int i,temp;
    for(i=0;___(8)___;i++){
        temp=a[i];
        ___(9)___;
        a[n-1-i]=temp;
    }
}
void main(void){
   int b[10]={0,1,2,3,4,5,6,7,8,9},i;
```

```
    for(i=0;i<10;i++)   printf("%-3d",b[i]);
    printf("\n");
    reverse(__(10)__,10);
    for(i=0;i<10;i++)   printf("%-3d",b[i]);
}
```

5. 以下程序的功能是输出以下图形：

```
   A
  BBB
 CCCCC
DDDDDDD

#include <stdio.h>
#define ROW 4
void main(void){
    int i,j;
    char ch='A';
    for(__(11)__; i<=ROW; i++)  {
        for(j=1; j<=ROW-i; j++)  printf("");
        for(j=1; __(12)__; j++) printf("%c",ch);
        __(13)__;
        printf("\n");
    }
}
```

三、编程题(24 分，第 1 题 10 分，第 2 题 14 分)

1. 完成以下程序中的函数 fun()，该函数的数学表达式为：

$$fun(x)=\begin{cases}\sin x & (x\geqslant 10)\\ \sqrt{x} & (5<x<10)\\ |x| & (x\leqslant 5)\end{cases}$$

```
#include "stdio.h"
#include <math.h>
double fun(float x){
   ?
}

void main(void){
  printf("fun(20)=%.2f\n",fun(20));
  printf("fun(9)=%.2f\n",fun(9));
  printf("fun(9)=%.2f\n",fun(-20));
}
```

2. 完成下列程序中的函数 sort()，函数 sort()的功能是对数组 a 中的后 5 个元素按由小到大的顺序进行排序，其他元素不变(设 n>5)。程序运行后的输出结果为 9　6　8　7　0　1　2　3　4　5。

```
#include <stdio.h>
#define SortNum 5  /* 需要排序的后 SortNum 个元素 */
```

```
void sort(int a[], int n){
  ?
}
void main(void){
    int i, a[10]={9,6,8,7,0,3,1,2,5,4};
    sort(a,10);
    for(i=0;i<10;i++)   printf("%-3d",a[i]);
    printf("\n");
}
```

16.12 自测试卷 12

一、选择题(50 分，每小题 2 分)

1. C 源程序经过编译、连接后，产生的可执行程序的扩展名为(　　)。

A. exe　　B. com　　C. obj　　D. dll

2. 以下非法的 C 语言常量是(　　)。

A. 0xff　　B. −80　　C. −8.5e−2　　D. 081

3. 以下非法的 C 标识符是(　　)。

A. For　　B. _123　　C. INT　　D. sizeof

4. 以下程序的输出结果为(　　)。

```
#include <stdio.h>
void main(void){
char ch='1';
printf("%d\n",++ch-'0');
}
```

A. 0　　B. 2　　C. 1　　D. −1

5. 以下程序的输出结果为(　　)。

```
#include <stdio.h>
void main(void) {
  int m=10;
    printf("%d,",m--);
    printf("%d\n",--m+10);
}
```

A. 10,20　　B. 9,19　　C. 10,18　　D. 9,18

6. 以下叙述中错误的是(　　)。

A. break 语句只能用在循环体内和 switch 语句体内

B. 数组名是一个指向数组首元素的指针

C. 组成 C 程序的基本单位是函数

D. sizeof 不是 C 的运算符

7. 以下程序的功能是(　　)。

```
#include <stdio.h>
#define N 5
void main(void){
   long result=0L;
   int i,k,m;
   for(i=1;i<=N;i++){
       m=1;
       for(k=1;k<=i;k++)  m*=k;
       result+=m;
   }
   printf("result=%ld\n",result);
}
```

A. 计算 1!+2!+3!+…+N!　　B. 计算 N!

C. 计算 1+2+3+…+N　　D. 以上都不对

8. 以下不合法的字符常量是(　　)。

A. '\n'　　B. '\\'　　C. '\0101'　　D. "a"

9. 以下程序的输出结果为(　　)。

```
#include <stdio.h>
int fun(char *s){
    int num=0;
    while(*s!='\0'){
        num++;
        s++;
    }
    return num;
}
void main(void){
   char* str="HuaqiaoUni.";
   printf("%d\n",fun(str));
}
```

A. 10　　B. 11　　C. 12　　D. 13

10. 若包含预处理命令#include <string.h>，定义 char s[ ]="Huaqiao";，则表达式 sizeof(s)和 strlen(s)的值分别为(　　)。

A. 7,7　　B. 7,8　　C. 8,7　　D. 8,8

11. 以下程序的运行结果为(　　)。

```
#include <stdio.h>
#include <string.h>
void main(void){
   char* str="Huaqiao",s[20];
   strcpy(s,str+3);
   printf("%d\n",strlen(s));
}
```

A. 3　　B. 4　　C. 7　　D. 20

12. 以下语句，错误的是(　　)。

A. int a, *p=&a;　　B. int a[10], *p=a+1;

C. int a[2][3]; int *p=a[1];　　D. int* p; *p=10;

13. 若有 int a[5]={1,2,3,4,5};，则表达式*(a+1)的值为(　　)。

A. 2　　B. 3　　C. 4　　D. 5

14. 若有 int a[2][3]={1,2,3,4,5,6};，则表达式*(*(a+1)+2)的值为(　　)。

A. 3　　B. 4　　C. 5　　D. 6

15. 若有定义 char a[]="xyz",b[]={'x','y','z'};，以下叙述中错误的是(　　)。

A. 数组 a 存储的是一个字符串　　B. 数组 b 存储的是一个字符串

C. 数组 a 默认的长度为 4　　D. 数组 b 默认的长度为 3

16. 以下程序的输出结果是(　　)。

```
#include<stdio.h>
void f(int *x,int *y) {
    int t;  t=*x; *x=*y; *y=t;
}
void main(void) {
   int a[]={1,2,3,4,5,6,7,8},i,*p,*q;
   p=a; q=a+7;
   while(p<q){ f(p,q); p++; q--; }
   for(i=0;i<sizeof(a)/sizeof(int);i++) printf("%d,",a[i]);
}
```

A. 8,2,3,4,5,6,7,1,　　B. 5,6,7,8,1,2,3,4,

C. 1,2,3,4,5,6,7,8,　　D. 8,7,6,5,4,3,2,1,

17. 以下程序，若输入值 3，则输出结果为(　　)。

```
#include <stdio.h>
void main(void){
  int n=10,*p=&n;
  scanf("%d",p);
  (*p)++;
  printf("%d\n",n);
}
```

A. 3　　B. 10　　C. 4　　D. 11

18. 以下程序的输出结果为(　　)。

```
#include <stdio.h>
#include <string.h>
struct student{
    int num;
    char name[20];
}s[3]={{111,"liuming"},{112,"sunlei"},{113,"yuhua"}};
void main(void){
    int k;
    s->num+=10;
    strcpy((s+2)->name,"huanghong");
    for(k=0;k<3;k++) printf("%-4d%s,",s[k].num,s[k].name);
}
```

A. 111 liuming,112 sunlei,113 yuhua,

B. 121 liuming,112 sunlei,113 yuhua,

C. 121 liuming,112 sunlei,113 huanghua,

D. 111 liuming,112 sunlei,113 huanghua,

19. 以下叙述中错误的是(　　)。

A. 对于 double 类型数组，不可以直接用数组名对数组进行整体输入或输出

B. 数组名代表的是数组所占存储区的首地址，其值不可改变

C. 在编译源程序过程中，若数组元素的下标超出所定义的下标范围时，编译系统将给出“下标越界”的出错信息

D. 可以通过赋初值的方式确定数组元素的个数

20. 有以下程序：

```
#include <stdio.h>
void main( int argc, char  *argv[] ){
    int n=0,i;
    for(i=1; i<argc; i++)  n=n*10+*argv[i]-'0';
    printf("%d\n",n);
}
```

编译链接后生成可执行文件 tt.exe，若运行时输入以下命令行:

```
    tt  12  345  678
```

程序运行后的输出结果是(　　)。

A. 12　　B. 12345　　C. 12345678　　D. 136

21. 以下与函数 fseek(fp,0L,SEEK_SET)有相同作用的是(　　)。

A. feof(fp)　　B. ftell(fp)　　C. fgetc(fp)　　D. rewind(fp)

22. 设有如下说明：

```
typedef struct STUDENT {
  int num;
  char name[20];
  int score;
}STU;
STU s1;
```

则下列叙述中错误的是(　　)。

A. STU 是结构类型名　　B. sizeof(s1)的值与 sizeof(s1.name)相同

C. struct STUDENT 是结构体类型名　　D. s1 是结构类型的变量名

23. 下列函数的功能是(　　)。

```
int fun(char *s){
   int num=0;
   while(*s!='\0') {
     if(*s==' ') num++;
     s++;
   }
  return num;
}
```

A. 计算字符串 s 中所含空格的个数　B. 计算字符串 s 的长度
C. 统计字符串 s 中所含字母的个数　D. 统计字符串 s 中所含数字字符的个数

24. 下列函数的功能是(　　)。

```
int fun(int n ){
  if(n==1)  return 1;
  else    return fun(n-1)+n;
}
```

A. 计算 n!　　B. 计算 1+2+3+…+n
C. 计算 1+2+3+…+n−1　　D. 计算(n−1)!

25. 下列函数的功能是(　　)。

```
void fun(unsigned int n){
      if(n<10) printf("%d,",n);
      else {
        printf("%d,",n%10);
        fun(n/10);
      }
}
```

A. 将组成数据 n 的各位输出(从低位到高位)
B. 将组成数据 n 的各位输出(从高位到低位)
C. 输出 n 除以 10 的余数
D. 输出 n 除以 10 的商

二、填空题(16 分，每小题 8 分)

1. 以下程序输入 10 个正整数，存储于数组 a 中，将其中能被 2 整除的正整数，按序存储于数组 b 中，然后输出 b 中的数据。请填空完成程序。

```
#include <stdio.h>
void main(void){
  unsigned int a[10],b[10];
  ___(1)___
  printf("请输入 10 个正整数：\n");
  for(k=0;k<10;k++) {
      scanf("%d",&a[k]);
      if(a[k]%2==0)  b[m++]=a[k];
  }
  for(k=0;k<=___(2)___;k++)
      printf("%d,",b[k]);
}
```

2. 以下程序中，函数 huiwen 的功能是检查一个字符串是否是回文，当字符串是回文时，函数返回值为 1，否则函数返回值为 0。主函数中输入一个字符串，如果该串为回文，则输出 yes，否则输出 no。所谓回文，即正向与反向的拼写都一样，如 adgda。请填空完成程序。

```
#include<stdio.h>
___(1)___
```

```
int  huiwen(char *str){
    int i=0,j=__(2)__;
    while(i<=j)
        if(str[i]==str[j]){__(3)__}

    if(i>j)  return 1;
    else return 0;
}
void main(void){
    char str[50];
    printf("Input a string:");
    scanf("%s", str);
    if(__(4)__) printf("yes!");
    else printf("no");
}
```

三、编程题(34 分)

1. (11 分)编写程序，计算 Fabinacci 数列 1，1，2，3，5，8，13，21，...的前 10 项之和。

2. (11 分)用二维数组 data 存储随机输入的(4×5)20 个不重复整数，输出其中的最大整数及其输入的序号(序号可能值为 1，2，3，…20)。

3. (12 分)完成函数 int fun(char *s){ ? }，函数返回字符串 s 中各个数字字符所组成的数。如 char *s="a1bc2defg3h"，则函数返回值为整数 123。并设计程序测试之。

参 考 文 献

[1] Herbert Schildt. C 语言大全(第四版)[M]. 王子恢，戴健鹏，等译. 北京：电子工业出版社，2003.

[2] 谭浩强. C 程序设计[M]. 3 版. 北京：清华大学出版社，2005.

[3] 教育部考试中心. 全国计算机等级考试二级考试参考书：C 程序设计[M]. 北京：高等教育出版社，2003.

[4] 李锋，骆剑锋. 程序员考前重点辅导[M]. 北京：清华大学出版社，2010.

[5] 丁有和. C 实用教程[M]. 北京：电子工业出版社，2009.

[6] 李玉波，朱自强，郭军. Linux C 编程. 北京：清华大学出版社，2005.

[7] 沈林兴，张淑平. 程序员教程[M]. 北京：清华大学出版社，2004.

[8] K.N.King. C 语言程序设计现代方法(第 2 版)[M]. 吕秀锋，黄倩，译. 北京：人民邮电出版社，2010.

[9] 欧立奇，刘洋，段韬. 程序员面试宝典[M]. 北京：电子工业出版社，2006.

[10] Perter Prinz, Tony Crawford. C 语言核心技术[M]. O'Reilly Taiwan 公司，译北京：机械工业出版社，2007.

[11] 严蔚敏，吴伟明. 数据结构(C 语言版)[M]. 北京：清华大学出版社，1997.

[12] Robert W Sebesta. Concepts Of Programming Languages[M]. 北京：机械工业出版社，2003.

[13] 潘金贵. TURBO C 程序设计技术[M]. 南京：南京大学出版社，1990.

[14] 教育部考试中心. C 语言程序设计[M]. 北京：高等教育出版社，2003.

[15] 尹德淳. C 函数速查手册[M]. 北京：人民邮电出版社，2009.

[16] 范慧琳. C 语言程序设计习题解析与实验指导[M]. 北京：中国铁道出版社，2007.

附　　录

附录 A　福建省高等学校计算机应用水平等级考试二级(C 语言)考试大纲

附录 B　全国计算机等级考试二级 C 语言考试大纲

附录 C　全国计算机二级(C 语言)笔试模拟试题及参考答案